"十三五"职业教育国家规划教材

住房和城乡建设部"十四五"规划教材

全国住房和城乡建设职业教育教学指导委员会规划推荐教材

给水排水管道工程

（第四版）

（给排水工程技术专业适用）

白建国　主　编

高　将　副主编

谷　峡　主　审

U0288290

中国建筑工业出版社

图书在版编目（CIP）数据

给水排水管道工程：给排水工程技术专业适用／白
建国主编；高将副主编. — 4 版. — 北京：中国建筑
工业出版社，2022.7（2024.11重印）
住房和城乡建设部"十四五"规划教材　"十三五"
职业教育国家规划教材 全国住房和城乡建设职业教育教
学指导委员会规划推荐教材
ISBN 978-7-112-27437-6

Ⅰ. ①给… Ⅱ. ①白… ②高… Ⅲ. ①给水管道—管
道工程—高等职业教育—教材②排水管道—管道工程—高
等职业教育—教材 Ⅳ. ①TU991.36②TU992.23

中国版本图书馆 CIP 数据核字(2022)第 090418 号

　　本书系统介绍了市政给水管道和排水管道的设计原理与方法，主要包括城市给水排水管
道系统、设计用水量、给水系统的设计原理、给水管网设计计算、污水管道系统的设计计算、
雨水管道系统设计、合流制管道系统设计、管道穿（跨）越障碍物设计、给水排水管材与管
道附属构筑物、给水排水管道的维护管理等内容，并在每教学单元后附有一定数量的思考题
与习题，以便学生理解和掌握主要教学内容。

　　本书可作为高职给排水工程技术专业、市政工程技术专业的教材，还可供相关工程技术
人员学习参考。

　　为了便于教学，作者特别制作了配套课件，任课教师可以通过如
下途径申请：
　　1. 邮箱：jckj@cabp.com.cn，12220278@qq.com
　　2. 电话：010-58337285
　　3. 建工书院网站：http：//edu.cabplink.com

本书所有数字资源

责任编辑：吕　娜　王美玲　朱首明　齐庆梅
责任校对：党　蕾

"十三五"职业教育国家规划教材
住房和城乡建设部"十四五"规划教材
全国住房和城乡建设职业教育教学指导委员会规划推荐教材
给水排水管道工程
（第四版）
（给排水工程技术专业适用）
白建国　主　编
高　将　副主编
谷　峡　主　审

*

中国建筑工业出版社出版、发行（北京海淀三里河路 9 号）
各地新华书店、建筑书店经销
北京红光制版公司制版
天津安泰印刷有限公司印刷

*

开本：787 毫米×1092 毫米　1/16　印张：17　字数：400 千字
2022 年 9 月第四版　2024 年 11 月第四次印刷
定价：**52.00** 元（附数字资源及赠教师课件）
ISBN 978-7-112-27437-6
(39538)

出版说明

党和国家高度重视教材建设。2016 年，中办国办印发了《关于加强和改进新形势下大中小学教材建设的意见》，提出要健全国家教材制度。2019 年 12 月，教育部牵头制定了《普通高等学校教材管理办法》和《职业院校教材管理办法》，旨在全面加强党的领导，切实提高教材建设的科学化水平，打造精品教材。住房和城乡建设部历来重视土建类学科专业教材建设，从"九五"开始组织部级规划教材立项工作，经过近 30 年的不断建设，规划教材提升了住房和城乡建设行业教材质量和认可度，出版了一系列精品教材，有效促进了行业部门引导专业教育，推动了行业高质量发展。

为进一步加强高等教育、职业教育住房和城乡建设领域学科专业教材建设工作，提高住房和城乡建设行业人才培养质量，2020 年 12 月，住房和城乡建设部办公厅印发《关于申报高等教育职业教育住房和城乡建设领域学科专业"十四五"规划教材的通知》（建办人函〔2020〕656 号），开展了住房和城乡建设部"十四五"规划教材选题的申报工作。经过专家评审和部人事司审核，512 项选题列入住房和城乡建设领域学科专业"十四五"规划教材（简称规划教材）。2021 年 9 月，住房和城乡建设部印发了《高等教育职业教育住房和城乡建设领域学科专业"十四五"规划教材选题的通知》（建人函〔2021〕36 号）。为做好"十四五"规划教材的编写、审核、出版等工作，《通知》要求：（1）规划教材的编著者应依据《住房和城乡建设领域学科专业"十四五"规划教材申请书》（简称《申请书》）中的立项目标、申报依据、工作安排及进度，按时编写出高质量的教材；（2）规划教材编著者所在单位应履行《申请书》中的学校保证计划实施的主要条件，支持编著者按计划完成书稿编写工作；（3）高等学校土建类专业课程教材与教学资源专家委员会、全国住房和城乡建设职业教育教学指导委员会、住房和城乡建设部中等职业教育专业指导委员会应做好规划教材的指导、协调和审稿等工作，保证编写质量；（4）规划教材出版单位应积极配合，做好编辑、出版、发行等工作；（5）规划教材封面和书脊应标注"住房和城乡建设部'十四五'规划教材"字样和统一标识；（6）规划教材应在"十四五"期间完成出版，逾期不能完成的，不再作为《住房和城乡建设领域学科专业"十四五"规划教材》。

住房和城乡建设领域学科专业"十四五"规划教材的特点，一是重点以修订教育部、住房和城乡建设部"十二五""十三五"规划教材为主；二是严格按照专业标准规范要求编写，体现新发展理念；三是系列教材具有明显特点，满足不同层次和类型的学校专业教学要求；四是配备了数字资源，适应现代化教学的要求。规划教材的出版凝聚了作者、主审及编辑的心血，得到了有关院校、出版单位的大力支持，教材建设管理过程有严格保障。希望广大院校及各专业师生在选用、使用过程中，对规划教材的编写、出版质量进行反馈，以促进规划教材建设质量不断提高。

住房和城乡建设部"十四五"规划教材办公室

2021 年 11 月

第四版序言

全国住房和城乡建设职业教育教学指导委员会市政工程专业指导委员会（以下简称"专业指导委员会"）是受教育部委托，由住房和城乡建设部牵头组建和管理，对市政工程专业职业教育和培训工作进行研究、咨询、指导和服务的专家组织，每届任期五年。专业指导委员会的主要职能包括，开展市政工程专业人才需求预测分析，提出市政工程专业技术技能人才培养的职业素质、知识和技能要求，指导职业院校教师、教材、教法改革，参与职业教育教学标准体系建设，开展产教对话活动，指导推进校企合作、职教集团建设，指导实训基地建设，指导职业院校技能竞赛，组织课题研究，实施教育教学质量评价，培育和推荐优秀教学成果，组织市政工程专业教学经验交流活动等。

专业指导委员会成立以来，在住房和城乡建设部人事司和全国住房和城乡建设职业教育教学指导委员会的领导下，组织了"市政工程技术专业""给排水工程技术专业"理论教材、实训教材以及市政工程类职教本科教材的编审工作。

本套教材的编审坚持贯彻以能力为本位，以实用为主导的指导思路，使毕业的学生具备本专业必需的文化基础、专业理论知识、专业技能和职业素养，成为能胜任市政工程类专业设计、施工、监理、运维及物业设施管理的高素质技术技能人才；坚持以就业为导向，走产学研结合发展道路的办学方针，以提高质量为核心，以增强专业特色为重点，创新教材体系，深化教育教学改革，为我国建设行业发展提供具有爱岗敬业精神的人才支撑和智力支持。专业指导委员会在总结近几年教育教学改革与实践的基础上，通过开发新课程，更新课程内容，增加实训教材，构建了新的教材体系，充分体现了其先进性、创新性、适用性，反映了国内外最新技术和研究成果，突出高等职业教育的特点。

"市政工程技术""给排水工程技术"专业教材的编写工作得到了教育部、住房和城乡建设部人事司的支持，在全国住房和城乡建设职业教育教学指导委员会的领导下，专业指导委员会聘请全国各高职院校本专业多年从事"市政工程技术""给排水工程技术"专业教学、研究、设计、施工的副教授以上的专家担任主编和主审，同时吸收工程一线具有丰富实践经验的工程技术人员及优秀中青年教师参加编写。该系列教材的出版凝聚了全国各高职高专院校"市政工程技术""给排水工程技术"专业同行的心血，也是他们多年来教学、工作的结晶。值此教材出版之际，专业指导委员会谨向全体主编、主审及参编人员致以崇高的敬意。对大力支持这套教材出版的中国建筑工业出版社表示衷心感谢，向在编写、审稿、出版过程中给予关心和帮助的单位和同仁致以诚挚的谢意。本套教材全部获评住房和城乡建设部"十四五"规划教材，得到了业内人士的肯定。深信本套教材将会受到高职高专院校和从事本专业工程技术人员欢迎，必将推动市政工程类专业的建设和发展。

全国住房和城乡建设职业教育教学指导委员会

市政工程专业指导委员会

第一版序言

全国高职高专教育土建类专业教学指导委员会建筑设备类专业指导分委员会（原名高等学校土建学科教学指导委员会高等职业教育专业委员会水暖电类专业指导小组）是建设部受教育部委托，并由建设部聘任和管理的专家机构。其主要工作任务是：研究建筑设备类高职高专教育的专业发展方向、专业设置和教育教学改革，按照以能力为本位的教学指导思想，围绕职业岗位范围、知识结构、能力结构、业务规格和素质要求，组织制定并及时修订各专业培养目标、专业教育标准和专业培养方案；组织编写主干课程的教学大纲，以指导全国高职高专院校规范建筑设备类专业办学，达到专业基本标准要求；研究建筑设备类高职高专教材建设，组织教材编审工作；制定专业教育评估标准，协调配合专业教育评估工作的开展；组织开展教学研究活动，构建理论与实践紧密结合的教学内容体系，构筑"校企合作、产学研结合"的人才培养模式，为我国建设事业的健康发展提供智力支持。

在建设部人事教育司和全国高职高专教育土建类专业教学指导委员会的领导下，2002年以来，全国高职高专教育土建类专业教学指导委员会建筑设备类专业指导分委员会的工作取得了多项成果，编制了建筑设备类高职高专教育指导性专业目录；制定了"供热通风与空调工程技术""建筑电气工程技术""给水排水工程技术"等专业的教育标准、人才培养方案、主干课程教学大纲、教材编审原则，深入研究了建筑设备类专业人才培养模式。

为适应高职高专教育人才培养模式，使毕业生成为具备本专业必需的文化基础、专业理论知识和专业技能、能胜任建筑设备类专业设计、施工、监理、运行及物业设施管理的高等技术应用型人才，全国高职高专教育土建类专业教学指导委员会建筑设备类专业指导分委员会，在总结近几年高职高专教育教学改革与实践经验的基础上，通过开发新课程，整合原有课程，更新课程内容，构建了新的课程体系，并于2004年启动了"供热通风与空调工程技术""建筑电气工程技术""给水排水工程技术"三个专业主干课程的教材编写工作。

这套教材的编写坚持贯彻以全面素质为基础，以能力为本位，以实用为主导的指导思想。注意反映国内外最新技术和研究成果，突出高等职业教育的特点，并及时与我国最新技术标准和行业规范相结合，充分体现其先进性、创新性、适用性。它是我国近年来工程技术应用研究和教学工作实践的科学总结，本套教材的使用将会进一步推动建筑设备类专业的建设与发展。

"供热通风与空调工程技术""建筑电气工程技术""给水排水工程技术"三个专业教材的编写工作得到了教育部、建设部相关部门的支持，在全国高职高专教育土建类专业教学指导委员会的领导下，聘请全国高职高专院校本专业享有盛誉、多年从事"供热通风与空调工程技术""建筑电气工程技术""给水排水工程技术"专业教学、科研、设计的副教授以上的专家担任主编和主审，同时吸收工程一线具有丰富实践经验的高级工程师及优秀中青年教师参加编写。可以说，该系列教材的出版凝聚了全国各高职高专院校"供热通风与空调工程技术""建筑电气工程技术""给水排水工程技术"三个专业同行的心血，也是他们多年来教学工作的结晶和精诚协作的体现。

各门教材的主编和主审在教材编写过程中认真负责，工作严谨，值此教材出版之际，全国高职高专教育土建类专业教学指导委员会建筑设备类专业指导分委员会谨向他们致以崇高的敬意。此外，对大力支持这套教材出版的中国建筑工业出版社表示衷心的感谢，向在编写、审稿、出版过程中给予关心和帮助的单位和同仁致以诚挚的谢意。衷心希望"供热通风与空调工程技术""建筑电气工程技术""给水排水工程技术"这三个专业教材的面世，能够受到各高职高专院校和从事本专业工程技术人员的欢迎，能够对高职高专教学改革以及高职高专教育的发展起到积极的推动作用。

全国高职高专教育土建类专业教学指导委员会

建筑设备类专业指导分委员会

2004 年 9 月

第四版前言

本教材由全国住房和城乡建设职业教育教学指导委员会市政工程专业指导委员会、高等学校土建类专业课程教材与教学资源委员会组织编写，是2021年9月住房和城乡建设部立项的"十四五"规划教材之一。为贯彻住房和城乡建设部"十四五"教材建设要求，提高人才培养质量，在上一版教材基础上进行了修订。

本版教材编写的依据是全国高职高专教育土建类专业教学指导委员会制定的《高等职业教育市政工程技术专业人才培养标准和人才培养方案》、国家现行的有关规范、规程和技术标准及2017年6月全国住房和城乡建设职业教育指导委员会市政工程类专业指导委员会在桂林召开的第三次工作（扩大）会议上审定的编写大纲，充分体现了新发展理念。

本版教材在修订过程中参考了最新国家标准《室外给水设计标准》GB 50013—2018和《室外排水设计标准》GB 50014—2021，并充分考虑高等职业技术教育的特点，力求满足给排水工程技术专业毕业生的专业知识要求和业务能力要求，侧重于学生工程素质能力的培养。在内容选取、章节编排和文字阐述上力求做到：基本理论简明扼要、深入浅出、以必须够用为度；注意理论联系实际，重点突出给水排水管道工程的设计理念和实用技术；适当介绍国内外给水排水管道工程的新技术和新材料；并备有适当的例题、思考题与习题，修订了第三版教材在语言表达上的不足之处，增加了教学单元导读、思考题与习题参考答案、部分管材管件图片等数字资源，适应了现代化教学要求。

本版教材由江苏建筑职业技术学院白建国主编，高将副主编。其中绪论、教学单元1、教学单元2、教学单元6、教学单元7、教学单元12由白建国编写；教学单元3、教学单元5、教学单元9由内蒙古建筑职业技术学院董丽编写；教学单元4、教学单元10由江苏建筑职业技术学院高将编写；教学单元8、教学单元11由黑龙江建筑职业技术学院齐世华编写。

本版教材由黑龙江建筑职业技术学院谷峡主审。

在本版教材的修订过程中，参考并引用了有关院校编写的教材、专著和生产、科研、设计单位的技术文献资料及网络平台资料，并得到了全国住房和城乡建设职业教育教学指导委员会、高等学校土建类专业课程教材与教学资源委员会、中国建筑工业出版社及编者所在单位的指导和大力支持，在此一并致以诚挚的感谢。

限于时间仓促和编者的水平，书中定有不妥之处，恳请广大读者批评指正。

第三版前言

随着城镇化建设和社会经济的发展，尊重自然、顺应自然的生态建设理念已经形成。为应对城市内涝，多地已经开始进行海绵城市的建设，《室外给水设计规范》GB 50013—2018和《室外排水设计规范》（2016年版）GB 50014—2006也颁布实施。《给水排水管道工程技术》第二版虽按规范进行了一定的修改，但教材中的某些内容仍有不足之处。鉴于此，再次进行修订。修订的主要依据是全国高职高专教育土建类专业教学指导委员会制定的《高等职业教育给排水工程技术专业教学基本要求》及2017年6月全国住房和城乡建设职业教育指导委员会市政工程类专业指导委员会在桂林召开的第三次工作（扩大）会议上审定的编写大纲、国家现行的有关规范、规程和技术标准。

本版教材在修订过程中充分考虑高等职业技术教育的特点，力求满足给排水工程专业和市政工程专业毕业生的基本要求和业务规格需要，侧重于学生工程素质能力的培养。在内容选取、章节编排和文字阐述上力求做到：基本理论简明扼要、深入浅出、以必须够用为度；注意理论联系实际，重点突出给水排水管道工程的实用技术；适当介绍国内外给水排水管道工程的新技术和新材料；并备有适当的例题、思考题与习题，以便于学生理解掌握本课程的基本理论和基本方法。

本次修订主要修改了第二版教材在语言表达上的不足不妥之处，更正了例题中出现的计算错误，调整了与《室外给水设计规范》GB 50013—2018和《室外排水设计规范》（2016年版）GB 50014—2006不同之处，增加了立交道路排水、海绵城市建设和管道穿越障碍物设计等内容，并根据实际情况增补了思考题与习题。

本版教材由江苏建筑职业技术学院白建国主编，高将副主编。其中绪论、教学单元1、2、6、7、12由白建国编写；教学单元3、5、9由内蒙古建筑职业技术学院董丽编写；教学单元4、10由江苏建筑职业技术学院高将编写；教学单元8、11由黑龙江建筑职业技术学院齐世华编写。本教材由黑龙江建筑职业技术学院谷峡主审。

在教材的修订过程中，参考并引用了有关院校编写的教材、专著和生产、科研、设计单位的技术文献资料，并得到了全国住房和城乡建设职业教育教学指导委员会市政工程类专业指导委员会、中国建筑工业出版社及编者所在单位的指导和大力支持，在此一并致以诚挚的感谢。

限于时间仓促和编者的水平，虽经修订，书中定有不妥之处，恳请广大读者批评指正。

第二版前言

《给水排水管道工程技术》教材自 2005 年出版发行以来，已使用了 10 年。随着社会经济和给水排水管道工程技术的不断发展，以及《室外给水设计规范》GB 50013—2006 和《室外排水设计规范》GB 50014—2006（2014 版）的颁布实施，第一版教材中的某些内容与现有规范出现了明显的不符。鉴于此，第二届高职高专教育市政工程类专业分指导委员会于 2014 年 7 月在上海召开了第六次（扩大）会议，决定对该教材进行再版修订，并重新进行了编写分工。

本版教材在修订过程中以《室外给水设计规范》GB 50013—2006 和《室外排水设计规范》GB 50014—2006（2014 版）为依据，充分考虑高等职业技术教育的特点，力求满足给排水工程技术和市政工程技术专业毕业生的基本要求和业务规格需要，侧重于学生工程素质能力的培养。在内容选取、章节编排和文字阐述上力求做到：基本理论简明扼要、深入浅出、以"必须够用"为度；注重理论联系实际，重点突出给水排水管道工程的实用技术；适当介绍国内外给水排水管道工程的新技术和新材料；并备有适当的例题、思考题与习题，便于学生理解掌握本课程的基本理论和方法。

本次修订主要修改了第一版教材在语言表达上的不足不妥之处，更正了例题中出现的计算错误，调整了与《室外给水设计规范》GB 50013—2006 和《室外排水设计规范》GB 50014—2006（2014 版）不一致之处，并根据实际情况增补了练习题。

本版教材由江苏建筑职业技术学院白建国，平顶山工学院张奎、毛艳丽、何亚丽，黑龙江建筑职业技术学院黄跃华，四川建筑职业技术学院戴安全共同编写，白建国、张奎任主编，黄跃华任副主编。其中绪论、第一章、第六章、第七章由白建国编写；第二章、第三章由毛艳丽编写；第四章由何亚丽和张奎共同编写；第五章由张奎编写；第八章由黄跃华和白建国共同编写；第九章由黄跃华编写；第十章由戴安全编写。

本版教材由黑龙江建筑职业技术学院谷峡主审。

在本版教材的修订过程中，参考并引用了有关院校编写的教材、专著和生产、科研、设计单位的技术文献资料，并得到了全国高职高专教育市政工程类专业分指导委员会、中国建筑工业出版社及编者所在单位的指导和大力支持，在此一并致以诚挚的感谢。

限于时间仓促和编者的水平，书中定有不妥之处，恳请广大读者批评指正。

第一版前言

本书是全国高等职业教育给水排水工程技术专业系列教材之一，是根据《高等职业教育给水排水工程技术专业教育标准和培养方案及主干课程教学大纲》编写的。

给水排水管道工程的建设投资占给水排水工程建设总投资的 70％ 左右，长期以来倍受给水排水工程建设、管理、运营和研究部门的高度重视。给水排水管道系统是贯穿于给水排水工程整体工艺流程和连接所有工程环节与对象的通道和纽带，给水管道系统和排水管道系统在功能顺序上虽然前后不同，但两者在建设上却始终是平行进行的。在建设过程中，必须作为一个整体系统工程来考虑。本教材就是将给水管道和排水管道两大系统合并在一起，作为一个统一的专业教材内容体系，成为给水排水工程技术专业的一门主要专业课，将有利于加强给水排水管道系统的整体性和科学性。

在编写过程中，为了使给水排水管道系统成为一个有机的整体，在内容安排上，将给水排水管道系统的组成、形式、规划、水力学基础和管道的维护与管理等内容进行了整合，形成了统一。对于给水管道系统和排水管道系统的设计计算以及管材等内容，由于给水管道和排水管道的设计规范和工程性质有一定的差异性，还是将其分别单设章节进行论述。

本书以课程教学大纲为依据，从培养生产第一线岗位型人才的角度出发，在内容上力求做到基本理论简明扼要、深入浅出，注意理论联系实际，重点突出给水排水管道工程实用技术，适当介绍国内外给水排水管道工程的新技术和新材料。为了便于学生加深对课程内容的理解和提高实际应用能力，书中编入了一定数量的工程实例，同时每章均列有大量的思考题和习题，可供学生练习使用。

本书由平顶山工学院张奎主编。其中第一章、第二章、第六章、第十章（第四节）由张奎编写；第三章、第四章由平顶山工学院毛艳丽编写；第五章由平顶山工学院何亚丽编写；第七章由徐州建筑职业技术学院白建国编写；第八章、第九章由黑龙江建筑职业技术学院黄跃华编写；第十章（第一、二、三、五节）由四川建筑职业技术学院戴安全编写。最后张奎对全书进行了统稿。

全书由黑龙江建筑职业技术学院谷峡教授主审。

本书从主要参考书目和文献中采用了很多十分经典的素材和文字材料，本书编者对这些著作的作者们表示诚挚的感谢。

由于编者水平有限，书中缺点和错误之处在所难免，恳请广大读者批评指正。

目　　录

绪　　论

有史以来，人类就择水而居。水是人类赖以生存和发展的最基本的物质条件，是国民经济的生命线。随着城市建设的不断发展、人口的高度集中和现代工业的迅猛崛起，水已经越来越引起人们的高度关注，人们不但对水的需求量大量增加，而且对水的利用方式也在不断发生变化。在水资源不断减少和极端气候不断出现的当今，以生活需求为目的的自然循环用水方式已不能满足人类的需求，需采用必要的人工措施对水进行循环利用，即水的人工循环利用。所谓水的人工循环利用就是从天然水体中取水，在净水厂中经适当处理水质满足用户的用水标准后，通过泵站、管道等工程设施将其输送至各用户，使其在生产、生活中被使用；使用过的水变成了污水或废水，污（废）水经过泵站、管道等工程设施输送至污水处理厂，经处理水质达到排放标准后，再排回天然水体的过程；同时，还包括对降雨径流的截留、收集、输送和排放。在水的人工循环过程中，需要建设一系列的工程设施，这些工程设施的组合体称为给水排水工程。

给水排水工程通常包括水资源与取水工程、水处理工程、给水排水管道工程和建筑给水排水工程。水资源与取水工程研究水的开发利用；水处理工程包括以使用为目的的给水处理和以排放为目的的污水处理两部分内容；给水排水管道工程是以水的收集、输送为主要目的而建设的一系列工程设施；建筑给水排水主要研究水在建筑物内分配和排放。本教材主要叙述给水排水管道工程。

给水排水管道工程包括给水管道工程和排水管道工程两部分内容。

给水管道工程是论述水的提升、输送、贮存、调节和分配的技术科学。其任务是：

（1）保证将水源的原料水送至给水处理厂（即净水厂）内的水处理构筑物；

（2）保证将给水处理厂内符合用户水质标准要求的水（成品水）输送和分配到用户。

给水管道工程的任务需要通过泵站、输水管道、配水管网、调节构筑物等工程设施的共同工作才能完成。

排水管道工程是论述污（废）水的收集、输送、贮存、调节、提升和排放的技术科学。其任务是：

（1）保证污（废）水及时而又有组织地收集、输送至污水处理厂内的水处理构筑物；

（2）保证将处理后符合排放水质标准要求的水排入自然受纳水体、灌溉农田或重复利用。

排水管道工程的任务需要通过排水管网、调节水池、泵站、出水口等工程设施的共同工作才能完成。

"给水排水管道工程"是市政工程技术专业、给排水工程技术专业的主要核心技术课程；在给水排水管道施工图图纸识读与会审、施工方案的制订、工程计量计价、工程施工等实际工作中，起着承上启下的作用；在学生工程素质和技术技能培养方面发挥着重要作用。

本课程主要介绍城市给水管网系统规划设计、排水管网系统规划设计和给水排水管道维护管理方面的基本知识。

学习本课程时，应理论联系实际并依据现行国家标准《室外给水设计标准》GB 50013—2018 和《室外排水设计标准》GB 50014—2021 进行。建议先进行"水力学""水泵与水泵站"课程的学习，然后对已建和在建的室外给水管道工程、室外排水管道工程进行参观，在一定的感性认识和理论知识的基础上再进行本课程的学习，这样可达到事半功倍的效果。

给水管道工程的理论基础是有压长管流，排水管道工程的理论基础是明渠均匀流，两者的理论基础有本质区别。为便于学生理解掌握课程的基本知识，本教材分别进行城市给水管道工程和排水管道工程的叙述。

教学单元 1　城市给水管道系统

1.1　给水系统

1-1　教学单元1
导读

1.1.1　用户的用水类型

在城市中，按照用户的用水目的可将城市用水分为综合生活用水、工业用水、消防用水、浇洒道路和绿地用水四种类型。

综合生活用水包括居民生活用水和大型公共建筑用水。居民生活用水是指城市居民家庭生活中的饮用、烹饪、洗浴、冲洗等用水，是保证居民身体健康、家庭清洁卫生和生活舒适的重要条件。大型公共建筑用水是指机关、学校、医院、影剧院、商场、公共浴场等公共建筑和场所的用水。大型公共建筑用水与居民生活用水相比，水质相同但其用水量大、用水点集中。在城市给水工程中，为便于进行用水量的计算将二者综合考虑，统称为综合生活用水。

工业用水包括工业企业生产用水、职工生活用水和淋浴用水。生产用水是指在工业企业的生产过程中，为满足生产工艺和产品质量要求所用的水。分为产品用水（水成为产品或产品的一部分）、工艺用水（水作为载体、溶剂等）和辅助用水（冷却、洗涤等）。由于工业企业产品种类繁多、生产工艺复杂，系统庞大，对水质、水量、水压的要求差异也很大。

消防用水是指火灾发生时，扑灭火灾所用的水。

浇洒道路用水是指城市为降尘、降燥和冲洗道路所用的水。

浇洒绿地用水是指为满足城市道路的绿化隔离带、绿地及街心花园中植物的生长需求所用的水。

在以上各种用水中，对水的要求均包括水质、水量和水压三个方面。

从水质角度而言，综合生活用水的水质应满足《生活饮用水卫生标准》GB 5749—2022 的要求。工业用水应满足相应行业及产品的要求，有的产品用水水质标准要高于生活饮用水水质标准，此时应对其进行深度处理以满足工业生产的要求。消防用水、浇洒道路和绿地用水对水质没有特殊要求，一般以不引起二次污染为度。

从水压角度而言，市政供水管网为综合生活用水、工业用水提供的水压应满足最小服务水头的要求。最小服务水头是配水管网在用户接管点处应维持的最小水头，一般根据用水区内最不利点处建筑物的层数确定。一层建筑物按 $10m\ H_2O$ 计算，二层建筑物按 $12m\ H_2O$，二层以上每层增加 $4m\ H_2O$。对于水压要求特别高的用户，应自己采取加压措施解决。浇洒道路和绿地用水以满足流出水头的要求即可。根据消防用水压力的不同，可将消防系统分为高压消防系统、低压消防系统和临时高压消防系统三种形式。高压消防是指能始终保持灭火设施所需的系统工作压力和流量，火灾时无须消防水泵直接加压的系统，其管道压力在保证用水总量达到最大值的前提下，水枪在任何建筑物的最高处时，其充实水柱都不低于 10m H_2O；低压消防是指能满足消防车或手抬移动消防泵等取水所需从地面算起不应小于 0.10MPa 的压力和流量的系统，其管道压力在保证用水总量达到最大值的前提下，最不利点处消火栓的自由水压不小于 10m H_2O；临时高压是指平时不满足消防要求，火灾时启动专用消防泵。我国城镇一般采用低压消防系统，灭火时由消防车自室外消火栓中取水加压。

从节约用水的角度考虑，各种用水的水量应符合国家规定的相应用水定额的要求。在海绵城市理念的要求下，城市用水应尽量考虑重复利用或回用，以减少水资源取用量。

1.1.2 给水系统

为了满足用户对水质、水量、水压的要求，应选择水质良好、水量充沛的水源，并建设取水、输配水、水质处理等一系列的工程设施。这些设施按照一定的方式组合而成的总体，称为给水系统。

按照使用目的，可将给水系统分为生活给水系统、生产给水系统和消防给水系统。按服务范围，可将给水系统分为区域给水系统、城镇给水系统、小区（或厂区）给水系统和建筑给水系统。按供水方式，可将给水系统分为重力给水系统、压力给水系统和重力压力并用的给水系统。按水源种类，可将给水系统分为地表水源给水系统、地下水源给水系统，在有条件的地区还有中水回用给水系统。一般情况下，城市给水系统多按水源进行分类。图 1-1 所示为地表水源给水系统示意图，图 1-2 所示为地下水源给水系统示意图。

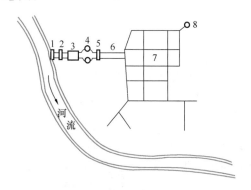

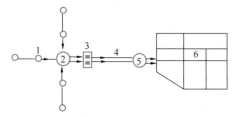

图 1-1　地表水源给水系统

1—取水构筑物；2—取水泵站（一级泵站）；3—水处理构筑物；4—清水池；5—送水泵站（二级泵站）；6—输水管；7—配水管网；8—调节构筑物

图 1-2　地下水源给水系统

1—井群；2—集水池；3—送水泵站；4—输水管；5—水塔；6—配水管网

城市给水系统的选择，应根据当地地形、水源情况、城市规划、供水规模、水质、水压要求和原有给水工程设施等条件，从全局出发，通过技术经济比较后综合考虑确定。

城市给水系统一般情况下包括取水构筑物、取水泵站（即一级泵站）、水处理构筑物、送水泵站（即二级泵站）、输水管道、配水管网、调节构筑物等组成部分。各个组成部分的布置，应结合地形、自然条件、水质、水量、水压和用户分布情况，综合考虑确定。一般情况下有统一给水系统和分系统给水系统两种方式。

统一给水系统是整个给水区域内的生活、生产、消防等多项用水，均以同一水压和水质，用同一管网系统供给各个用户。适用于地形起伏不大、用户较为集中且各用户对水质、水压要求相差不大的城市和厂区的给水工程。如个别用户对水质或水压有特殊要求，可自统一给水管网中取水后再进行局部处理或加压后使用。一般情况下，统一给水系统可分为单水源给水系统和多水源给水系统两种形式。

单水源给水系统是只有一个水源地，经处理后的成品水通过泵站加压后进入输水管道和配水管网，供用户使用，图 1-1、图 1-2 所示的给水系统均为单水源给水系统。单水源给水系统适用于面积不大、用水单位不多的中、小城市。

多水源给水系统是有多个水源地的给水系统，成品水从不同的水厂经输水管道进入配水管网供用户使用。多水源给水系统多用于大、中城市，供水安全可靠，调度灵活，管网内水压均匀，便于分期发展，但管理工作较复杂。

多水源给水系统可以同时采用多个地表水源水厂向城市供水，或多个地下水源水厂向城市供水，也可地表水源水厂和地下水源水厂并用同时向城市供水。

在一个城市中，应根据水源情况、城市规模、城市规划、用水情况等条件，从全局出发，在满足用户用水要求的前提下确定统一给水系统的形式。

当给水区域内各用户对水质、水压的要求差别较大，或地形高差较大，或功能分区较明显，统一给水系统难以满足用户要求时，可采用分系统给水系统。分系统给水系统是根据用户需要，设立几个相互独立工作的给水系统分别供水的系统。分系统给水系统有分区给水系统、分压给水系统、分质给水系统等形式。

分区给水系统是将整个给水系统划分为若干个区域，每个区域单独设置供水系统的供水方式。

一种情况是因自然地形而分区，如图 1-3 所示的城市被河流分隔成南北两部分区域，每部分区域分别设置给水系统，单独供水，自成系统。

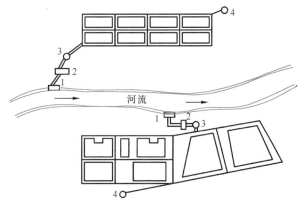

图 1-3　分区给水系统示意

1—取水构筑物；2—水处理构筑物；
3—送水泵站；4—调节构筑物

另一种情况是因城市自然地形高差较大而分区供水，分串联分区和并联分区两种方式，如图1-4、图1-5所示。串联分区是从某一区取水向另一区供水，并联分区是从同一水源取水，采用不同的供水压力向不同的区域分别供水。

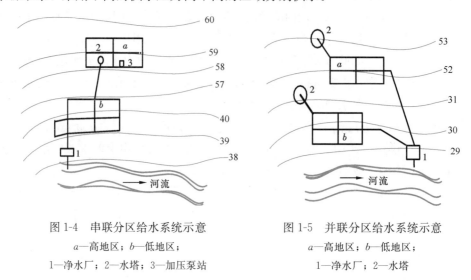

图1-4 串联分区给水系统示意
a—高地区；b—低地区；
1—净水厂；2—水塔；3—加压泵站

图1-5 并联分区给水系统示意
a—高地区；b—低地区；
1—净水厂；2—水塔

图1-4是自水源取水经净水厂处理后，将成品水送往低地区供用户使用，高地区则从低地区取水经水塔或泵站加压后供用户使用。

图1-5是自水源取水经净水厂处理后，由两种不同压力的管网分别输送至高地区和低地区供用户使用。

分压给水系统是指由于用户对水压的要求不同，而分别供水的系统，如图1-6所示。

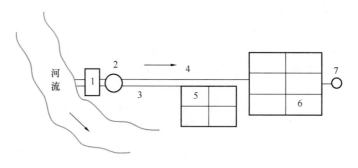

图1-6 分压给水系统示意
1—净水厂；2—送水泵站；3—低压输水管道；4—高压输水管道；
5—低压配水管网；6—高压配水管网；7—水塔

如果给水区域中用户对水压的要求差别较大，当采用高压供水时，低压区的管网就会有过多的富余水压，这不但造成能量浪费而且还会增加管道、管件损坏的可能性；当采用低压供水时，高压区就不能满足要求。因此，因地制宜地采用分压供水，才是合理的选择。在图1-6中，符合用户水质要求的水，即是由同一泵站内不同扬程的水泵，分别通过高压、低压输配水管网送往不同用户。

分质给水系统是指用户对水质的要求明显不同，而分别单独供水的系统，如图 1-7 所示。

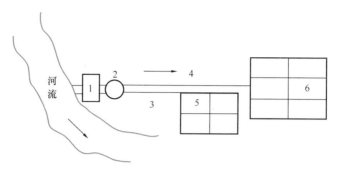

图 1-7　分质给水系统示意

1—分质净水厂；2—送水泵站；3—高水质输水管道；

4——一般水质输水管道；5—高水质配水管网；6——一般水质配水管网

图 1-7 是地表水源的分质给水系统，由同一水源取水，经不同的水质处理工艺后，采用彼此独立的水泵、输水管道、配水管网，将不同水质的成品水供给不同的用户。该系统的主要缺点是管道设备多，管理复杂。

对输水管道而言，根据水源和供水区域地势的实际情况，可以采用不同输水方式进行供水，分为重力输水系统和压力输水系统。当水源地高于给水区，并且高差可以保证以经济的造价输送所需要的水量时，清水池中的水可以靠自身的重力，经重力输水管进入配水管网供用户使用。重力供水系统无动力消耗，管理方便，是较为经济的给水系统。当地形高差很大时，为降低管中水的压力，可设置减压水池，将输水管道分成几段，形成多级重力输水系统，如图 1-8 所示。

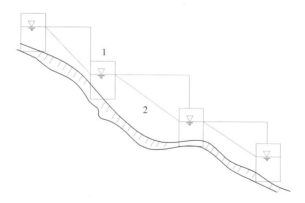

图 1-8　多级重力输水系统

1—清水池；2—输水管道

当水源地低于给水区或没有可利用的地形优势时，水源地中的水就必须通过泵站加压后才能送到高地水池中供给各用户使用，有时还可能通过多级加压才能完成输水，这就是压力输水系统，如图 1-9（a）所示。

在地形复杂的区域，或长距离输水时，有时采用重力和压力输水并用的供水方式，如图 1-9（b）所示，在上坡地段 1～2 处、3～4 处，分别用泵站 1、泵站 3 加压输水，

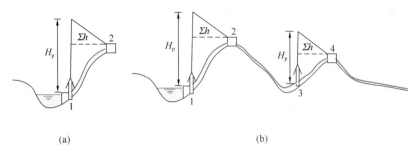

(a)   (b)

图 1-9　压力输水系统

（a）压力输水系统；（b）压力、重力并用输水系统

1、3—泵站；2、4—高地水池

在下坡地段利用高地水池 2、4 重力输水，从而形成压力-重力并用的多级输水方式。该方式在现代大型、长距离的输水工程中采用较多。

1.2　给水管道系统

1.2.1　给水管道系统的组成

给水管道系统是给水系统组成的一部分。在城市给水系统中，担负水的输送、分配、调节任务的部分称为给水管道系统，它包括取水泵站、输水管道、送水泵站、配水管网及水塔、清水池等调节构筑物。取水泵站和送水泵站在有关课程中讲述，本教材只就输水管道、配水管网及调节构筑物进行阐述。

输水管道位于取水泵站与给水处理厂之间或给水处理厂与配水管网之间，它的任务是将水源中的水（原料水）输送至给水厂中进行处理，或将给水厂中经过处理、水质达标的成品水输送至配水管网，如图 1-1 中 6 所示。有些情况下，如水源水的水质已满足要求，可直接通过输水管道输送至配水管网。

输水管道的特点是流量大、管径大且不向沿途两侧用户配水。

输水管道所处的位置决定了它在给水系统中的重要性，当输水管道出现故障时，会导致整个供水系统不能正常供水。为保证供水系统的可靠性，输水管道一般采用等径的两条平行管道，且在合适的地方设置连通管并安装切换阀门，当其中一条管道出现故障时由另一条平行管段替代，以满足事故时供水保证率不低于 70% 的要求。

配水管网是分布在整个供水区域内的配水管道网络，它接受输水管道输送来的水并将其向两侧用户分配。如图 1-1 中的 7 所示。配水管网通常由配水干管、配水支管、连接管和分配管组成。配水干管接受输水管道输送来的水，在向两侧配水的同时将多余的水输送到配水支管。配水支管接受配水干管输送来的水，在向两侧配水的同时将多余的水输送到分配管。分配管是向用户配水的管道，与用户直接相连，也可以说是用户的接水管。连接管用于将配水干管相互连通，以便形成环状网络提高供水可靠度。

为满足配水管网向用户配水的要求及检修的需要，在配水管网上还要设置阀门、排气阀、泄水阀等附件。为满足出现火灾时消防车取水的要求，还需每隔一定距离设置一个消火栓。

配水管网的特点是由上游向下游流量、管径逐渐减小，管道上配件、附件多，正常供水时事故点也较多。它与输水管道的最大区别是必须向两侧用户配水。

调节构筑物分为流量调节构筑物和压力调节构筑物。

流量调节构筑物有清水池、高地水池（或水塔），其主要作用是调节产水与供水、供水与用水的流量差，以保证用户有水可用。

清水池位于给水厂内，用于调节给水厂的产水与送水泵站供水之间的不平衡。当水厂的产水量大于送水泵站的供水量时，多余的水在清水池中贮存；反之，则从清水池中取水补缺。但对清水池而言，全天的存水量要和取水量相等，否则就会出现事故。

高地水池位于城市用水区内，如果城市用水区内不具备可利用的地形，可人为创造高地水池，该高地水池俗称水塔。高地水池（或水塔）的作用是调节用户的用水量和送水泵站供水量的不平衡，当送水泵站的供水量大于用户的用水量时，多余的水进入高地水池（或水塔）贮存；反之，则从高地水池（或水塔）中取水补缺。

压力调节构筑物主要是高地水池（或水塔），当送水泵站提供的压力不能满足用户要求或者不经济时，由其提供压力。在大城市内，多采用加压泵站进行中途加压，或在送水泵站中设置变频调速设备以满足用户的要求。高地水池（或水塔）加压方式，目前在小城镇或村镇中使用较多，城市内已很少使用。

1.2.2　给水管道系统的布置

给水管道布置时，应依据当地给水工程专项规划、结合实际情况进行不同方案的技术经济比较后确定。一般应遵循以下原则：

（1）输水管道尽量沿现有道路或规划道路布置，不占或少占农田和良田；

（2）配水管网应均匀分布在整个给水区域内，保证用户有足够的水量和适宜的水压，在输送过程中水质不遭受污染；

（3）力求管线短捷，尽量少穿或不穿障碍物，尽量减少拆迁，以节约投资；

（4）尽量布置在地形高处，以节约供水能量；

（5）便于施工和维护。

输水管道布置时，可根据实际情况采用重力输水、压力输水或重力－压力并用的方式进行布置。

配水管网的布置形式有枝状网和环状网两种形式，如图 1-10、图 1-11 所示。

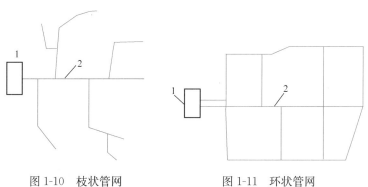

图 1-10　枝状管网　　　　　　　　　图 1-11　环状管网

1—送水泵站；2—管网　　　　　　　　1—送水泵站；2—管网

枝状管网的布置类似树枝状，其供水可靠性较差，在管网末端水质易变差。但构造简单，管道用量少，投资小。对小城镇、乡镇或小区而言，采用较多。对大城市而言，发展初期可采用，以后随着城市的发展，再逐步发展成环状网。

环状网的布置是管线间相互连接成环，当任一段管线损坏时，可以关闭附近的阀门，使事故管段与其余的管线隔开，然后进行检修，水则从另外管线供应用户，断水的地区和范围可以最大限度地缩小，从而增加了供水的可靠性。环状网还可以大大减轻水锤作用产生的危害。但管线用量大，初期投资高。一般在大、中城市采用较多。

思 考 题 与 习 题

1. 按照用户用水目的的不同，城市用水分为哪几类？
2. 城市用水对水有哪些要求？
3. 什么是最小服务水头？应如何确定？
4. 什么是给水系统？它包括哪些组成部分？
5. 给水系统有哪些布置形式？
6. 分区给水系统有哪些形式？
7. 给水管道系统的作用是什么？它包括哪些组成部分？
8. 输水管道和配水管网有哪些区别？
9. 输水管道和配水管网的布置形式有哪些？其优缺点是什么？
10. 给水系统中，流量和压力调节构筑物各有哪些？如何调节？

1-2 教学单元1
参考答案

教学单元 2　设 计 用 水 量

给水系统设计时，必须首先确定设计系统的供水量，也称设计给水量。该供水量应与设计期限终期用户的用水量相等。设计期限终期用户的用水量称为设计用水量，即设计给水量应等于设计用水量。设计用水量与设计期限终期用水单位的数量、用水定额等有关。给水系统设计应远近期结合、以近期为主、适当考虑远期发展的可能。近期设计年限为 5～10 年，远期设计年限为 10～20 年。根据城市总体规划和给水工程专项规划的要求，即可确定设计期限及设计期限终期的用水单位数。合理确定用水量定额及用水量的计算方法是本教学单元要解决的问题。

2-1 教学单元2 导读

2.1　用 水 量 定 额

用水量定额是指在设计年限内，不同的用水对象所达到的单位用水量的数量额度，是设计年限内用水量的最高限值。城市建设有关部门应根据当地城市规划、水资源充沛程度、气候条件、用水习惯等条件，结合现有给水工程实际情况，本着节约用水的原则确定。如城市没有相关资料，不能合理确定用水量定额，则应根据《室外给水设计标准》GB 50013—2018 中的有关规定，合理确定。根据用户用水目的的不同，可将用水量定额分为以下几种情况。

2.1.1　综合生活用水量定额

综合生活用水定额以 L/(cap·d)计，包括居民生活用水量和公共建筑用水量在内综合取定，详见附表 2-1。该水量定额依据水资源充沛程度、气候条件、用水习惯等因素，将我国国土面积按地理位置分成了三个分区；依据城市市区和近郊区非农业人口数将城市分为特大城市、大城市、中小城市；分别规定了用水量的额定限值，以最高日和平均日两种形式体现。设计时，应根据所在城市的实际情况，依据规范规定合理取定。

2.1.2　工业用水量定额

工业用水量定额包括生产用水量定额、职工生活用水量定额和职工淋浴用水量定额三部分。

生产用水是指在产品的生产过程中，用于制造、洗涤、冷却、净化等方面的用水，其用水量的大小随产品种类、生产工艺等条件的不同而异；即使产品相同，若生产工艺不同其用水量也不可能相同。因此，生产用水定额不可能统一规定，一般是根据现有相似企业的用水量情况，结合本企业的实际情况自行确定。生产用水量定额一般以单位数量产品用水量表示或产品的万元产值用水量表示。

职工生活用水量定额是职工在参与生产和管理的过程中，用于自身生活方面的用水量最高限值，它随生产管理环境特征的不同而异。一般车间采用 25L/(cap·班)，高温及污染严重车间采用 35L/(cap·班)。

职工淋浴用水量定额是职工下班后回家前，用于沐浴更衣所需用水量的最高限值，它也随生产管理环境特征的不同而异。一般车间采用 40L/(cap·班)，高温及污染严重车间采用 60L/(cap·班)。淋浴用水一般在下班后 1 小时内使用完毕。

2.1.3 浇洒道路和绿地用水量定额

浇洒道路和绿地用水量定额，不考虑每天的浇洒次数，按单位面积计取。浇洒道路的用水量定额为 $2.0 \sim 3.0 L/(m^2 \cdot d)$，绿地的用水量定额为 $1.0 \sim 3.0 L/(m^2 \cdot d)$。

2.1.4 消防用水定额

消防用水量定额是指在发生火灾时，为扑灭火灾所用水量的最高限值。火灾的发生是概率事件，根据城市人口的多少，我国《消防给水及消火栓系统技术规范》GB 50974—2014 规定了城市同一时间内发生的火灾起（次）数及一起（次）灭火用水量，该一起（次）灭火用水量即消防用水量定额，详见附表 2-2。

2.2 用水量变化

城市用水量是变化的，这是不争的事实，如白天比夜间用水量多，早晨比其他时间用水量多，节假日比平常用水量多，夏季比冬季用水量多等。实际生活中这种变化体现在每时每刻，不便于进行给水工程的设计。依据有压长管流理论，只有在一个时间段内有一个恒定不变的流量才能确定管道的管径。对城市给水工程而言，城市用水单位多，各个用水单位的用水时间不一，各种用水的高峰可以相互错开，这就使在一个时间段内流量保持不变成为可能。根据工程经验，通常假定这个时间段为 1 小时，即在 1 小时内流量不变，不同的时间段流量则不一定相同。通常，将这种假定称为小时不变理论。

2.2.1 用水量变化曲线

根据小时不变理论，城市用水量的变化可以用逐时变化曲线来描述，即用水量变化曲线。绘制用水量变化曲线时，以时间为横坐标，以每小时的用水量占全天用水量的百分数为纵坐标，将全天 24 个小时的用水量点绘在直角坐标系内形成曲线，如图 2-1 所示。

在图 2-1 中，4.17% 的水平线表示最高日平均时用水量占全天用水量的百分数（$\frac{100}{24} \approx 4.17$），最高日最高时用水量出现在上午 6～7 时，其用水量占全天用水量的 5.31%，时变化系数为 $K_h = \frac{5.31}{4.17} = 1.27$。

2.2.2 用水量变化系数

城市用水量的变化，除采用用水量变化曲线逐时描述外，还可用以下两个特征参数反映。

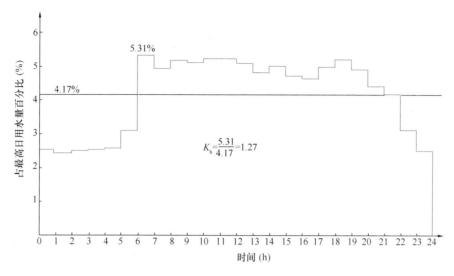

图 2-1 城市用水量变化曲线

1. 日变化系数 K_d

日变化系数是城市最高日用水量与平均日用水量的比值，即：

$$K_d = \frac{Q_d}{\overline{Q_d}} \tag{2-1}$$

式中 Q_d——最高日用水量，m^3/d，该值一般作为输配水管网设计的依据；

$\overline{Q_d}$——平均日用水量，m^3/d，该值一般作为水资源规划和水处理构筑物设计的依据。

在设计年限内，必然存在用水量最多的某一年，该年中必然存在用水量最多的某一天，该天的总用水量即为最高日用水量；该年总的用水量除以用水天数（一般为 365 天）即为平均日用水量。

日变化系数一般都大于 1，其数值越大说明用水量在以天为单位的时间段内变化幅度就越大，也就是用水越不均匀，间接地反映出城市规模越小，用水单位数越少。

2. 时变化系数 K_h

时变化系数是城市最高日最高时用水量与最高日平均时用水量的比值，即：

$$K_h = \frac{Q_h}{\overline{Q_h}} \tag{2-2}$$

式中 Q_h——最高日最高时用水量，m^3/h；

$\overline{Q_h}$——最高日平均时用水量，m^3/h。

在设计年限内用水量最多的一天中，必然存在用水量最多的 1 个小时，该小时的用水量称为最高日最高时用水量；该天总的用水量除以 24 个小时，得到的用水量即为最高日平均时用水量。

时变化系数一般都大于 1，其数值越大说明用水量在以小时为单位的时间段内的变化幅度就越大，也就是用水越不均匀，间接地反映出城市规模越小，用水单位数越少。

由上述可知：日变化系数反映了用水量逐日的变化幅度，时变化系数反映了用水量逐时的变化幅度。在城市给水工程设计中，应根据城市性质、城市规模、国民经济发展水平、供水现状等条件，结合城市用水量曲线分析确定。在缺乏用水量资料的情况下，可采用经验数值。日变化系数的经验数值为1.1～1.5，时变化系数的经验数值为1.2～1.6。实际取用时，城市规模大、用水单位多时取偏低值；反之，则取偏高值。

对工业企业的生产用水而言，其日变化系数为1.0；时变化系数随产品种类不同而异，但一般变化不大，通常在最高日内各小时均匀分配。职工生活用水量的时变化系数为2.5～3.0；职工淋浴用水按每班连续用水，1小时内使用完毕，故不考虑时变化系数。

2.3 用 水 量 计 算

在城市给水工程设计时，根据给水系统的工作状况，不同的工程设施应采用不同的设计流量，一般需计算最高日用水量、最高日最高时用水量、最高日平均时用水量和消防用水量。给水系统工作时，必须满足城市最高日用水量的要求。

2.3.1 最高日设计用水量的计算

前已述及，最高日设计用水量是在设计年限内可能出现的日用水量的最大值，是设计的一个最大的日用水量。它一般包括综合生活用水量、工业企业用水量、浇洒市政道路、广场和绿地用水量、管网漏损量及未预见水量五部分。

1. 综合生活用水量的计算

综合生活用水量根据综合生活用水定额，按式（2-3）进行计算。

$$Q_1 = \frac{q_1 \times N_1}{1000} \times f \tag{2-3}$$

式中　Q_1——城市综合生活用水设计用水量，m^3/d；

　　　q_1——综合生活用水定额，$L/(cap \cdot d)$；

　　　N_1——城市设计期限终期的规划人口数，cap；

　　　f——城市供水普及率，%。

有些城市受条件的限制，在设计年限内不可能全部为用户供水，此时就要考虑供水普及率。供水普及率是给水系统直接供水的人口数与城市总人口数的比值，其值越大，则用户的用水量就越多。

有些城市，由于老旧小区与新建小区卫生设备的完善程度不同，可能采用不同的用水定额，此时就应分别计算综合生活用水量，然后再累计求和。

2. 工业企业用水量的计算

工业企业用水量包括生产用水、职工生活用水和职工淋浴用水三部分，应分别进行计算再求和。

（1）生产用水量

在城市内，工业企业的产品种类不同其用水定额也不同，即使产品相同其用水定额也因生产工艺不同而异。因此，生产用水量应分别计算然后再累计求和，即按式（2-4）进行计算。

$$Q_2 = \sum_{i=1}^{n} Q_i = \sum_{i=1}^{n} q_{2i} N_{2i} \times (1 - \varphi) \tag{2-4}$$

式中　Q_2——工业企业生产总设计用水量，m^3/d；

　　　Q_i——某工业企业生产设计用水量，m^3/d；

　　　n——城市工业企业总数量，个；

　　　q_{2i}——某工业企业生产用水定额，$m^3/$单位产品或 $m^3/$万元；

　　　N_{2i}——某工业企业生产每日产值或产量，万元或产品数量；

　　　φ——某工业企业生产用水的重复利用率，$\%$。

（2）职工生活用水量

在工业企业中，生产工作车间的性质不同，则有不同的职工生活用水定额。因此，应根据工作环境的性质分别进行计算再累计求和，即按式（2-5）进行计算。

$$Q_3 = \frac{1}{1000} \times \sum_{i=1}^{n} (a \times 25 \times N_3 + b \times 35 \times N_3') \tag{2-5}$$

式中　Q_3——工业企业职工生活总设计用水量，m^3/d；

　　　n——城市工业企业总数量；

　　　a——一般车间的每日工作班数；

　　　b——热车间或污染严重车间的每日工作班数；

　　　N_3——一般车间的每班工作人数；

　　　N_3'——热车间或污染严重车间的每班工作人数。

（3）职工淋浴用水量

在工业企业中，生产工作车间的性质不同，则有不同的职工淋浴用水定额。因此，应根据工作环境的性质分别进行计算再累计求和，即按式（2-6）进行计算。

$$Q_4 = \frac{1}{1000} \times \sum_{i=1}^{n} (a \times 40 \times N_4 + b \times 60 \times N_4') \tag{2-6}$$

式中　Q_4——工业企业职工淋浴总设计用水量，m^3/d；

　　　n——城市工业企业总数量；

　　　a——一般车间的每日工作班数；

　　　b——热车间或污染严重车间的每日工作班数；

　　　N_4——一般车间的每班淋浴人数；

　　　N_4'——热车间或污染严重车间的每班淋浴人数。

故，工业企业用水的总设计流量为 $Q_2 + Q_3 + Q_4$。

3. 浇洒市场道路、广场和绿地用水量

浇洒市场道路、广场和绿地用水量按式（2-7）进行计算。

$$Q_5 = \frac{1}{1000} \times (A_5 q_5 + A_5' q_5') \tag{2-7}$$

式中　Q_5——浇洒市场道路、广场和绿地设计用水量，m^3/d；

　　　A_5——浇洒市场道路和广场总面积，m^2；

q_5 ——浇洒市政道路和广场用水定额，L/（m² · d）；

A_5' ——绿地总面积，m²；

q_5' ——绿地用水定额，L/（m² · d）。

4. 管网漏损水量

管网漏损是偶然随机事件，其漏损的水量也不易准确计算，根据《室外给水设计标准》GB 50013—2018 中的有关规定，管网漏损设计流量取综合生活设计用水量、工业企业设计用水量、浇洒市政道路、广场和绿地设计用水量之和的 10%，即：

$$Q_6 = (Q_1 + Q_2 + Q_3 + Q_4 + Q_5) \times 10\%$$ (2-8)

5. 未预见水量

根据《室外给水设计标准》GB 50013—2018 中的有关规定，管网未预见水量的设计流量取综合生活设计用水量、工业企业设计用水量、浇洒道路和绿地设计用水量、管网漏损设计用水量之和的 8%～12%，即：

$$Q_7 = (Q_1 + Q_2 + Q_3 + Q_4 + Q_5 + Q_6) \times (8\% \sim 12\%)$$ (2-9)

因此，设计年限内城市最高日设计用水量为：

$$Q_d = Q_1 + Q_2 + Q_3 + Q_4 + Q_5 + Q_6 + Q_7$$

2.3.2 最高日平均时和最高日最高时设计用水量

1. 最高日平均时设计用水量

最高日平均时设计用水量按式（2-10）进行计算。

$$\overline{Q}_h = \frac{Q_d}{T}$$ (2-10)

式中 T ——给水系统每天的工作时间，h；一般为24h。

2. 最高日最高时设计用水量

最高日最高时设计用水量按式（2-11）进行计算。

$$Q_h = K_h \times \overline{Q}_h$$ (2-11)

公式中各参数意义同前。

最高日最高时设计用水量是给水管网设计的重要参数，在计算中应慎重确定时变化系数，它的数值大小直接影响工程的建设规模与投资。

2.3.3 消防用水量的计算

消防用水量是偶然发生的，不计入设计总用水量中，仅作为设计校核用，通常单独计算。根据《室外给水设计标准》GB 50013—2018 中的有关规定，消防用水量按式（2-12）计算。

$$Q_x = n_x q_x$$ (2-12)

式中 Q_x ——消防设计用水量，L/s；

n_x ——城市同一时间发生的火灾次数；

q_x ——城市一次灭火用水量，L/s。

【**例 2-1**】华北某城市，在设计年限内规划人口为 10 万，供水普及率为 100%，其中老城区人口 8.2 万，新城区 1.8 万，老城区最高日综合生活用水定额采用 190L/(cap·d)，新城区最高日综合生活用水定额采用 205L/(cap·d)，综合生活用水资料见表 2-1。假定只有甲乙两个企业，甲企业职工 9000 人，分三班工作(0 时、8 时、16 时)，每班 3000 人，均为污染严重车间，下班后均需淋浴，职工生活用水变化曲线如图 2-3 所示；乙企业有 7000 人，分两班制工作(8、16 时)，每班 3500 人，均为一般车间，下班后每班 2400 人淋浴，职工生活用水变化曲线如图 2-2 所示。甲企业每天生产用水量为 24000m³，全天均匀使用；乙企业每天生产用水 6000m³，集中在每班上班后 4 小时内均匀使用。城市浇洒道路面积为 4.5hm²，用水定额采用 1.5L/(m²·d)，绿化面积为 6.0hm²，用水定额采用 2.0L/(m²·d)。根据以上条件，求解以下问题：

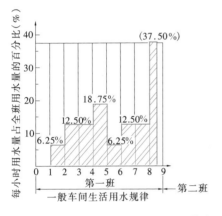

图 2-2　乙企业职工用水量变化曲线　　图 2-3　甲企业职工生活用水量变化曲线

(1) 该城市最高日设计用水量；

(2) 绘制该城市的用水量变化曲线；

(3) 该城市用水的时变化系数；

(4) 该城市最高日最高时设计用水量；

(5) 该城市消防用水量。

华北某市综合用水资料（每小时用水量占全天用水量的百分数）　　表 2-1

时间（时）	0~1	1~2	2~3	3~4	4~5	5~6	6~7	7~8	8~9	9~10	10~11	11~12
用水量（%）	1.10	0.70	0.90	1.10	1.30	3.91	6.61	5.84	7.04	6.69	7.17	7.31
时间（时）	12~13	13~14	14~15	15~16	16~17	17~18	18~19	19~20	20~21	21~22	22~23	23~24
用水量（%）	6.62	5.23	3.59	4.76	4.24	5.99	6.97	5.66	3.05	2.01	1.42	0.79

【**解**】（1）最高日设计用水量计算

1）综合生活用水量计算

$$Q_1 = \frac{1}{1000} \sum_{i=1}^{2} N_{1i} q_{1i} = \frac{82000 \times 190 + 18000 \times 205}{1000} = 19270 \text{m}^3/\text{d}$$

2）工业企业用水量计算

由题意知,甲企业每天生产用水量为 24000m³,乙企业每天生产用水 6000m³,因此生产总用水量为:

$$Q_2 = 24000 + 6000 = 30000 \text{m}^3/\text{d}$$

职工生活用水量为:

$$Q_3 = \frac{a \times 25 \times N_3 + b \times 35 \times N_3'}{1000} = \frac{2 \times 25 \times 3500 + 3 \times 35 \times 3000}{1000}$$

$$= 315 + 175 = 490 \text{m}^3/\text{d}$$

职工淋浴用水量为:

$$Q_4 = \frac{a \times 40 \times N_4 + b \times 60 \times N_4'}{1000} = \frac{2 \times 40 \times 2400 + 3 \times 60 \times 3000}{1000}$$

$$= 540 + 192 = 732 \text{m}^3/\text{d}$$

工业企业总用水量为 30000+490+732=31222m³/d

3)浇洒道路和绿地用水量计算

浇洒道路和绿地用水量为:

$$Q_5 = \frac{1}{1000} \times (A_5 q_5 + A_5' q_5')$$

$$= \frac{45000 \times 1.5 + 60000 \times 2.0}{1000} = 67.5 + 120 = 187.5 \text{m}^3/\text{d}$$

4)管网漏损量计算

管网漏失水量按相应计算基础的 10% 计入,即:

$$Q_6 = (Q_1 + Q_2 + Q_3 + Q_4 + Q_5) \times 10\%$$

$$= (19270 + 30000 + 490 + 732 + 187.5) \times 10\%$$

$$= 5067.95 \text{m}^3/\text{d} \approx 5068 \text{m}^3/\text{d}$$

5)未预见水量计算

未预见水量按相应计算基础的 10% 计入,即:

$$Q_7 = (Q_1 + Q_2 + Q_3 + Q_4 + Q_5 + Q_6) \times 10\%$$

$$= (19270 + 30000 + 490 + 732 + 187.5 + 5068) \times 10\%$$

$$= 5574.75 \text{m}^3/\text{d} \approx 5575 \text{m}^3/\text{d}$$

因此,该城市最高日设计用水量为:

$$Q_d = Q_1 + Q_2 + Q_3 + Q_4 + Q_5 + Q_6 + Q_7$$

$$= 19270 + 30000 + 490 + 732 + 187.5 + 5068 + 5575$$

$$= 61322.5 \text{m}^3/\text{d}$$

(2)用水量变化曲线

绘制用水量变化曲线,需求得城市每小时的用水量。根据题意所给资料,综合生活用水小时用水量按表 2-1 所给数据计算；职工生活用水小时用水量按图 2-2、图 2-3 计算；职工淋浴用水集中在下班后 1 小时内使用；甲企业生产用水 24 小时均匀使用，平均每小时 1000m³；乙企业生产用水在上班后 4 小时内使用，按两班制计算，平均每小时 750m³；管网漏损量和未预见水量均按 24 小时均匀分配。计算结果见表 2-2。

华北某城市小时用水量计算表　　　　　　　　　　　　　　　　表 2-2

时间（时）	综合生活用水量		甲 企 业				乙 企 业				浇洒道路和绿地用水（m³）	管网漏损量和未预见水量（m³）	每小时用水量	
	占一天用水量（%）	（m³）	高温车间生活用水		淋浴用水（m³）	生产用水（m³）	一般车间生活用水		淋浴用水（m²）	生产用水（m³）			（m³）	占最高日用水量百分数（%）
			占每班用水量（%）	（m³）			占每班用水量（%）	（m³）						
1	2	3	4	5	6	7	8	9	10	11	12	13	14	15
0～1	1.10	211	(31.30)	16.4	180	1000	(37.50)	16.4	96			443	1962.8	3.20
1～2	0.70	135	12.05	12.6		1000						444	1591.6	2.59
2～3	0.90	174	12.05	12.7		1000						443	1629.7	2.66
3～4	1.10	211	12.05	12.7		1000						444	1667.7	2.72
4～5	1.30	251	12.05	12.6		1000						443	1706.6	2.78
5～6	3.91	754	12.05	12.7		1000						444	2210.7	3.61
6～7	6.61	1274	12.05	12.7		1000					67.5	443	2796.2	4.56
7～8	5.84	1125	12.05	12.6		1000						444	2582.6	4.21
8～9	7.04	1357	(31.30)	16.4	180	1000				750	120	443	3865.4	6.31
9～10	6.69	1289	12.05	12.6		1000	6.25	5.47		750		444	3502.07	5.71
10～11	7.17	1382	12.05	12.7		1000	12.50	10.94		750		443	3597.64	5.87
11～12	7.31	1409	12.05	12.7		1000	12.50	10.94		750		444	3626.64	5.91
12～13	6.62	1276	12.05	12.6		1000	18.75	16.4				443	2748.00	4.48
13～14	5.23	1008	12.05	12.7		1000	6.25	5.47				444	2470.17	4.03
14～15	3.59	692	12.05	12.7		1000	12.50	10.94				443	2158.64	3.52
15～16	4.76	917	12.05	12.7		1000	12.50	10.94				444	2384.54	3.89
16～17	4.24	817	(31.30)	16.4	180	1000	(37.50)	16.4	96	750		443	3317.8	5.41
17～18	5.99	1154	12.05	12.6		1000	6.25	5.47		750		444	3366.07	5.49
18～19	6.97	1343	12.05	12.7		1000	12.50	10.94		750		443	3558.64	5.80
19～20	5.66	1091	12.05	12.7		1000	12.50	10.94		750		444	3308.64	5.40
20～21	3.05	588	12.05	12.6		1000	18.75	16.4				443	2060.00	3.36
21～22	2.01	387	12.05	12.7		1000	6.25	5.47				444	1849.17	3.01
22～23	1.42	274	12.05	12.7		1000	12.50	10.94				443	1739.64	2.84
23～24	0.79	151	12.05	12.6		1000	12.50	10.94				443	1616.54	2.64
累计	100	19270		315	540	24000		175.00	192	6000	187.5	10643	61322.5	100

注：加括号的数值表示只在半小时内用水。

根据表 2-2 中第 15 列所示的每小时的用水量占全天用水量的百分数，即可绘制用水量变化曲线，绘制结果见图 2-4。

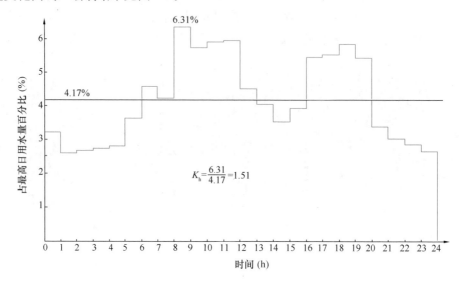

图 2-4　华北某市用水量变化曲线

（3）时变化系数

该城市的最高日最高时用水量出现在 8～9 时，占全天用水量的 6.31％，因此时变化系数为：

$$K_h = \frac{6.31}{4.17} = 1.51$$

（4）最高日最高时设计用水量

最高日最高时设计用水量有两种计算方法，一种是根据城市小时用水量变化资料或用水量变化曲线，直接找出用水量最多的那个小时，用其占全天用水量的百分数计算。本例题即为：

$$Q_h = Q_d \times 6.31\% = 61322.5 \times 6.31\% = 3869.45 m^3/h$$

该计算结果与表 2-2 中的计算结果 3865.4m³/h 略有误差，其原因是在百分数的计算过程中有效数字的取舍导致，遇到此种情况应以表 2-2 中的计算结果为准。

如没有小时用水量变化资料，则需根据公式进行计算。先根据经验和规范规定，结合城市的实际情况确定时变化系数，本例题的时变化系数仍取为 1.51；然后再依据最高日用水量求出最高日平均时用水量，依据时变化系数的公式进行计算。本例题为：

$$Q_h = K_h \times \overline{Q_d} = K_h \times \frac{Q_d}{24} = 1.51 \times \frac{61322.5}{24} = 3858.21 m^3/h$$

该计算结果与表 2-2 中的计算结果 3865.4m³/h 略有误差，可见根据公式计算，其结果与实际情况也相符。因此，实际工作中可采用任一方法计算。

（5）城市消防用水量

该城市在设计年限内规划人口为 10 万人，查附表 2-2 得同一时间内出现的火灾次数为 2 次，一次消防用水量为 45L/s，故城市消防设计用水量为：

$$Q_x = N_x q_x = 2 \times 45 = 90 L/s$$

思 考 题 与 习 题

1. 城市设计用水量由哪些用水量组成？

2. 什么是用水量定额？它对给水工程的设计有什么影响？

3. 根据用水目的的不同，用水量定额有哪些？各如何确定？

4. 什么是最高日用水量？

5. 什么是最高日最高时用水量？

6. 什么是平均日用水量？

7. 什么是最高日平均时用水量？

8. 日变化系数如何确定？它有什么意义？

9. 时变化系数如何确定？它有什么意义？

10. 在城市最高日设计用水量的计算中，为什么不考虑消防用水量？

11. 某城市最高日用水量为 $15 \times 10^4 \, m^3/d$，各小时的用水量占全天用水量的百分数见表 2-3。求：

（1）绘制该城市用水量的变化曲线；

（2）时变化系数；

（3）根据公式计算最高日最高时设计用水量。

某城市用水量资料（每小时用水量占全天用水量的百分数）　　　　表 2-3

时间（时）	0～1	1～2	2～3	3～4	4～5	5～6	6～7	7～8	8～9	9～10	10～11	11～12
用水量（%）	2.53	2.45	2.50	2.53	2.57	3.09	5.31	4.92	5.17	5.10	5.21	5.21
时间（时）	12～13	13～14	14～15	15～16	16～17	17～18	18～19	19～20	20～21	21～22	22～23	23～24
用水量（%）	5.09	4.81	4.99	4.70	4.62	4.97	5.18	4.89	4.39	4.17	3.12	2.48

12. 某城市平均日用水量为 $15 \times 10^4 \, m^3/d$，日变化系数为 1.4，时变化系数为 1.8，全天 24 小时供水。求：

（1）该城市最高日设计用水量；

（2）该城市最高日最高时设计用水量。

13. 浙江省某城市规划人口 60 万，用水普及率 90%；城市每年工业总产值为 30 亿元，万元产值用水量为 150m³，工业生产水的重复利用率为 50%，工业企业中总职工人数为 2.5 万，均为一般车间，下班后有 30% 的职工淋浴；城市道路面积为 5hm²，绿地面积为 8hm²。求：

（1）该城市的最高日设计用水量；

（2）该城市的消防设计用水量。

2-2 教学单元2
参考答案

教学单元 3　给水系统的设计原理

3-1　教学单元3
导读

给水系统的工作，必须满足用户对水质、水量和水压的要求，尤其给水管道系统必须保证用户所要求的水量和水压。而用户的用水，不管综合生活用水还是工业企业用水，其用水量是变化的。如何满足这种变化的供求关系，是给水系统设计中必须慎重考虑的问题，否则就可能出现不满足用户要求的情况，或者虽满足用户的要求但供水成本很大，造成浪费和损失。要合理地解决这个问题，就必须熟知给水系统的工作情况，即给水系统工作时各组成部分的流量需求关系和压力需求关系，从而合理确定各组成部分的设计流量和设计压力。

3.1　给水系统各组成部分的设计流量

为了保证给水系统供水的可靠性，给水系统设计时的设计流量都以最高日设计用水量 Q_d 为基础进行计算，也就是要满足最高日设计用水量的要求。基于小时不变理论的假定，最高日设计用水量又分为最高日平均时设计用水量和最高日最高时设计用水量，给水系统的流量设计就以这两个设计用水量为基础进行考虑。给水系统由取水构筑物、水处理构筑物、输水管道、配水管网和调节构筑物组成，这些组成部分具有不同的工作特点，工作特点的不同就决定了其具有不同的设计流量。因此，在阐述本教学单元内容之前，必须明确给水系统的工作情况。

3.1.1　取水构筑物和给水处理系统各组成部分的设计流量

取水构筑物、取水泵站、给水厂中的各水处理构筑物以及取水泵站到给水厂之间的输水管道、给水厂中各处理构筑物间的连接管道，其设计流量的确定取决于给水厂的工作情况。

给水厂中除了各种水处理构筑物外还有清水池，工作时如果小时产水量大于该小时用户的用水量，多余的水量就进入清水池贮存；如果小时产水量小于该小时用户的用水量，亏损的水量就由清水池吐水补足，以满足最高日最高时用水量的要求。这种工作特点决定了给水厂中各处理构筑物按全天连续、均匀工作进行设计，即按全天每个小时的产水量都相等进行设计，这个产水量应为最高日平均时设计用水量。有关清水池的调节作用详见 3.2 节。

前已述及除了最高日平均时设计用水量外，还有最高日最高时设计用水量，为什么不按最高日最高时设计用水量进行设计呢？如果按最高日最高时设计用水量进行设计，则水处理构筑物的设计容积就会很大，其相应的建造尺寸也就会很大，从而增加工程投资和施工建造难度，也间接地增大了取水泵站及泵站到给水厂间输水管道的管径、增大了取水水泵的型号；关键是给水厂如果每个小时都按最高日最高时用水量产水，全天只有 1 个小时的产水量和用水量相等，其他时间都不同程度地大于用户的用水量，多余的水没办法解决；此外也增加了给水厂的管理难度。因此，取水构筑物、取水泵站、取水泵站到给水厂间的输水管道、给水厂中各处理构筑物及其连接管道应按最高日平均时设计用水量进行设计。但设计时还要考虑水厂本身的用水量，这部分水量主要用于滤池反冲洗、沉淀池排泥等用水。水厂本身的用水量难以准确计算，其值取决于处理工艺、原水水质、构筑物类型等因素，通常取最高日平均时设计用水量的 5%～10%。对于某些水厂，其原水水质很好，只对原水进行消毒无须进行其他处理即可供给用户使用时，则不考虑水厂本身用水。

由此可知：取水构筑物、取水泵站、取水泵站到给水厂间的输水管道、给水厂中各处理构筑物及其连接管道的设计流量按式（3-1）进行计算。

$$Q_l = \frac{\alpha Q_d}{T} \tag{3-1}$$

式中　Q_l——取水构筑物、取水泵站、取水泵站到给水厂间的输水管道、给水厂中各处理构筑物及其连接管道的设计流量，m^3/h；

　　　α——水厂本身用水系数，一般为 1.05～1.10，如不计水厂本身用水则不考虑该系数；

　　　Q_d——最高日用水量，m^3/d；

　　　T——给水厂每天运行时间，h。

城市给水厂中的水处理构筑物不宜间歇运行，一般 24 小时均匀工作，对夜间用水量很小的城镇、乡村可考虑每天一班（8 小时）或二班（16 小时）运行，据此确定给水厂每天运行时间。

3.1.2 送水泵站、配水管网及送水泵站与配水管网间输水管道的设计流量

送水泵站位于水厂内，将贮存于清水池内的成品水通过输水管道输送到配水管网供用户使用，但管网中有时设置调节构筑物（水塔或高地水池），调节构筑物的位置及设置与否决定了送水泵站不同的工作情况。

3.1.2.1 管网中不设置调节构筑物

在单水源的给水系统中，如规模不大、用户的用水量变化不太大时，管网中可不设置调节构筑物，构成无调节构筑物的管网。此时，送水泵站应按用水量的变化情况送水，根据小时不变理论用水量最多应有 24 个档次，此时送水泵站就应按 24 个流量供水，才能满足用户对水量的需求。通常通过多台大、小搭配的水泵联合工作或设置变频调速装置来完成，但其最终目的是要保证用户最高日最高时用水的需求，这也是送水泵站供水的最不利情况。

因此，在管网中不设置调节构筑物时，送水泵站的设计流量应为最高日最高时设计用水量 Q_h，配水管网及送水泵站与配水管网间输水管道的设计流量也应为最高日最高时设计用水量 Q_h。

3.1.2.2 管网中设置调节构筑物

1. 送水泵站的工作情况

在单水源的给水系统中，如规模较大、用户的用水量变化较大时，为满足用户用水

量的要求，管网中应设置调节构筑物。不管调节构筑物的位置如何，送水泵站都应分级供水，通过调节构筑物调节送水泵站的供水量与用户用水量的不平衡。所谓分级供水就是分档次供水，但档次不宜太多以便于运行管理。具体的分级要求是：

（1）一般分二级供水，在用水高峰时段设一级，用水低峰时段设一级，最多可分三级，即在用水高峰时段和低峰时段之间再加一级，分级太多不便于水泵机组的运行管理，也增加了设备投资；

（2）各级供水曲线应尽量接近用水曲线，以减小管网中调节构筑物的容积、降低造价，一般各级供水量可以取相应时间段用水量的平均值；

（3）每一级的供水量应有利于选出合适的水泵、有利于水泵机组的合理搭配，并能满足今后一定时期内城市发展的需要；

（4）必须保证全天24小时的供水量和用水量相等。

根据上述要求，结合用水量变化曲线，即可拟定送水泵站的分级供水曲线。在拟定分级供水曲线时，每小时的供水量也用占全天用水量的百分数表示。这样全天供水量的总和也为100%。图3-1所示即为分级供水曲线的拟定示例。

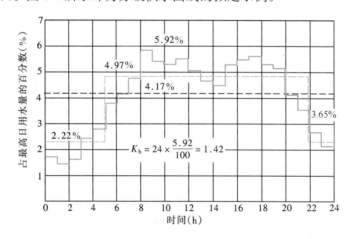

——用水曲线；------送水泵站供水曲线；————取水泵站供水曲线

图 3-1　某城市送水泵站分级供水曲线

在图3-1中，1号线即蓝色实线为用水量变化曲线，3号线即4.17%的黑色水平虚线代表最高日平均时供水量，也就是最高日平均时用水量。2号线即蓝色虚线代表送水泵站的供水曲线，分为两级供水。一级供水量为最高日用水量的2.22%，从22时至次日凌晨5时供水。另一级供水量为最高日用水量的4.97%，从凌晨5时至22时供水。全天的供水量为 $7 \times 2.22\% + 17 \times 4.97\% = 100\%$，满足要求。送水泵站最大一级的供水量为 $Q_{\text{II max}} = Q_d \times 4.97\%$。

在按图3-1所示的分级供水曲线中，当小时供水量多于小时用水量时，富余的水量进入调节构筑物中贮存；反之，则由送水泵站和调节构筑物同时向管网供水，以满足用户的需求。

2. 各部分的设计流量

（1）网前水塔的管网

在某些城市，管网前端地形较高，具备设置网前水塔的条件，此时可将水塔布置在管网前端，形成网前水塔的管网。网前水塔管网工作时，如送水泵站的小时供水量大于该小时用户的用水量，则多余的水进入水塔贮存；送水泵站的小时供水量小于该小时用户的用水量，则不足的水量由水塔吐水补足，此时送水泵站和水塔同时向管网供水。因此，在网前水塔的管网中，各组成部分的设计流量如下：

送水泵站及送水泵站到水塔之间的输水管道均以分级供水曲线最大一级的供水量 $Q_{\text{II max}}$ 作为设计流量；水塔到管网之间的输水管道及配水管网均以最高日最高时设计用水量 Q_h 作为设计流量。

（2）对置水塔的管网

在某些城市，管网前端不具备设置水塔的条件，而管网后端地形较高，具备设置水塔的条件，此时可将水塔布置在管网后端，形成对置水塔的管网。对置水塔管网工作时，如送水泵站的小时供水量大于该小时用户的用水量，则多余的水需要通过整个管网才能进入水塔贮存；送水泵站的小时供水量小于该小时用户的用水量，则不足的水量由水塔吐水补足，此时送水泵站和水塔同时向管网供水，出现各自的供水区。这就必然会在配水管网中出现一条供水分界线，它是两供水区的分界线。供水分界线一侧靠近送水泵站的用户由送水泵站供水，另一侧靠近水塔的用户由水塔供水，在供水分界线上的用户由送水泵站和水塔同时供水。供水分界线是一条动态变化曲线，它随送水泵站供水压力的不同而变化，当送水泵站供水压力较大时则靠近水塔，当送水泵站供水压力较小时则远离水塔。也就是说当送水泵站供水流量不变时，随用户用水量的减小供水分界线向水塔移动；随用户用水量的增加供水分界线向送水泵站移动。

当供水分界线向水塔移动时，整个配水管网的压力普遍增加，直到送水泵站的供水量与用户的用水量相等时，水塔供水区消失，如送水泵站的供水量大于用户的用水量则多余的水量进入水塔贮存。这种贮存在水塔中的水量称为转输水量或转输流量，在转输的若干个时间段内，必然存在转输流量最多的某个小时，该小时称为最大转输时，该流量称为最大转输流量。

当供水分界线向送水泵站移动时，整个配水管网的压力普遍降低，由压力最低的点连成的线即为供水分界线，也就是供水分界线上压力最低。在最高日最高时用水时，管网中的最不利点一定在供水分界线上，须由水塔和送水泵站同时供水才能满足要求。因此，在对置水塔的管网中，各组成部分的设计流量如下：

送水泵站及送水泵站到配水管网之间的输水管道均以分级供水曲线最大一级的供水量 $Q_{\text{II max}}$ 作为设计流量；配水管网以最高日最高时设计用水量 Q_h 作为设计流量，水塔到管网之间的输水管道以最高日最高时设计用水量与送水泵站最大一级供水量的差 $Q_\text{h}-Q_{\text{II max}}$ 作为设计流量。

（3）网中水塔的管网

对设置网中水塔的管网，可根据实际情况将其转化为网前水塔的管网或对置水塔的管网确定各部分的设计流量。具体转化方法是：当水塔靠近管网前端，送水泵站的供水量大于水塔与送水泵站之间用户的用水量时，可按网前水塔计算；当水塔靠近管网末端，送水泵站的供水量小于送水泵站与水塔间用户的用水量时，可按对置水塔计算。

【例 3-1】某城市最高日设计用水量为 45000m³/d，最高日内用水量时变化曲线如图 3-1 所示。根据用水量变化资料和拟定的送水泵站分级供水曲线，解答以下问题：

(1) 若管网中不设调节构筑物，送水泵站的设计流量是多少？

(2) 若管网中设置调节构筑物，送水泵站的设计流量是多少？

(3) 假定调节构筑物是对置水塔，则水塔的最大进水量是多少？水塔的最大转输时和最大转输流量又是多少？水塔的设计供水量是多少？

(4) 配水管网的设计流量是多少？

(5) 设置网前水塔时输水管道的设计流量是多少？

(6) 设置对置水塔时输水管道的设计流量是多少？

【解】

(1) 管网中不设调节构筑物时，送水泵站的设计流量为最高日最高时设计用水量，即：

$$\frac{45000 \times 5.92\% \times 1000}{3600} = 740 \text{L/s}$$

(2) 管网中设置调节构筑物，送水泵站的设计流量为其最大一级的供水量 $Q_{\text{II max}}$，即：

$$\frac{45000 \times 4.97\% \times 1000}{3600} = 620 \text{L/s}$$

(3) 水塔的进水出现在送水泵站小时供水量大于小时用水量的时段，小时供水量与用水量的最大差值即为最大进水量。本例题水塔的最大进水量出现在 21 时～22 时，其值为：

$$\frac{45000 \times (4.97\% - 3.65\%) \times 1000}{3600} = 165 \text{L/s}$$

最大转输时为 21 时～22 时，最大转输流量为水塔的最大进水量，即 165L/s。

水塔的供水出现在送水泵站小时供水量小于小时用水量的时段，小时最大用水量与小时最大供水量的差值即为水塔设计供水量。本例题水塔的设计供水量出现在 8 时～9 时，其值为：

$$\frac{45000 \times (5.92\% - 4.97\%) \times 1000}{3600} = 120 \text{L/s}$$

(4) 管网中不管是否设置调节构筑物，管网的设计流量均为最高日最高时设计用水量，即 740 L/s。

(5) 设置网前水塔时，送水泵站到水塔之间输水管道的设计流量为 $Q_{\text{II max}}$，即 620L/s；水塔到管网间输水管道的设计流量为最高日最高时设计用水量，即 740L/s。

(6) 设置对置水塔时，送水泵站到管网之间输水管道的设计流量为 $Q_{\text{II max}}$，即 620L/s；水塔到管网间输水管道的设计流量为 $Q_h - Q_{\text{II max}}$，即 740－620＝120 L/s。

3.2 清水池和水塔

3.2.1 清水池和水塔的调节作用

前已述及清水池位于水厂内，起到调节水厂的产水量与送水泵站供水量不平衡的作用；水塔位于管网中，起到调节送水泵站的供水量与用户用水量不平衡的作用。

给水厂每天连续工作、均匀产水，而送水泵站则分级供水，必然存在供水量和产水量不相等的情况，此时就必须在送水泵站与水厂处理构筑物间建造清水池。在图 3-2 中，虚线 1 表示水厂的产水曲线，实线 2 表示送水泵站的分级供水曲线。可以看出：在 22 时至次日 5 时，水厂的产水量大于送水泵站的供水量，此时多余的水进入清水池贮存；在 5 时至 22 时，水厂的产水量小于送水泵站的供水量，不足的水量由清水池吐水补给。显而易见，供水曲线与产水曲线围成的面积即为流入或流出清水池的水量，全天流入或流出清水池的水量应该相等，即面积 A 与面积 B 相等。面积 A 为全天累计流出清水池的水量，面积 B 为全天累计流入清水池的水量。该流入或流出清水池的水量称为清水池的调节容积。

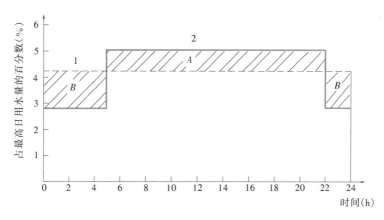

图 3-2 清水池的调节容积计算
1—水厂产水曲线；2—送水泵站的供水曲线

用水量变化曲线与送水泵站供水曲线围成的面积即为在某时间段流入或流出水塔的水量，但流入水塔的水量一定等于流出水塔的水量。如果送水泵站的供水曲线与用水量变化曲线完全重合，则没有流入或流出水塔的流量，即构成无水塔的管网。如图 3-1 所示，从 13 时～15 时、20 时～22 时、23 时～24 时及次日 0 时～3 时、5 时～8 时，送水泵站每小时的供水量均大于用水量，多余的水进入水塔贮存；从 12 时～13 时、15 时～20 时、22 时～23 时及次日 3 时～5 时、8 时～13 时，送水泵站每小时的供水量均小于用水量，不足的水由水塔补给。显而易见，用水曲线与供水曲线所围成的面积就是某时间段流入或流出水塔的水量。该流入或流出水塔的水量称为水塔的调节容积。

水塔和清水池在给水系统中，都具有调节流量的作用，这两种构筑物共同分担调节作用，但彼此间也存在着密切联系，使两者的调节容积相互转化，其调节能力的大小取决于用户的用水量变化曲线、送水泵站的供水曲线和水厂的产水曲线的组合。由图 3-1 和图 3-2 可以看出，如果送水泵站的供水曲线越靠近用水量变化曲线，则必然越远离产水量曲线，此时水塔的调节容积就越小，清水池的调节容积就越大，如果送水泵站的供水曲线与用水量变化曲线完全重合，就构成了无水塔的管网系统，清水池的调节容积达到最大，水塔的调节容积为零。反之，清水池的调节容积就会减小，水塔的调节容积就会增大。由于建造水塔的造价远高于建造清水池，所以在实际工程中，一般都增大清水池的调节容积减小水塔的调节容积，以节省投资。

3.2.2 清水池和水塔调节容积的计算

清水池的调节容积按式（3-2）计算，水塔的调节容积按式（3-3）计算。

$$W_1 = K_1 \times Q_d \qquad (3\text{-}2)$$

式中　W_1——清水池每天的调节容积，m^3；

　　　K_1——清水池每天的调节容积占最高日用水量的百分数；

　　　Q_d——最高日用水量，m^3/d。

$$W_{1t} = K_2 \times Q_d \qquad (3\text{-}3)$$

式中　W_{1t}——水塔每天的调节容积，m^3；

　　　K_2——水塔每天的调节容积占最高日用水量的百分数；

　　　Q_d——最高日用水量，m^3/d。

K_1 和 K_2 的计算方法有两种，当有城市用水和供水的相关资料时采用逐时累积法；当没有城市用水和供水的相关资料时采用经验估计法。

1. 逐时累积法

假定某城市送水泵站采用分级供水，最高日用水量变化资料见表 3-1，采用逐时累积法计算清水池和水塔的调节容积占最高日用水量的百分数的方法如下。

某城市最高日用水量资料（每小时用水量占全天用水量的百分数）　　　表 3-1

时间(时)	0~1	1~2	2~3	3~4	4~5	5~6	6~7	7~8	8~9	9~10	10~11	11~12
用水量	1.92	1.70	1.77	2.45	2.87	3.95	4.11	4.81	5.92	5.47	5.40	5.66
时间(时)	12~13	13~14	14~15	15~16	16~17	17~18	18~19	19~20	20~21	21~22	22~23	23~24
用水量	5.08	4.81	4.62	5.24	5.57	5.63	5.28	5.14	4.11	3.65	2.83	2.01

首先绘制用水量变化曲线、给水厂的产水曲线、拟定送水泵站的分级供水曲线，如图 3-3 所示；然后绘制清水池和水塔的调节容积占最高日用水量的百分数计算表，见表 3-2，并将最高日每小时水厂产水量、送水泵站供水量、用水量占最高日用水量的百分数填入表中；最后再计算清水池和水塔的调节容积占最高日用水量的百分数。

当管网中不设水塔时，送水泵站按用水曲线供水，此时清水池的调节容积应为产水量（2）与用水量（4）的差。该差为正值时表示该小时产水量大于用水量，多余的水进入清水池贮存；反之，贮存在清水池中的水流出补足用户使用。全天所有正值和负值的代数和为零，表明全天累计进入清水池和从清水池流出的水相等，该正值或负值的和的绝对值即为此种情况下清水池调节容积占最高日用水量的百分数。本例题为 14.46%。

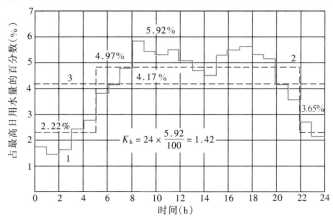

图 3-3　某城市用水量变化曲线和分级供水曲线

1—用水曲线；2—送水泵站供水曲线；3—水厂产水供水曲线

清水池和水塔调节容积占最高日用水量的百分数计算表　　表 3-2

时间（时）	水厂产水量（%）	送水泵站供水量（%）	用水量（%）	清水池调节容积（%）		水塔调节容积（%）
				无水塔时	有水塔时	
(1)	(2)	(3)	(4)	(5) =（2）-（4）	(6) =（2）-（3）	(7) =（3）-（4）
0～1	4.17	2.22	1.92	2.25	1.95	0.30
1～2	4.17	2.22	1.70	2.47	1.95	0.52
2～3	4.16	2.22	1.77	2.39	1.94	0.45
3～4	4.17	2.22	2.45	1.72	1.95	−0.23
4～5	4.17	2.22	2.87	1.30	1.95	−0.65
5～6	4.16	4.97	3.95	0.21	−0.81	1.02
6～7	4.17	4.97	4.11	0.06	−0.80	0.86
7～8	4.17	4.97	4.81	−0.64	−0.80	0.16
8～9	4.16	4.97	5.92	−1.76	−0.81	−0.95
9～10	4.17	4.96	5.47	−1.30	−0.79	−0.51
10～11	4.17	4.97	5.40	−1.23	−0.80	−0.43
11～12	4.16	4.97	5.66	−1.50	−0.81	−0.69
12～13	4.17	4.97	5.08	−0.91	−0.80	−0.11
13～14	4.17	4.97	4.81	−0.64	−0.80	0.16
14～15	4.16	4.96	4.62	−0.46	−0.80	0.34
15～16	4.17	4.97	5.24	−1.07	−0.80	−0.27
16～17	4.17	4.97	5.57	−1.40	−0.80	−0.60
17～18	4.16	4.97	5.63	−1.47	−0.81	−0.66
18～19	4.17	4.96	5.28	−1.11	−0.79	−0.32
19～20	4.17	4.97	5.14	−0.97	−0.80	−0.17
20～21	4.16	4.97	4.11	0.05	−0.81	0.86
21～22	4.17	4.97	3.65	0.52	−0.80	1.32
22～23	4.17	2.22	2.83	1.34	1.95	−0.61
23～24	4.16	2.22	2.01	2.15	1.94	0.21
累计	100.00	100.00	100.00	14.46−14.46=0.00	13.63−13.63=0.00	4.21−4.21=0.00

当管网中设置水塔时，送水泵站按分级供水曲线供水，此时清水池的调节容积应为产水量2与分级供水量3的差。该差为正值时表示该小时产水量大于送水泵站供水量，多余的水进入清水池贮存；反之，贮存在清水池中的水流出补足用户使用。全天所有正值和负值的代数和为零，表明全天累计进入清水池和从清水池流出的水相等，该正值或负值的和的绝对值即为此种情况下清水池调节容积占最高日用水量的百分数。本例题为13.63%。

当管网中设置水塔时，送水泵站按分级供水曲线供水，如分级供水量大于用水量，多余的水则进入水塔，此时水塔的调节容积应为供水量3与用水量4的差。该差为正值时表示该小时供水量大于用水量，多余的水进入水塔贮存；反之，贮存在水塔中的水流出补足用户使用。全天所有正值和负值的代数和为零，表明全天累计进入水塔和从水塔流出的水相等，该正值或负值的和的绝对值即为此种情况下水塔调节容积占最高日用水量的百分数。本例题为4.21%。

2. 经验估计法

在缺乏城市用水和供水的资料，不能进行相关计算时，可采用经验估计法进行估计。一般清水池的调节容积可按最高日用水量的10%～20%计算，水塔的调节容积可按最高日用水量的2.5%～6%计算。

3.2.3 清水池和水塔总容积计算

1. 清水池的总容积

清水池的总容积包括调节容积、给水厂生产自用水量、消防储备水量和安全储备水量四部分，按式（3-4）计算。

$$W = W_1 + W_2 + W_3 + W_4 \tag{3-4}$$

式中　W——清水池总容积，m^3；

　　　W_1——清水池调节容积，m^3；

　　　W_2——给水厂生产自用水量，m^3，一般取最高日用水量的5%～10%；

　　　W_3——消防储备水量，按2h室外消防用水量计算；

　　　W_4——安全储备水量，一般取0.5m水深的清水池水量，m^3。

在计算安全储备水量时，应先根据调节容积、生产自用水量和消防储备水量之和确定清水池的个数和尺寸，再确定安全储备水量。此外，清水池还要考虑一部分超高。在水厂中，清水池一般不少于2个，并且可以单独工作、单独检修。如只设1个清水池，该清水池应分格，每格应能单独工作、单独检修，必要时应设置超越管道，以便检修清水池时不间断供水。

2. 水塔的总容积

水塔的总容积包括调节容积和消防储备水量两部分，按式（3-5）计算。

$$W_t = W_{1t} + W_{2t} \tag{3-5}$$

式中　W_t——水塔的总容积，m^3；

　　　W_{1t}——水塔的调节容积，m^3；

　　　W_{2t}——水塔的消防储备水量，m^3，按10min室内消防用水量计算。

我国《消防给水及消火栓系统技术规范》GB 50974 规定了室内消防用水量定额，参见附表 3-1。

水塔中的水，均贮存在水柜中，因此在确定水塔水柜尺寸时，还要考虑一部分超高。

3.2.4 清水池和水塔的构造

1. 清水池的构造

清水池多采用圆形或矩形，有时也采用正方形，一般为钢筋混凝土或预应力钢筋混凝土结构，容积较小时也可采用砖石结构。在城市给水厂中，圆形或矩形的钢筋混凝土结构使用较广。一般情况下，容积小于 2500m³ 时圆形较为经济；容积大于 2500m³ 时矩形较为经济。图 3-4 为某圆形钢筋混凝土清水池的示意图。

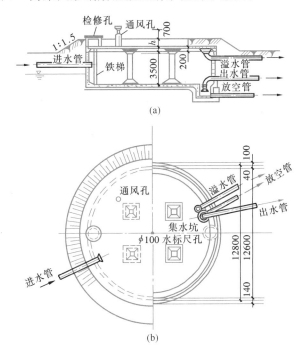

图 3-4 圆形钢筋混凝土清水池

（a）剖面图；（b）平面图

为了满足清水池工作和检修的需要，清水池应单独设置进水管、出水管、溢流管、放空管。进水管和出水管可以设置在清水池的同一侧，也可设置在清水池的异侧，进水管位于高处，出水管位于低处，即采用高进低出的工作方式。进、出水管应等径，流速控制在 0.7～1.0m/s。溢流管进口端设置进水喇叭口，出口端设置网罩防止虫类进入池内。溢流管的进水喇叭口应与清水池内最高水位相平，可位于进水管同侧，也可位于进水管异侧，应根据厂区工艺要求确定。为满足清水池放空清淤及检修的需要，应设置放空管。放空管上的阀门平时关闭，只在检修清淤时打开。放空管设置在清水池的集水坑内，一般与溢流管在同一侧以便于厂区工艺管道的布置，管径的大小按全部水量 24h 放空计算。

为满足清水池清淤及检修的需要应在池盖上设检修孔，检修孔的大小应满足检

31

修人员及池内设备配件进出的需要。检修孔一侧的池壁上应设置人员上下的爬梯。为保证清水池内水质，在池盖上设通风孔，孔上安装通风帽，孔口高出池顶覆土0.7m以上。

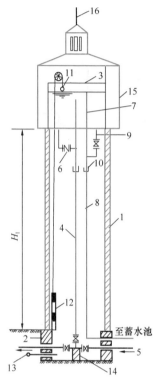

图 3-5 水塔

1—塔身；2—基础；3—水柜；4—进、出水管；5—管网；6—出水止回阀；7—溢流管；8—溢泄水管；9—放空管；10—伸缩接头；11—浮球；12—标尺；13—排水管；14—支墩；15—水柜外壳；16—避雷针

为防止池内水出现短流现象，并保证消毒时间30min的要求，清水池内应设导流墙，导流墙上每隔一定距离设置过水孔，为满足清淤放空的要求，导流墙的底部也应每隔一定距离设置过水孔。

为监测清水池内水位，应设水位仪。常用的水位仪有电阻式、电容式和数字显示液位计等。

清水池一般为地下或半地下式，为防止池内水结冰，池顶应有一定的覆土厚度。覆土的厚度应根据当地气温及抗浮要求确定，通常为0.3～0.7m。

我国已编有容积 $50～2000m^3$ 圆形和矩形钢筋混凝土蓄水池的标准图集，圆形详见国家标准图集《圆形钢筋混凝土蓄水池》04S803，矩形详见国家标准图集《矩形钢筋混凝土蓄水池》05S804，设计时可参考。

2. 水塔的构造

水塔主要由塔身、基础、水柜（即水箱）和管道组成，如图 3-5 所示。

塔身用来支撑水柜，常用钢筋混凝土、砖石或钢材建造。

基础用来承受水柜、水、塔体及其他设备的荷载，常用砖石、混凝土或钢筋混凝土建造，可采用独立基础、条形基础或整体基础。

水柜用来贮存水量，通常做成圆形，高度不宜过大，以免增加水泵扬程，一般高度与直径之比为1∶2。水柜可用预应力混凝土或钢材做成，应密闭不透水。在寒冷地区应采取防冻措施，可在水柜外贴装保温层，也可在水柜外增设外壳。

水塔上的管道包括进出水管、溢流管、溢泄水管、放空管、排水管。进、出水管与配水管网或输水管相连，可合用同一条管道，也可单独设置，图3-5所示即为进出水管合用同一条管道的布置方式。进水管向上伸到最高水位附近，出水管靠近水柜底。溢流管伸到最高水位处，当水柜内的水位超过最高水位时，通过溢流管进入溢流泄水管排至蓄水池中。放空管用来在检修时放空水柜中的全部水量，放空管与溢流管可合用一条管道，也可单独设置。放空管上的阀门平时关闭，只在需要放空时才打开。

此外，还需要设置浮球、标尺、避雷针等设施。水柜中的浮球与水塔下部的标尺相连接，以便于随时观测水柜中的水位变化。

3.3　给水系统的水压关系

给水系统在保证流量的同时，还必须保证一定的水压，否则用户无水可用。用户要求的水压是从地面算起的水柱上升高度，通常称为水压高度，以米为单位计量。教学单元 1 述及的最小服务水头即为最小水压高度，也称为自由水压。如果水柱上升的高度从黄海平均海平面（即青岛零点）算起，则称为水压高程或水压标高，也以米为单位计量。由此可见：有压管道上某点的水压高程等于该点的地面标高与水压高度之和。

在给水管网中，输水管道和配水管网不仅是有压长管流动，而且管道中的水还必须从上游流向下游，这就揭示了输、配水管网中上游 i 点的水要流至下游 j 点，必须克服 i、j 两点的地形高差和 i、j 两点间的水头损失。从水压高程的角度而言，即上游 i 点的水压高程必须大于或等于下游 j 点的水压高程与上下游 i、j 两点间水头损失的和，否则就不能满足下游 j 点用户的用水要求。为节省管网造价和经营管理费用，经济合理地供水，设计时按上游 i 点的水压高程等于下游 j 点的水压高程与上下游 i、j 两点间水头损失之和，即按式（3-6）进行计算，这也就决定了给水系统的水压关系。

$$H_i = H_j + h_{ij} \tag{3-6}$$

式中　　H_i——上游 i 点水压高程，m；

H_j——下游 j 点水压高程，m；

h_{ij}——i、j 两点间的水头损失，m。

管道上某点的水压高程按式（3-7）进行计算。

$$H_i = Z_i + H_{0i} \tag{3-7}$$

式中　　H_i——管道上 i 点的水压高程，m；

Z_i——管道上 i 点的地面高程，m；

H_{0i}——管道上 i 点要求的自由水压，m。

在给水系统中，输水管道和配水管网的压力来自取水泵站、送水泵站和水塔，水泵扬程的大小和水塔的高度决定了输水管道和配水管网的压力。根据给水系统的水压关系，如何经济合理地确定泵站中水泵的扬程和水塔的高度，是设计时必须解决的问题。

3.3.1　取水泵站的扬程

取水泵站的主要任务是为给水厂提供原水，原水到达给水厂后靠重力由前端处理构筑物流向后续处理构筑物，最终到达清水池。因此前端水处理构筑物必须具有足够的高度才能克服由前端处理构筑物到清水池间的地形高差和水头损失。有时可在前端处理构筑物前增设一个配水井，以满足不同系列处理构筑物的需求。因此，取水泵站只需把原水输送至配水井或前端处理构筑物即可，如图 3-6 所示。

取水泵站的水泵扬程为：

$$H_p = H_0 + h_s + h_d \tag{3-8}$$

式中　　H_p——取水泵站的水泵扬程，m；

H_0 ——静扬程，即配水井或前端处理构筑物的最高水位与吸水池最低水位的高程差，m；

h_s ——水泵吸水管路的水头损失，m；

h_d ——按最高日平均时用水量供水时输水管道的水头损失，m。

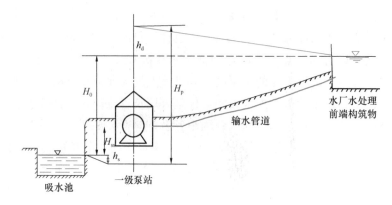

图 3-6 取水泵站的水泵扬程计算

3.3.2 送水泵站的扬程计算

送水泵站从清水池中吸水，经输水管道送至配水管网供用户使用，其供水压力必须满足管网中各个用户对水压的要求。而管网中各个用户对水压的要求又千差万别，这就需要在管网中找一个控制点，它对供水系统起点（送水泵站或水塔）的供水压力要求最高，如果该控制点的水压满足要求了，其他各点的水压也就满足要求了。因此，管网中的控制点决定了送水泵站的水泵扬程，应合理确定。

所谓控制点是指整个配水管网中水压最不容易满足的点，也称为最不利点。一般具有以下三个特征：

（1）地形最高点；

（2）距离供水起点最远点；

（3）要求的自由水压最高点。

在配水管网中如果某点同时具备了上述三个特征，则该点一定是整个管网的控制点；如果不同时具备，就需要分别作为控制点单独计算水泵扬程，以扬程最大值为准，即与最大扬程值对应的点为控制点。

此外，在确定控制点时，应排除对水压要求特别高的特殊用户，否则就会造成整个管网供水压力过大，带来不必要的能量损失并增大管网坏损率。对水压要求特别高的特殊用户，应采取加压泵站或其他措施自行解决。同时，配水管网中是否设置调节构筑物以及调节构筑物位置的不同、给水系统工作状况的不同，控制点也往往不同，应根据具体情况合理确定。

控制点确定后，即可进行送水泵站水泵扬程的确定。

1. 无水塔管网送水泵站水泵扬程

在无水塔的管网中，控制点应为管网中的最不利点，根据该最不利点要求的自由水压（最小服务水头），利用管网中的水压关系即可确定送水泵站的水泵扬程，如图 3-7 所示。

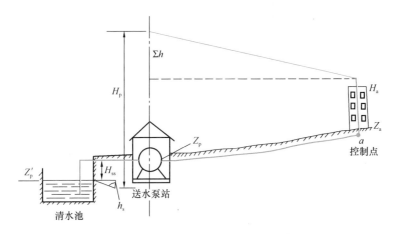

图 3-7　无水塔管网的水泵扬程计算

在图 3-7 中，a 点为控制点，送水泵站的水泵扬程为：

$$H_p = H_a + (Z_a - Z_p) + \Sigma h_{p\text{-}a} + H_{ss} + h_s$$
$$= H_a + (Z_a - Z'_p) + \Sigma h_{p\text{-}a} + h_s \tag{3-9}$$

式中　H_p——水泵扬程，m；

　　　H_a——管网控制点要求的自由水压，m；

　　　Z_a——控制点处的地面高程，m；

　　　Z_p——水泵机轴处的安装高程，m；

　　　H_{ss}——水泵吸水高度，即水泵机轴安装高程与清水池最低水位的高程差，m；

　　　Z'_p——清水池最低水位高程，m；

　　$\Sigma h_{p\text{-}a}$——由送水泵站到控制点的总水头损失，m；

　　　h_s——水泵吸水管路的水头损失，m。

2. 网前水塔管网送水泵站的水泵扬程

网前水塔的管网，应先以管网中的最不利点为控制点计算水塔高度，然后再以水塔为控制点计算水泵扬程。水塔高度是指水柜底到地面的距离，如图 3-8 所示。

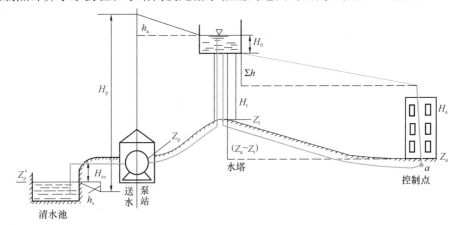

图 3-8　网前水塔管网水塔高度及水泵扬程计算

35

由图 3-8 可以看出：

水塔高度为：

$$H_t = H_a + (Z_a - Z_t) + \sum h_{t-a} \tag{3-10}$$

式中　H_t ——水塔高度，m；

　　　H_a ——管网控制点要求的自由水压，m；

　　　Z_a ——控制点处的地面高程，m；

　　　Z_t ——水塔处的地面高程，m；

　　$\sum h_{t-a}$ ——由水塔到管网控制点间总的水头损失，m。

送水泵站中的水泵扬程为：

$$H_p = H_t + H_0 + (Z_t - Z'_p) + \sum h_{p-t} + h_s \tag{3-11}$$

式中　H_p ——水泵扬程，m；

　　　H_t ——水塔高度，m；

　　　H_0 ——水塔水柜的最高水位，m；

　　　Z_t ——水塔处的地面高程，m；

　　　Z'_p ——清水池最低水位高程，m；

　　$\sum h_{p-t}$ ——由送水泵站到水塔间总的水头损失，m；

　　　h_s ——水泵吸水管路的水头损失，m。

3. 对置水塔管网送水泵站的水泵扬程

（1）最高用水时

最高用水时，在配水管网中存在供水分界线，最不利点一定在供水分界线上，供水分界线上的用户由送水泵站和水塔同时供水。因此，应以供水分界线上的最不利点为控制点，分别计算水塔高度和送水泵站的水泵扬程。

在图 3-9 中，如控制点 a′ 处的地面高程为 Z'_a，要求的最小服务水头为 H'_a，清水池的最低水位高程为 Z'_p，水塔到控制点间的水头损失为 $\sum h_{t-a'}$，送水泵站到控制点间的水头损失为 $\sum h_{p-a'}$，则水塔高度按式（3-12）计算，送水泵站的水泵扬程按式（3-13）计算。

$$H_t = H'_a + (Z'_a - Z_t) + \sum h_{t-a'} \tag{3-12}$$

$$H_p = H'_a + (Z'_a - Z'_p) + \sum h_{p-a'} + h_s \tag{3-13}$$

（2）最大转输时

在最大转输时，应以水塔为控制点，确定送水泵站中的水泵扬程。如图 3-9 所示，水泵的扬程按式（3-14）计算。

$$H'_p = H_t + H_0 + (Z_t - Z'_p) + h'_s + \sum h_{p-t} \tag{3-14}$$

式中　$\sum h_{p-t}$ ——最大转输时送水泵站到水塔间整个管网的水头损失，m；

　　　h'_s ——最大转输时水泵吸水管路的水头损失，m；

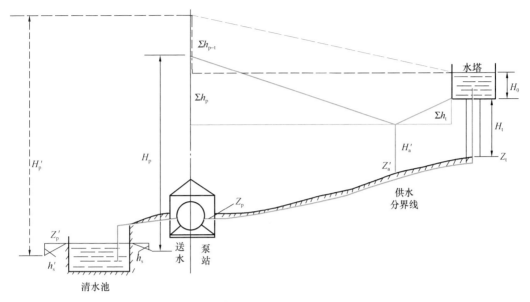

——最高用水时水压线;　　　———— 最大转输时水压线

图 3-9　对置水塔管网水塔高度及水泵扬程计算

其余符号意义同前。

4. 网中水塔管网送水泵站的水泵扬程

网中水塔的管网,可根据实际情况转化成网前水塔的管网或对置水塔的管网进行计算,其水泵扬程计算公式同前。

5. 消防时水泵扬程的计算

前已述及管网的设计流量是最高日最高时设计用水量,未考虑消防用水量。但在消防时额外增加的消防用水量仍由给水管网供给,这就必须校核按最高日最高时设计用水量设计出的各管段管径和水泵扬程是否满足消防时的要求。校核时,不管管网中有无水塔,均按无水塔的管网进行计算。

根据《消防给水及消火栓系统技术规范》GB 50974 的规定,我国采用低压消防,此时管网最不利点处的自由水压要求不低于 10m。由于火灾是偶然事件,通常把着火点放在控制点上,如图 3-10 所示。着火点位于控制点时送水泵站的水泵扬程按式(3-15)计算。着火点位于其他地方时,计算方法相同。

$$H_{pf} = H_f + (Z_a - Z'_p) + h_{sf} + \sum h_f \tag{3-15}$$

式中　　H_{pf}——消防时所需水泵扬程,m;

　　　　H_f——消防时管网要求的自由水压,取 10m;

　　　　h_{sf}——消防时水泵吸水管路的水头损失,m;

　　　　$\sum h_f$——消防时整个管网总的水头损失,m;

其余符号意义同前。

给水系统的水压关系明确后,就为输、配水管网设计奠定了基础。

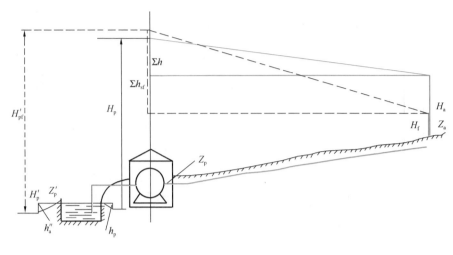

—— 最高用水时水压线； ——— 消防时水压线

图 3-10 消防时水泵扬程计算

3.4 给水系统设计工况

给水系统的设计包括设计和校核两个过程，其目的是满足用户对水量和水压的要求，而用户的用水量是变化的，这就要求给水系统要适应这种变化的供求关系。如果给水系统在最不利的工况下满足了用户对水量和水压的要求，也就能满足其他情况下用户对水量和水压的要求。

基于"小时不变理论"的假定，不管管网中有无调节构筑物，配水管网设计的最不利工况都为最高日最高时用水时，此时由于用水量最多，给水系统的供水难度最大，据此计算给水系统的压力和管道直径是合理的，供水安全可靠。但给水系统在工作时，还会出现火灾、管道破损或故障等意外情况，给水系统还必须适应这些意外情况的要求。这就需要对按最高日最高时用水设计的给水系统进行校核。

给水系统校核时，也按最不利的情况进行，具体如下：

1. 消防校核

所谓消防校核是判定设计时的水泵扬程是否满足消防时的要求，其最不利工况是火灾出现在最高日最高时用水时，着火地点如规范规定同一时间发生的火灾次数为一次，则把着火点设定在控制点上；如规范规定同一时间发生的火灾次数大于一次，则一次着火点设定在控制点上，其他着火点设定在离送水泵站较远处或靠近大用户的节点处。校核时根据城市规模和现行的《建筑设计防火规范》GB 50016—2014（2018 年版）确定同时发生的火灾次数和一次消防用水量，将消防用水量加在着火点处的节点上，在原设计管径不变的条件下重新计算水头损失，求出消防时所需的水泵扬程。如同一时间出现的火灾次数大于一次，则要分别计算送水泵站的扬程，以确定最大的扬程值。

将求得的消防时水泵扬程 H_{pf} 与最高日最高时用水时确定的水泵扬程 H_p 进行比较，如 $H_{pf} \leqslant H_p$ 说明最高日最高时用水时确定的水泵扬程满足消防要求，设计合理；如

$H_{pf} > H_p$ 说明最高日最高时用水时确定的水泵扬程不满足消防要求，设计不合理。

当设计不合理时，通常采用以下措施调整原设计。首选放大管网末端个别或某些设计管段的管径，以降低水头损失，减小扬程；如通过放大某些设计管段的管径还不能满足要求时则应在送水泵站中增设专用消防泵，以满足消防时的要求。

2. 事故校核

所谓事故校核是指在管网中最不利管段发生故障不能正常供水，在检修期间供水量允许减少，但必须保证 70% 的供水量，此时设计时选取的水泵扬程是否满足要求。也就是说，事故时设计选取的水泵能否把 70% 的供水量供给用户。

其最不利工况是在最高日最高时用水时某条重要设计管段发生故障不能供水。校核时将最高日最高时设计用水量乘以 70% 后得到新流量，在原设计管径不变的条件下重新计算水头损失，求出事故时所需的水泵扬程。将求得的事故时水泵扬程与最高日最高时用水时确定的水泵扬程 H_p 进行比较，如事故时水泵扬程小于或等于最高日最高时用水时确定的水泵扬程，说明最高日最高时用水时确定的水泵扬程满足事故要求，设计合理；反之，设计不合理。

当设计不合理时，通常应放大管网末端个别或某些设计管段的管径，以降低水头损失，减小扬程，以满足事故时的要求。

事故校核一般在环状网中进行；枝状网事故时的断水率为 100%，不进行事故校核。

3. 最大转输校核

所谓最大转输校核是指在对置水塔的管网中，在最大转输时设计选取的水泵扬程是否能把最大转输水量通过整个管网输送到水塔中去，其最不利工况是最大转输时。校核时要求出最大转输系数计算管网用水量，在原设计管径不变的条件下重新计算，求出最大转输时所需的水泵扬程 H'_p。将求得 H'_p 与最高日最高时用水时确定的水泵扬程 H_p 进行比较，如 $H'_p \leqslant H_p$ 说明最高日最高时用水时确定的水泵扬程满足最大转输要求，设计合理；如 $H'_p > H_p$ 说明最高日最高时用水时确定的水泵扬程不满足最大转输要求，设计不合理。

当设计不合理时，通常应放大管网末端个别或某些设计管段的管径，以降低水头损失，减小扬程，以满足最大转输时的要求。

通过上述分析可以看出：给水系统的校核就是对按最高日最高时用水量设计的管径进行调整，使其不但满足最高日最高时用水的要求，而且还要满足消防、最大转输时、事故时的要求。只有经过校核以后的设计，才是合理的设计，也才能付诸实施。

因此，给水系统的设计包括最不利情况下的设计和校核两个方面，实际工作中，应根据管网具体情况区分对待。

思 考 题 与 习 题

1. 采用地表水源时，水处理构筑物、取水泵站和配水管网的设计流量如何确定？
2. 网前水塔的管网，送水泵站如何工作？
3. 对置水塔的管网，送水泵站如何工作？

4. 什么是最大转输时？最大转输流量如何确定？

5. 已知用水量变化曲线，如何拟定送水泵站的供水曲线？

6. 清水池和水塔的调节作用有何不同？其调节容积如何确定？

7. 无水塔的管网，送水泵站如何工作？

8. 在给水管网设计时，为什么要尽量减小水塔的调节容积？

9. 在拟定送水泵站的供水曲线时，为什么要使其尽量接近用水曲线？

10. 什么是控制点？它具有哪些特征？

11. 配水管网设计时，其最不利工况是什么？

12. 配水管网设计完后，需进行哪些校核？每种校核时的最不利工况是什么？

13. 无水塔的管网，送水泵站的水泵扬程如何确定？

14. 网前水塔的管网，送水泵站的水泵扬程如何确定？

15. 对置水塔的管网，送水泵站的水泵扬程如何确定？最大转输校核时，送水泵站的水泵扬程又如何确定？

16. 消防校核时怎样确定送水泵站的扬程？

17. 事故校核时怎样确定送水泵站的扬程？

18. 某城市设计人口为 30 万人，最高日用水量为 $10 \times 10^4 \, \text{m}^3/\text{d}$，城市用水量资料见表 3-3，管网中设置水塔。试求：

(1) 最高日最高时用水量；

(2) 绘制用水量变化曲线并拟定送水泵站的供水曲线；

(3) 送水泵站的设计流量；

(4) 配水管网的设计流量；

(5) 取水泵站的设计流量；

(6) 计算水塔和清水池的调节容积；

(7) 计算水塔和清水池的总容积；

(8) 确定清水池的个数及每个清水池的尺寸。

某城市用水量资料（每小时用水量占全天用水量的百分数）　　　　表 3-3

时间（时）	0~1	1~2	2~3	3~4	4~5	5~6	6~7	7~8	8~9	9~10	10~11	11~12
用水量（%）	2.53	2.45	2.50	2.53	2.57	3.09	5.31	4.92	5.17	5.10	5.21	5.21
时间（时）	12~13	13~14	14~15	15~16	16~17	17~18	18~19	19~20	20~21	21~22	22~23	23~24
用水量（%）	5.09	4.81	4.99	4.70	4.62	4.97	5.18	4.89	4.39	4.17	3.12	2.48

19. 给水管道上某点的水压高程与自由水压间存在什么样的关系？

20. 给水管道上下游两点的水压高程存在什么样的关系？

21. 给水管网设计时的最不利工况是什么？

22. 给水管网校核的最不利工况有哪些？举例说明根据不同的管网构成应进行哪些校核？

教学单元 4　给水管网设计计算

给水管网的设计，应在地形平面图上进行，最终把设计成果反映在设计图纸上。因此，设计人员在设计前，应由委托方提供或自己测设设计地区的地形平面图（常用比例 1：500～1：5000），并了解城市规划、给水工程详细规划、道路详细规划、现有用水情况及给水工程设施等资料，在熟悉有关资料的前提下依据现行给水工程设计规范进行设计。给水管网包括输水管道和配水管网两部分，两者的设计原理、方法与步骤均相同，但配水管网较为复杂，因此本单元先叙述配水管网的设计。

4-1 教学单元4
导读

4.1　配水管网设计

4.1.1　配水管网定线与图形简化

配水管网定线是指在地形平面图上确定管线的平面位置和走向。管线布置的繁简程度随设计阶段的不同而异。在初步设计阶段，一般只限于确定管网的干管以及干管间的连接管，不包括配水支管（即从干管到用户的分配管）和接户管（即接到用户的进水管）；在技术设计或施工图设计阶段，应全部定线。

配水管网的定线主要受给水区域地形起伏情况、天然或人为障碍物及其位置、道路情况及用户的分布情况、大用户的位置、送水泵站和管网中调节构筑物的位置等因素的影响，在实际定线过程中应慎重考虑。配水管网的定线方案直接关系到整个配水工程投资的大小和施工的难易程度，并对今后供水系统的安全可靠运行和经营管理等有较大的影响。因此，在进行给水管网具体规划布置时，应深入调查研究，充分了解设计资料，进行多方案技术经济比较后再加以确定。一般在定线过程中遵循以下原则：

（1）按照给水工程详细规划，结合当地实际情况布置配水管网，并进行多方案技术经济比较，选择最优方案；

（2）管线应均匀地分布在整个给水区域内，保证用户有足够的水量和适宜的水压，并保证输送的水质不受污染；

（3）力求以最短距离敷设管线，并尽量少穿越障碍物，以节约工程投资与运行管理费用；

（4）必须保证供水安全可靠，当局部管线发生故障时，应保证不中断供水或尽量缩小断水的范围；

（5）尽量减少拆迁，少占农田或不占农田；

（6）便于施工、运行和维护管理；

（7）远、近期相结合，考虑分期建设的可能性，并留有充分的发展余地。

41

由于城镇给水管线一般敷设在街道下，就近供水给两侧用户，所以管网的定线常随城镇道路的总平面布置图进行。定线时，应结合用水区地形、水源位置、用水大户的分布位置等条件，先拟定从水源到用水大户的主要供水流向，然后再依据主要供水流向确定供水干管的位置和条数，最后再确定干管间的连接管。干管应从用水量较大的街区通过，间距一般为 500～800m。连接管的间距一般为 800～1000m。干管与干管、连接管与连接管的间距，主要取决于供水区域的大小和要求，在保证供水安全的前提下，应尽量减少干管和连接管的数量，以节省投资。

从经济上讲，配水管网布置成从一条干管接出许多支管的枝状管网费用最省，但从供水可靠性着想，以布置几条接近平行的干管并形成环状网为宜。所以应在干管与干管之间的适当位置设置连接管以形成环状管网。连接管的作用在于局部管线损坏时，可以通过它重新分配流量，从而缩小断水范围，提高供水管网系统的可靠性。

图 4-1 所示为某城镇管网定线图，图中实线表示干管，管径较大，用以输水到各用水区。虚线表示分配管，它的作用是从干管取水供给用户和消火栓，管径较小，常由城市消防流量决定所需的最小管径。

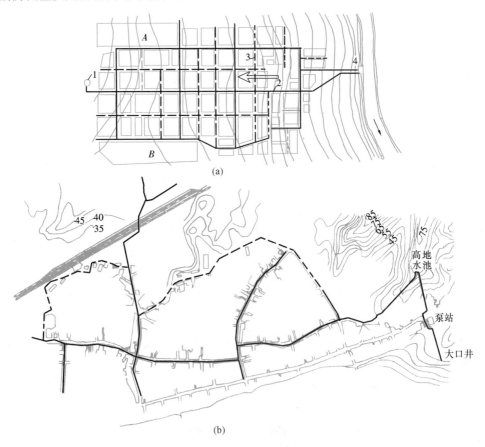

图 4-1　某城镇给水管网布置图

(a) 干管和分配管布置；(b) 某城镇干管管网布置

1—水塔；2—干管；3—分配管；4—水厂；

A、B—工业区

为保证给水管道在施工和维修时不对其他管线和建（构）筑物产生影响，给水管道在定线时，应与其他管线和建（构）筑物有一定的水平距离，其最小水平净距见表 4-1。

给水管道与其他管线及建（构）筑物的最小水平净距（m）　　　　表 4-1

名称			与给水管道的最小水平净距	
			$D{\leqslant}200mm$	$D{>}200mm$
建筑物			1.0	3.0
污水、雨水排水管			1.0	1.5
燃气管	中低压	$P{\leqslant}0.4MPa$	0.5	
	高压	$0.4MPa{<}P{\leqslant}0.8MPa$	1.0	
		$0.8MPa{<}P{\leqslant}1.6MPa$	1.5	
热力管道			1.5	
电力电缆			0.5	
电信电缆			1.0	
乔木（中心）			1.5	
灌木				
地上柱杆	通信照明<10kV		0.5	
	高压铁塔基础边		3.0	
道路侧石边缘			1.5	
铁路钢轨（或坡脚）			5.0	

如需全部定线，在供水范围内的道路下还需敷设配水支管和接户管。配水支管把干管的水输送到用户和消火栓，接户管一般连接于配水支管上，以将水接入用户的配水管网。一般每一用户设 1 条接户管，重要或用水量较大的用户可采用 2 条或数条，并由不同方向接入，以增加供水的可靠性。

为了保证给水管网的正常运行以及消防和管网的维修管理工作，管网上必须安装各种必要的附件，如阀门、消火栓、排气阀和泄水阀等。阀门是控制水流、调节流量和水压的重要设备，阀门的布置应能满足故障管段的切断需要，其位置可结合连接管或重要支管的节点位置确定；消火栓宜设在使用方便、明显易见之处，如路口、道边等位置。

在干管的高处应装设排气阀，用以排除管中积存的空气，减少水流阻力。在管线低处和两阀门之间的低处，应装设泄水管，管上须安装阀门（俗称泄水阀），用来在检修时放空管内积水或平时用来排除管内的沉积物。泄水管及泄水阀布置应考虑排水的出路。

配水管网定线完成后，形成的图形为实际定线图，其遍布在街道下，不但管线很多而且管径差别很大，如果计算全部管线，实际上既无必要，也不大可能；加之管线长度不一，互不平行或垂直，构成的管网形状不规则，不便于进行设计计算。因此，需要将实际的管网图形加以适当简化，以便于进行设计计算，减轻计算工作量。简化以后的图形，称为计算简图。简化的方法是保留主要的干管，略去一些次要的、水力条件影响较小的管线，使简化后的管网基本上能反映实际用水情况。也可将近似平行的管线简化成平行，近似垂直的管线简化成垂直，不等长的管线认为等长。通常管网越简化，计算工作量越小，但过分简化的管网，其计算结果与实际用水情况的偏差就会过大。因此，管网图形简化是在保证计算结果接近于实际情况的前提下，对管线进行的简化。

图 4-2（a）为某城市管网的管线布置，共计 42 个环，管段旁注明管径（以 mm 计）。图 4-2（b）表示管网在分解、合并、简化时的考虑。图 4-2（c）为简化后的管网，环数减少了一半，计 21 个环。

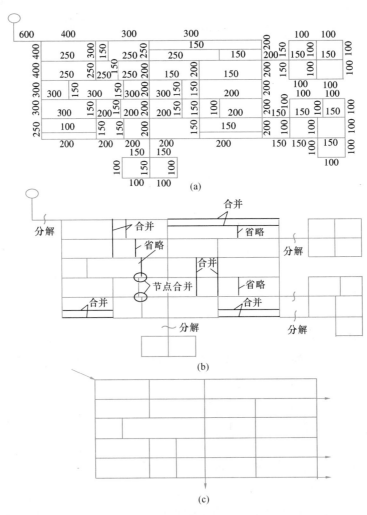

图 4-2　管网简化图
(a) 简化前；(b) 简化过程；(c) 简化后

在进行管网简化时，首先应对实际管网的管线情况进行充分了解和分析，然后采用分解、合并、省略等方法进行简化。从图 4-2（b）可见，只有 1 条管线连接的 2 个管网，可以把连接管线断开，分解成为 2 个独立的管网；有 2 条管线连接的分支管网，若其位于管网的末端且连接管线的流向和流量可以确定时，也可以进行分解，管网分解后即可分别计算。管径较小、相互平行且靠近的管线可考虑合并。管线省略时，首先略去水力条件影响较小的管线，即省略管网中管径相对较小的管线。管线省略后的计算结果是偏于安全的，但是由于流量集中，管径增大，并不经济。

为叙述方便，需对配水管网定性描述。配水管网是由管段和节点构成的有向图形，管网图形中每个节点通过一条或多条管段与其他节点相连接。

如图 4-3 所示的管网，图中标有 1、2、3、…、8 的点称为节点，包括：配水源节点（如泵站、水塔或高地水池等）、不同管径或不同材质的交接点、管网中管段的交汇点或集中向大用户供水的点、管中流量发生变化的点等。在图 4-3 中，两个相邻节点之间的管道称为管段，如管段 2-5。管段顺序连接形成管线，如图 4-3 中的管线 1～2～3～

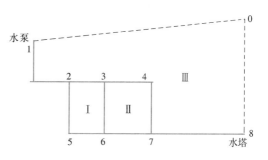

图 4-3   干管网的组成图

4～7～8，是指从泵站到水塔的一条管线。起点与终点重合的管线称为环，如图 4-3 中 2～3～6～5～2 构成环 Ⅰ。在一个环中不包含其他环时，称为基环，如 Ⅰ、Ⅱ 环都是基环。几个基环合成的大环，如环 Ⅰ、Ⅱ 合成的大环 2～3～4～7～6～5～2 就不再是基环。

对多水源管网，为了计算方便，需将有 2 个或 2 个以上水压一定的水源节点（泵站、水塔等）用虚管线与虚节点 0 连接，也形成环，如图 4-3 中实管线 1～2～3～4～7～8 和虚管线 8～0～1 所形成的环 Ⅲ，因实际上并不存在，故称为虚环。两个配水源时可形成一个虚环，三个配水源时形成两个虚环，由此推知虚环数等于配水源数减 1，或等于虚管段数减 1。

4.1.2   管段设计流量计算

在配水管网中，有些用户的用水量较小，通常称为小用户（如居民生活用水）；有些用户的用水量较大，通常称为大用户（如工厂、学校等）。管网中的任一管段都担负着向本管段两侧的用水大户和用水小户供水，同时还要向下游管段输送用水的任务。一般把分配给本管段两侧用水小户的流量称为沿线流量，常用 q_1、q_2、q_3……表示；分配给本管段两侧用水大户的流量称为集中流量，常用 Q_1、Q_2、Q_3……表示；向下游管段输送的流量称为转输流量，常用 q_{zs} 表示。应明确，转输流量在本管段不能分配，必须全部输送到下游管段。可见，管网中某一管段的设计流量应为沿线流量、集中流量和转输流量之和。

1. 沿线流量的计算

沿线流量的特点是不但沿线分布不均匀，用水量不相等，而且用水时间也不相同，如图 4-4 所示。

若按实际情况计算沿线流量，非常复杂且没有必要。为方便计算，假定小用水户的用水量均匀分布在全部管段上，采用比流量进行简化。比流量有长度比流量和面积比流量两种。

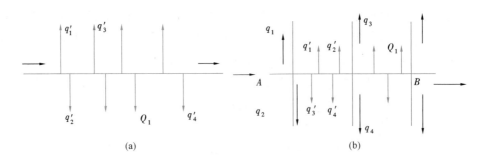

图 4-4　沿线流量配水情况示意图
(a) 干管配水情况；(b) 分配管配水情况

（1）长度比流量

假定沿线流量 q_1、q_2、q_3……均匀分布在全部配水管道上且每点配出的流量均相同，则管线单位长度上的配水流量称为长度比流量，记作 q_{cb}，按式（4-1）进行计算。

$$q_{cb} = \frac{Q_h - \sum Q_i}{\sum L} \quad [\text{L/(s} \cdot \text{m)}] \tag{4-1}$$

式中　q_{cb}——管网长度比流量，$[\text{L/(s} \cdot \text{m)}]$；

　　Q_h——管网最高日最高时用水量，L/s；

　　$\sum Q_i$——工业企业及其他大用户的集中流量之和，L/s；

　　$\sum L$——管网配水管道总计算长度，m。

管道计算长度的规定如下：单侧配水的管段（如沿河岸等地段敷设的只有一侧配水的管线），其计算长度等于实际长度的一半；双侧配水的管段，其计算长度等于实际长度；不向两侧配水的管段，不计算长度。

必须指出，按照用水量全部均匀分布在管道上的假定来计算比流量的方法，存在一定的缺点，因为忽视了沿管线供水人数多少的影响，所以，不能反映各管段的实际配水量。显然，不同管段上，供水面积和供水居民数不会相同，配水量不可能均匀。因此，提出一种改进的计算方法，即按管段供水面积计算比流量的方法。

（2）面积比流量

假定沿线流量 q_1、q_2、q_3……均匀分布在整个供水面积上且单位面积上配出的流量均相同，则单位面积上的配水流量称为面积比流量，记作 q_{mb}，按式（4-2）计算。

$$q_{mb} = \frac{Q_h - \sum Q_i}{\sum A} \quad [\text{L/(s} \cdot \text{m}^2)] \tag{4-2}$$

式中　$\sum A$——给水区域内沿线配水的供水面积总和，m^2；

　　其余符号意义同前。

供水面积的计算，可按供水管道经过的街区划对角线的方法计算干管的供水面积，如图 4-5 所示，管段 1-2 负担的面积为 $A_1 + A_2$，此法比较简便，但粗糙；另外供水面积可用等分角线的方法来划分街区，如图 4-6 所示，管段 3-4 负担的面积为 $A_3 + A_4$，此法比较麻烦，但较为精确。

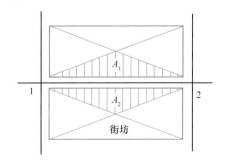 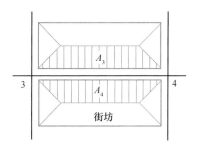

图 4-5　按对角线划分供水面积图　　　图 4-6　按等分角线划分供水面积图

面积比流量法由于考虑了沿管线供水面积（人数）多少对管线配水流量的影响，故计算结果比长度比流量法更接近实际配水情况，但此法计算过程较麻烦。当供水区域的干管分布比较均匀，干管间距大致相同时，采用长度比流量法不但简便，而且满足工程需要。

由比流量 q_{cb} 或 q_{mb} 可计算出各管段的沿线配水流量即沿线流量，记作 q_y，任一管段的沿线流量 q_y，可按式（4-3）或式（4-4）计算。

$$q_y = q_{cb} \cdot L_i \quad (L/s) \tag{4-3}$$

或
$$q_y = q_{mb} \cdot A_i \quad (L/s) \tag{4-4}$$

式中　L_i —— 该管段的计算长度，m；

A_i —— 该管段所负担的供水面积，m^2。

2. 节点流量

由比流量的假定可知，根据比流量计算出的沿线流量 q_y 是沿本管段均匀泄出供给各用户的，其流量大小沿程直线减小，到管段末端等于零，如图 4-7（a）所示；转输流量 q_{zs} 通过本管段流到下游管段，沿程不发生变化，如图 4-7（b）所示。从图 4-7（a）可以看出，从管段起端 A 到末端 B 管段内流量由 $q_{zs} + q_y$ 变为 q_{zs}，流量仍是变化的。对于流量变化的管段，难以确定管径和水头损失，因此应将沿线流量转化成从节点流出的流量，认为沿线流量只从上、下游两个节点配出，沿管线不再有流量配出。这样管段中的流量就不再沿管线变化，就可根据该流量确定管径。从管段起点和终点节点流出的流量，均称为节点流量。

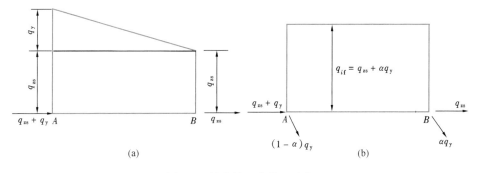

(a)　　　　　　　　　　　　　　　　(b)

图 4-7　管段输配水情况示意

将沿线流量转化成节点流量的原理是求出一个沿线不变的折算流量，记作 q_{if}，使产生的水头损失和实际上沿线变化的流量产生的水头损失相同，则管段折算流量按式 (4-5) 计算。

$$q_{if} = q_{zs} + \alpha q_y \quad (\text{L/s}) \tag{4-5}$$

式中 α 叫作折算系数，按沿线流量转化成节点流量的原理，经推导可得到折算系数 α 为：

$$\alpha = \sqrt{\gamma^2 + \gamma + \frac{1}{3}} - \gamma \tag{4-6}$$

式中 $\gamma = \dfrac{q_{zs}}{q_y}$，由此可见，折算系数 α 只和 $\gamma = \dfrac{q_{zs}}{q_y}$ 值有关，在管网末端的管段，因转输流量 q_{zs} 为零，则 $\gamma = 0$，得：

$$\alpha = \sqrt{\frac{1}{3}} = 0.577$$

在管网的起端其转输流量远大于沿线流量，可认为 $\gamma = 100$，其折算系数为：

$$\alpha = 0.5$$

由此可见，因管段在管网中的位置不同，γ 值不同，折算系数 α 值也不相等。一般而言在靠近管网起端的管段，因转输流量比沿线流量大得多，α 值接近 0.5；相反，靠近管网末端的管段，α 值略大于 0.5。通常为了便于管网计算，统一采用 $\alpha = 0.5$，即将沿线流量折半作为管段两端的节点流量，解决工程问题时，已足够精确。

因此，管网中任一节点的节点流量为：

$$q_i = 0.5 \sum q_y \quad (\text{L/s}) \tag{4-7}$$

当整个给水区域内管网的比流量 q_{cb} 或 q_{mb} 相同时，由式 (4-3)、式 (4-4) 可得节点流量计算式 (4-7) 的另一种表达形式：

$$q_i = 0.5 q_{cb} \sum L_i \quad (\text{L/s}) \tag{4-8}$$

$$q_i = 0.5 q_{mb} \sum A_i \quad (\text{L/s}) \tag{4-9}$$

式中　$\sum L_i$ —— 与该节点相连各管段的计算长度之和，m；

$\quad\quad \sum A_i$ —— 与该节点相连各管段所负担的配水面积之和，m^2。

对集中流量而言也应将其折算成两端的节点流量，如集中流量离节点较近则可直接作为节点流量；如离节点较远则应按反比的方法折算成管段两端的节点流量。这样，管网图上各节点的流量包括由沿线流量折算的节点流量和集中流量折算的节点流量两部分。集中流量折算成的节点流量可以在管网图上单独注明，也可与沿线流量的节点流量合计加在一起，在相应节点上注出总流量。一般在管网计算图的各节点旁引出细实线箭头，并在箭头的前端注明该节点总流量的大小。

【例 4-1】如图 4-8 所示的管网，给水区的范围如虚线所示，长度比流量为 q_{cb}，求各节点的节点流量。

【解】以节点 3、5、8、9 为例，节

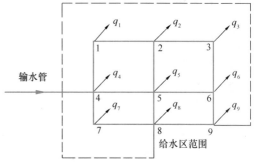

图 4-8　节点流量计算图

点流量如下：

$$q_3 = \frac{1}{2} q_{cb}(l_{2-3} + l_{3-6})$$

$$q_5 = \frac{1}{2} q_{cb}(l_{1-5} + l_{2-5} + l_{5-6} + l_{5-8})$$

$$q_8 = \frac{1}{2} q_{cb}\left(l_{7-8} + l_{5-8} + \frac{1}{2} l_{8-9}\right)$$

$$q_9 = \frac{1}{2} q_{cb}\left(l_{6-9} + \frac{1}{2} l_{8-9}\right)$$

因管段 8-9 单侧供水，求节点流量时，管段长度按实际长度的一半计算。

【例 4-2】某城镇最高日最高时总用水量为 284.7L/s，其中集中供应工业用水量为 189.2L/s。干管各管段编号及长度如图 4-9 所示，管段 4～5、1～2 及 2～3 为单侧配水，其余为两侧配水。试求：

（1）干管的比流量；

（2）各管段的沿线流量；

（3）各节点流量。

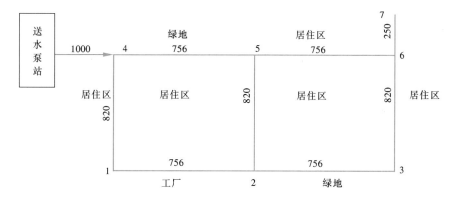

图 4-9 节点流量计算图（单位：m）

【解】从整个城镇管网分布情况来看，干管的分布比较均匀，故按长度比流量法计算。

（1）配水干管计算长度：因送水泵站～4 为输水管，不参与配水，其计算长度为零，4～5、1～2、2～3 管段为单侧配水，其计算长度按实际长度的一半计入，其余均为双侧配水管段，均按实际长度计入，则：

$$\sum L = 0.5 \times 756 \times 3 + 756 + 820 \times 3 + 250 = 4600 \text{m}$$

配水干管比流量：

$$q_{cb} = \frac{284.7 - 189.2}{4600} = 0.0208 \text{L/(s · m)}$$

（2）沿线流量：

管段 1～2 的沿线流量为：

$$q_{1～2} = q_{cb}L_{1～2} = 0.0208 \times 0.5 \times 756 = 7.9 \text{L/s}$$

其余各管段的沿线流量的计算见表4-2。

各管段沿线流量计算表   表 4-2

管段编号	管段长度（m）	管段计算长度（m）	比流量 [L/(s·m)]	沿线流量（L/s）
1～2	756	0.5×756＝378		7.9
2～3	756	0.5×756＝378		7.9
1～4	820	820		17
2～5	820	820		17
3～6	820	820	0.0208	17
4～5	756	0.5×756＝378		7.9
5～6	756	756		15.7
6～7	250	250		5.2
合计		4600		95.6

（3）节点流量计算

节点 5 的节点流量为：

$$q_5 = 0.5 \sum q_l = 0.5(q_{4\sim5} + q_{5\sim6} + q_{5\sim2}) = 0.5 \times (7.8 + 15.7 + 17) = 20.3 \text{L/s}$$

其余各节点的节点流量计算见表4-3。

各管段节点流量计算   表 4-3

节 点	连接管段	节点流量（L/s）	集中流量（L/s）	节点总流量（L/s）
1	1～4、1～2	0.5 (17+7.9)＝12.4	189.2	201.6
2	1～2、2～5、2～3	0.5 (7.9+17+7.9)＝16.4		16.4
3	2～3、3～6	0.5 (7.9+17)＝12.5		12.5
4	1～4、4～5	0.5 (17+7.8)＝12.4		12.4
5	4～5、2～5、5～6	0.5 (7.9+17+15.7)＝20.3		20.3
6	3～6、5～6、6～7	0.5 (17+15.7+5.2)＝18.9		18.9
7	6～7	0.5×5.2＝2.6		2.6
合计		95.5	189.2	284.7

将节点流量和集中流量标注于相应节点上，如图4-10所示。

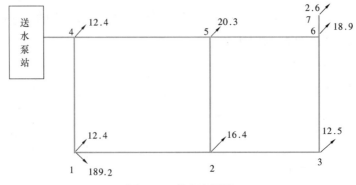

图 4-10 节点流量图

3. 管段设计流量

管网各管段的沿线流量和集中流量简化成各节点流量后，则所有节点流量的和即为由送水泵站送来的总流量（即总供水量）。按照质量守恒原理，每一节点必须满足节点流量平衡条件：即流入某一节点的流量必须等于流出该节点的流量。

若规定流入节点的流量为负，流出节点为正，则上述平衡条件可表示为：

$$q_i + \sum q_{ij} = 0 \tag{4-10}$$

式中　　q_i——节点 i 的节点流量，L/s；

q_{ij}——连接在节点 i 上的各管段流量，L/s。

对管网中某一管段而言，其管段流量应等于该管段向下游管段转输的流量与该管段下游节点配出的流量之和，但向下游转输的流量难以确定。为了解决该问题，可以想象在管网的末端管段，其向下游转输的流量为零，依据式（4-10）就可以顺利求得管段的设计流量。这种求解管段设计流量的方法，称为流量分配。

（1）枝状管网流量分配

在单水源枝状管网中，从配水源（泵站或水塔等）供水到管网中任一节点只能沿唯一的一条管路通道，即管网中每一管段的水流方向和计算流量都是唯一的，若某一管段发生事故，该管段下游所有地区都会断水。因此枝状管网流量分配时，从管网末端节点开始逆着水流方向进行，每一节点都遵循节点流量平衡条件即可求得与该节点相连管段的设计流量，逐一进行就可求得所有管段的设计流量，如图 4-11 所示。可以看出，管网中每一管段的计算流量等于该管段后面（顺水流方向）所有的节点流量之和。

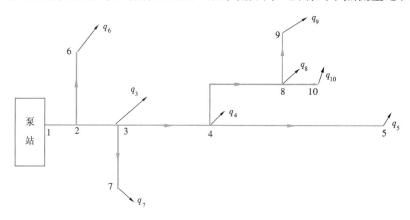

图 4-11　枝状管网管段流量分配图

在图 4-11 所示的枝状管网中，部分管段的设计流量为：

$$q_{4\sim5} = q_5$$
$$q_{8\sim10} = q_{10}$$
$$q_{3\sim4} = q_4 + q_5 + q_8 + q_9 + q_{10}$$

（2）单水源环状管网流量预分配

对于环状管网，配水干管相互连接环通，环路中每一用户所需水量可以沿两条或两条以上的管路供给，各环内每条配水管段的水流方向和流量值都不是唯一确定的，不像枝状管网那样容易确定。如图 4-12 所示的节点 1，流入节点 1 的流量只有 $q_{0-1} = Q$（送水泵站供水流量),流出节点 1 的流量有 q_1、$q_{1\sim2}$、$q_{1\sim5}$ 和 $q_{1\sim7}$,由式(4-10)得:

$$-Q + q_1 + q_{1\sim2} + q_{1\sim5} + q_{1\sim7} = 0$$

$$或\ Q - q_1 = q_{1\sim2} + q_{1\sim5} + q_{1\sim7}$$

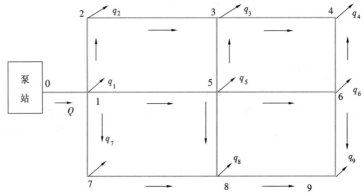

图 4-12　环状管网流量分配图

可以看出,对于节点 1 来说,当进入管网的总流量 Q 和节点流量 q_1 已知时,各管段的流量,如 $q_{1\sim2}$、$q_{1\sim5}$、$q_{1\sim7}$ 可以有不同的分配,也就是有不同的管段设计流量值。为了确定各管段的计算流量,需人为地先赋予各管段一个流量值,称为预分配流量,该过程称为流量预分配。在流量预分配的过程中,如果在管段 1~5 中分配很大流量值,管段 1~2、1~7 分配很小的流量值 $q_{1\sim2}$、$q_{1\sim7}$,虽然三者之和等于 $Q - q_1$,敷设管道的造价较低,但当管道 1~5 损坏时,另两条管段将会负荷过重,以致不能满足供水安全可靠性的要求。说明在环状管网流量预分配时,不仅要考虑经济性,而且还要考虑可靠性问题,做到经济性和可靠性并重。

环状管网可以有许多不同的流量预分配方案,但每种方案都应在保证供给用户所需水量的前提下满足节点流量平衡条件。由于实际管网的管线错综复杂,大用户位置不同,因此必须结合具体条件进行分配。

流量预分配的具体步骤是:

① 首先在管网平面布置图上,确定出控制点的位置,并根据配水源、控制点、大用户及调节构筑物的位置确定管网的主要供水流向;

② 参照管网主要供水流向拟定各管段的水流方向,使水流沿最短路线输水到大用户和边远地区,以节约输水电耗和管网基建投资;

③ 根据管网中各管线的地位和功能来分配流量,尽量使平行的主要干管分配相近的流量,以免个别主要干管损坏时,其余管线负荷过重,使管网流量减少过多;干管与干管之间的连接管,其作用主要是沟通平行干管之间的流量,有时起输水作用,有时只是就近供水到用户,平时流量一般不大,只有在干管损坏时,才转输较大流量,因此,连接管中可分配较少的流量;

④ 分配流量时应满足节点流量平衡条件,即在每个节点上满足 $q_i + \sum q_{ij} = 0$;

⑤ 从控制点开始,逆着水流方向逐节点进行,一直到起始节点。

(3) 多水源环状管网流量预分配

对于多水源环状管网，会出现由两个或两个以上水源同时供水的节点，这样的节点叫供水分界点；各供水分界点的连线即为供水分界线；各水源供水流量应等于该水源供水范围内的全部节点流量与分界线上由该水源供给的那部分节点流量之和。因此，流量预分配时，应首先按每一水源的供水量确定大致的供水范围，初步划定供水分界线，然后从小水源开始，向供水分界线方向逐节点进行流量分配，再由供水分界线分配到大水源，方法与单水源环状管网相同。供水分界线的拟定方法见【例 4-8】。

必须明确：环状管网流量预分配后得出的各管段的设计流量，不一定是管段的真实流量。为了得到管段的真实流量，通常按预分配流量确定管径和水头损失，通过管网平差来解决。具体平差方法见后续内容。

4.1.3　管径确定与水头损失计算

1. 管径确定

确定管网中每一管段的直径是输水管道和配水管网设计计算的主要内容之一。管段的直径应按分配后的流量确定。根据水力学中流量与过水断面积和流速的关系可知，各管段的管径按式（4-11）计算：

$$D = \sqrt{\frac{4q}{\pi \nu}} \tag{4-11}$$

式中　D——管道直径，m；

　　　q——管段流量，m^3/s；

　　　ν——流速，m/s。

由式（4-11）可知，管径不但和管段流量有关，而且还与流速有关。因此，确定管径时必须先选定流速。

为了防止管网因水锤现象出现事故，规范规定最大设计流速限定在 2.5～3.0m/s 范围内，为了避免水中悬浮物质或可沉物质在水管内沉积，规范规定最小流速为 0.6m/s。可见，技术上允许的流速范围是较大的。为了取得合理的管道管径，降低施工成本，还需在上述流速范围内，根据当地的经济条件，考虑管网的造价和经营管理费用，来选定合适的经济流速。

由式（4-11）可以看出，流量一定时，管径与流速的平方根成反比。如果流速选用得大一些，管径就会减小，相应的管网造价便可降低，但水头损失明显增加，所需的水泵扬程将增大，从而使经营管理费（主要指电费）增大，同时流速过大，管内压力高，因水锤现象引起的破坏作用也随之增大。相反，若流速选用小一些，因管径增大致使管网造价会增加，但水头损失减小可节约电费，使经营管理费降低。因此，管网造价和经营管理费（主要指电费）这两项经济因素是决定流速的关键。由前述可知，流速变化对这两项经济因素的影响趋势恰好相反。所以必须兼顾管网造价和经营管理费，按一定年限 t（称为投资偿还期）内，管网造价和经营管理费用之和为最小时的流速来确定管径，此时的流速称为经济流速，计算所得的管径称为经济管径。

若管网造价为 C，每年的经营管理费用为 M，投资偿还期为 t 年，则 t 年内的经营管理费用为 tM，总费用为 $W = C + tM$。以费用为纵坐标，以流速为横坐标，分别绘

制 $\nu\text{-}C$、$\nu\text{-}tM$ 和 $\nu\text{-}W$ 曲线，如图 4-13 所示。总费用 W 曲线的最低点表示管网造价和经营管理费用之和最小，此时的流速即为经济流速 ν_e。

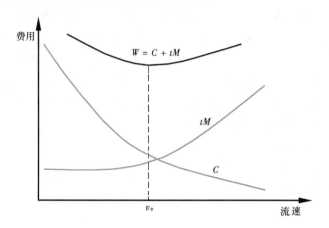

图 4-13　流速和费用的关系图

经济流速应根据各城市当地的具体条件确定，不能直接套用其他城市的数据。因为不同城市的管材价格、施工条件、电价等均不同。另外，管网中不同的管段经济流速也不一样，需随管网图形、该管段在管网中的位置、该管段流量和管网总流量的比例等因素决定。因此，经济流速的确定，是一项比较复杂的工作。为简化计算，可不再求经济流速，直接采用"界限流量表"确定经济管径，"界限流量"见表 4-4。

界限流量表　　　　　　　　　　　　　　　　　　　　　　　　　　表 4-4

管径 (mm)	界限流量 (L/s)	管径 (mm)	界限流量 (L/s)	管径 (mm)	界限流量 (L/s)
100	<9	350	68～96	700	355～490
150	9～15	400	96～130	800	490～685
200	15～28.5	450	130～168	900	685～822
250	28.5～45	500	168～237	1000	822～1120
300	45～68	600	237～355		

由于实际管网的复杂性，加上情况在不断地变化，例如流量在不断增加，管网逐步扩展，诸多经济因素如管道价格、电费、人工费等也随时变化，要从理论上计算管网造价和年管理费用相当复杂且有一定难度。在条件不具备时，设计中也可采用规范规定的平均经济流速，见表 4-5。在采用平均经济流速时，一般管径较大时可在平均经济流速的范围内取较大值；管径较小时可在平均经济流速的范围内取较小值。

平均经济流速表　　　　　　　　　　　　　　　　　　　　　　　　表 4-5

管径（mm）	平均经济流速 ν_e（m/s）
$D=100～400$	0.6～0.9
$D>400$	0.9～1.4

　在根据当地的经济流速或按平均经济流速确定管径时，还需考虑下列因素：

（1）首先定出管网所采用的最小管径（由消防流量确定，通常为 100mm），按 ν_e 确定的管径如小于最小管径，则一律采用最小管径；

（2）连接管属于管网的构造管，应注重安全可靠性，其管径应由管网构造来确定，即按与它连接的次要干管管径相当或小一号确定；

（3）由管径和管道比阻之间的关系可知，当管径较小时，管径缩小或放大一号，水头损失会大幅度增减，而所需管材变化不多；相反，当管径较大时，管径缩小或放大一号，水头损失增减不很明显，而所需管材变化较大。因此，在确定管网管径时，一般对于管网起端的大口径管道可在平均经济流速范围内取高值来确定管径，对于管网末端较小口径的管道，可在平均经济流速范围内取低值来确定管径，特别是对确定水泵扬程影响较大的管段，适当降低流速，放大管径，比较经济。

应当明确，当供水起点（如送水泵站、水塔等）的水压未知，需根据管网的水头损失确定水泵扬程和水塔高度时，应按经济流速确定经济管径。当供水起点的水压已知，不需要根据管网的水头损失确定水泵扬程和水塔高度时，应按充分利用上游起点提供的水压来确定管径，此时经济流速则不是主要考虑的因素。例如重力供水时，水源水位已知且高于给水区控制点所需水压高程，两者的水压高程差 H 可使水在管内重力流动，该高程差也即两者间允许的水头损失，如实际水头损失大于两者间允许的水头损失，则给水区控制点的自由水压就不能满足要求。因此，各管段的经济管径应按输水管和管网通过设计流量时，供水起点至控制点的水头损失总和等于或略小于允许的水头损失来确定。

2. 水头损失计算

确定管网中管段的水头损失是为水塔高度和水泵扬程的确定奠定基础，也是管网设计的主要内容之一，在求得了管段的设计流量和经济管径后，便可计算水头损失。

（1）管道总水头损失

由水力学原理可知，管道的总水头损失，可按式（4-12）计算：

$$h_z = h_y + h_j \tag{4-12}$$

式中　h_z——管道总水头损失，m；

　　　h_y——管道沿程水头损失，m；

　　　h_j——管道局部水头损失，m。

管道局部水头损失按式（4-13）计算：

$$h_j = \sum \xi \frac{\nu^2}{2g} \tag{4-13}$$

式中　ξ——管道局部阻力系数。

管道局部水头损失与管道的水平及竖向平顺情况及配件和附件（如弯管、渐缩管和阀门等）有关，一般占沿程水头损失的 5%～10%。在市政给水工程中，由于给水管道为有压长管流，且管道的平顺度较好，局部水头损失和沿程水头损失相比很小，通常忽略不计。

（2）管道沿程水头损失

欧美国家采用的水力计算公式和配水管网计算软件，一般多用海曾-威廉公式。该公式在国内的一些工程实践中，应用效果较好。由于各种管材的内壁粗糙度不同，以及受水流流态（雷诺数 Re）的影响，很难采用一种公式进行各种材质的管道沿程水头损失计算。根据国内外有关水力计算公式的应用情况和国内常用管材的种类与水流流态的状况，并考虑与相关规范（标准）在水力计算方面的协调，《室外给水设计标准》GB 50013—2018 规定了 3 种类型的水力计算公式。

1）塑料管及内衬与内涂塑料的钢管

通常按达西公式计算。

$$h_y = \lambda \frac{l}{d_j} \cdot \frac{v^2}{2g} \tag{4-14}$$

式中　λ——沿程阻力系数；

　　　l——管段长度，m；

　　　d_j——管道计算内径，m；

　　　v——管道断面水流平均流速，m/s；

　　　g——重力加速度，m^2/s。

式（4-14）是达西于 1869 年根据前人的观测资料和实践经验总结、归纳出来的一个通用公式，通常称为达西公式。该公式对于计算各种流态下的管道沿程水头损失都能适用。式中的无量纲系数 λ 不是一个常数，它包括公式中已有所反映的和还没有反映的那些影响水头损失的因素。所以该公式的表面形式并不完全反映式中各量之间的真实关系，但它把水头损失的问题转化为求阻力系数的问题。因此，式（4-14）中的沿程阻力系数 λ 的计算，应根据不同情况选择相应的计算公式。

2）混凝土管及采用水泥砂浆内衬的金属管道

通常按式（4-15）计算。

$$i = \frac{v^2}{C^2 R} = \frac{n^2 v^2}{R^{\frac{4}{3}}} \tag{4-15}$$

式中　i——管道单位长度的水头损失或水力坡降；

　　　R——水力半径，m；

　　　C——流速系数（谢才系数），$C = \frac{1}{n} R^{\frac{1}{6}}$；

　　　v——管道断面水流平均流速，m/s；

　　　n——管道的粗糙系数。

当 $0.01 \leqslant n \leqslant 0.04$ 时，取 $C = \frac{1}{n} R^{\frac{1}{6}}$，即为巴普洛夫斯基公式。

对于输水管道，公式（4-15）还可以写成：

$$i = \frac{v^2}{C^2 R} = \frac{1}{C^2 \left(\frac{d_j}{4} \right)} \cdot \frac{q^2}{\left(\frac{\pi d_j^2}{4} \right)^2} = \frac{64}{\pi^2 C^2 d_j^5} q^2 = \alpha q^2 \tag{4-16}$$

式中　α——比阻，$\alpha = \frac{64}{\pi^2 C^2 d_j^5}$；

　　　q——流量，m^3/s。

输水管道沿程阻力水头损失公式一般表示为：

$$h = il = \alpha l q^2 = s q^2 \tag{4-17}$$

式中　　l——管段长度，m；

　　　　s——水管摩阻（$s = \alpha l$），s^2/m^5。

对于混凝土管和钢筋混凝土管及采用水泥砂浆内衬的金属管道，其粗糙系数 n 多取 $0.013 \sim 0.014$，可以计算出不同的流速系数 C 值，代入式（4-16），得出下列比阻 α 计算式：

$$n = 0.013, i = 0.001743 \frac{q^2}{d_j^{5.33}}, \alpha = \frac{0.001743}{d_j^{5.33}} \tag{4-18}$$

$$n = 0.014, i = 0.002021 \frac{q^2}{d_j^{5.33}}, \alpha = \frac{0.002021}{d_j^{5.33}} \tag{4-19}$$

上式中的 α 值仅和管径及水管内壁粗糙系数有关，而和雷诺数 Re 无关，属于阻力平方区。巴普洛夫斯基公式的阻力 α 值见表 4-6。

巴普洛夫斯基公式的比阻 α 值（q 以 L/s 计）　　　　表 4-6

管径 （mm）	$n = 0.013$ $\alpha = \dfrac{0.001743}{d_j^{5.33}}$	$n = 0.014$ $\alpha = \dfrac{0.002021}{d_j^{5.33}}$	管径 （mm）	$n = 0.013$ $\alpha = \dfrac{0.001743}{d_j^{5.33}}$	$n = 0.014$ $\alpha = \dfrac{0.002021}{d_j^{5.33}}$
100	373×10^{-6}	432×10^{-6}	500	0.0701×10^{-6}	0.0813×10^{-6}
150	42.9×10^{-6}	49.8×10^{-6}	600	0.02653×10^{-6}	0.03076×10^{-6}
200	9.26×10^{-6}	10.7×10^{-6}	700	0.1167×10^{-6}	0.01353×10^{-6}
250	2.82×10^{-6}	3.27×10^{-6}	800	0.00573×10^{-6}	0.00664×10^{-6}
300	1.07×10^{-6}	1.24×10^{-6}	900	0.00306×10^{-6}	0.00354×10^{-6}
400	0.23×10^{-6}	0.267×10^{-6}	1000	0.00174×10^{-6}	0.00202×10^{-6}

3）输配水管道、配水管网水力平差计算

通常按式（4-20）计算。

$$h = \frac{10.67 q^{1.852} l}{C_h^{1.852} d_j^{4.87}} \tag{4-20}$$

式中　　q——流量，m^3/s；

　　　　l——管段长度，m；

　　　　d_j——管道计算内径，m；

　　　　C_h——海曾-威廉系数，见表 4-7。

海曾-威廉系数 C_h 值表　　　　表 4-7

管道材料	C_h	管道材料	C_h
塑料管	150	新铸铁管、涂沥青或水泥的铸铁管	130
石棉水泥管	$120 \sim 140$	使用 5 年的铸铁管、焊接钢管	120
混凝土管、焊接钢管、木管	120	使用 10 年的铸铁管、焊接钢管	110
水泥衬里管	120	使用 20 年的铸铁管	$90 \sim 100$
陶土管	110	使用 30 年的铸铁管	$75 \sim 90$

以使用 5 年的铸铁管、焊接钢管为例，取 $C_h = 120$，沿程水头损失表达式（4-20）

写成 $h = \alpha l q^{1.852}$ 的形式，α 为比阻，$\alpha = \dfrac{1.504945 \times 10^{-3}}{d_j^{4.87}}$，不同管径的比阻 α 见表 4-8。

海曾-威廉公式的比阻 α 值（q 以 L/s 计） 表 4-8

管径（mm）	比阻 α	管径（mm）	比阻 α
150	15.4866×10^{-6}	500	0.0440×10^{-6}
200	3.8151×10^{-6}	600	0.0181×10^{-6}
250	1.2869×10^{-6}	700	0.00855×10^{-6}
300	0.5296×10^{-6}	800	0.00446×10^{-6}
350	0.2500×10^{-6}	900	0.0025×10^{-6}
400	0.1305×10^{-6}	1000	0.0015×10^{-6}

3. 水力计算表的应用

根据公式计算确定管径和管段的水头损失，精确度较高，但计算麻烦且不便于指导工程设计。为简化计算，通常根据水力计算表求得管径和水头损失。水力计算表见附录四，具体使用方法如下：

在水力计算表的最左侧找到流量设计值，在相应流量对应的一行上找到合适的经济流速，此经济流速对应的管径即为所求的经济管径，对应的 $1000i$ 值即为 1000m 的水头损失。根据 1000m 的水头损失值得到单位长度的水头损失，用单位长度的水头损失乘以管段长度即为管段的水头损失。如果设计流量值不是水力计算表所列值，则依据该设计流量值的上一个流量值和下一个流量值，用内插法找到合适的经济流速和 $1000i$，此经济流速对应的管径即为所求的经济管径，再根据 $1000i$ 求管段水头损失，方法同前。

【例 4-3】某给水铸铁管，管段设计流量为 36.2L/s，试根据水力计算表利用内插法求对应的流速和 $1000i$ 值。

【解】

查附录四给水铸铁管水力计算表可知，当流量 Q 为 36L/s 时，$DN250$ 管径，流速 0.74m/s，$1000i$ 为 3.83；当流量 Q 为 36.5L/s 时，$DN250$ 管径，流速 0.75m/s，$1000i$ 为 3.93。

设流量为 X，流速为 Y_1，$1000i$ 为 Y_2，（反之也可以），将数据列之于表 4-9。

线性内插法计算表 表 4-9

X	Y_1	Y_2
流量（L/s）	流速（m/s）	$1000i$
36	0.74	3.83
36.2	y_1	y_2
36.5	0.75	3.93

以流速 Y_1 为例，利用任意两点构成的斜率相同，则可以得到：

$$\frac{0.75 - 0.74}{36.5 - 36} = \frac{0.75 - y_1}{36.5 - 36.2} = \frac{y_1 - 0.74}{36.2 - 36}$$

通过其中任意两个等式即可求出，流速 $y_1=0.744\mathrm{m/s}$；

同理对于 $1000i$，利用斜率相同，有：

$$\frac{3.93-3.83}{36.5-36}=\frac{3.93-y_2}{36.5-36.2}=\frac{y_2-3.83}{36.2-36}$$

再根据其中任意两个等式即可求出 $1000i$ ，$y_2=3.87$。

4.1.4　枝状管网水力计算

当管网定线成枝状管网时，就应根据枝状管网的特点进行水力计算，其计算的目的是在已知管段设计流量的前提下求得管径和水头损失，进而求得水塔高度和水泵扬程，并推求各节点的自由水压是否满足要求。具体方法如下：

枝状管网分为干管和支管，应先进行干管的水力计算，再进行支管的水力计算。

干管水力计算时，供水起点水压未知，应按经济流速选定各管段的管径和 $1000i$ 的数值，再由 $1000i$ 的数值和管段长度计算各管段的水头损失；然后再计算水塔高度和水泵扬程，进而确定水泵型号、台数；最后根据控制点的地形标高、要求的自由水压推出干管各节点的自由水压。如各节点的自由水压均满足要求，说明干管水力计算正确。

支管的水力计算在干管水力计算完成后进行，对每一支管而言，其起点的水压高程均已知，应充分利用起点水压条件来选定经济管径，此时经济流速只起参考作用。首先根据支管起点和终点的水压高程计算出整根支管允许的水头损失，再参考经济流速求得各个管段的管径和水头损失，只要各管段水头损失的和不超过允许的水头损失即可；然后再由支管起点的水压高程推求下游各节点的水压高程和自由水压，如支管终点的自由水压小于要求的自由水压，说明上游管段的管径过小，应放大管径以减小水头损失。如各节点的自由水压均满足要求，说明支管水力计算正确。

必须申明，要求的自由水压是指控制点要求的自由水压（也就是最小服务水头），整个枝状网各节点的自由水压都不能低于要求的自由水压。如支管终点的自由水压小于要求的自由水压，须调整个别管段的管径，重新计算，直到各节点的自由水压均不低于要求的自由水压为止。如果各节点的自由水压比要求的自由水压大得很多，说明管径过大，应减小某些管段的管径以增大水头损失，使节点自由水压不至于比要求的数值高得太多为宜。

水力计算正确的枝状管网不一定合理，是否合理还需进行最不利情况的校核、调整，只有经过最不利情况校核、调整以后的设计结果，才是合理的设计，也才能付诸实施。

枝状管网水力计算步骤是：

（1）根据管网计算简图对节点和管段顺序编号，并标明管段长度和节点地形标高；

（2）按最高日最高时用水量计算沿线流量、节点流量，并进行流量分配求出每一管段的设计流量；

（3）确定管网控制点及其要求的自由水压；

（4）选定送水泵站到控制点的管线为干管，按经济流速求出干管各管段的管径和水头损失；

（5）按控制点要求的最小服务水头和从水泵到控制点管线的总水头损失，求出水塔

高度和水泵扬程;

（6）由控制点开始逆着水流方向推求干管各节点的水压高程和自由水压;

（7）按充分利用起点水压的条件确定各支管的管径和水头损失;

（8）由支管起点开始顺着水流方向推求支管各节点的水压高程和自由水压;

（9）根据管网各节点的水压高程和自由水压,绘制等水压线图和等自由水压线图。

【例 4-4】某城镇有居民 6 万人,综合用水量定额为 120L/(cap·d),用水普及率为 83%,时变化系数为 1.6。要求最小服务水头为 20m。管网布置如图 4-14 所示。在节点 4 和节点 8 处有用水量较大的一家工厂和一座公共建筑,其集中流量分别为 25.0L/s 和 17.4L/s,由管段 3～4 和 7～8 供给,管段 3～4 和 7～8 沿线两侧无其他用户。城镇地形平坦,高差较小。节点 4、5、8、9 处的地面标高分别为 56.0m、56.1m、55.7m、56.0m。水塔处地面标高为 57.4m,其他节点的地形标高见表 4-10,管材选用给水铸铁管。试完成枝状给水管网的水力计算,并求水塔高度和水泵扬程。

节点地形标高表 表 4-10

节点	2	3	6	7
地形标高（m）	56.6	56.3	56.3	56.2

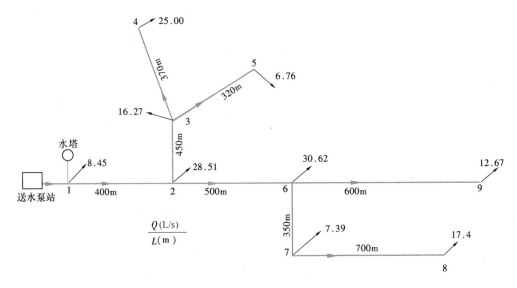

图 4-14 枝状管网计算图

【解】

（1）计算节点流量

计算过程略,结果如图 4-14 所示。

（2）选择控制点,确定干管和支管

由于各节点要求的自由水压相同,根据地形和用水量情况,控制点选为节点 9,干管定为 1～2～6～9,其余为支管。

（3）编制干管和支管水力计算表格,见表 4-11、表 4-13,将管段编号、管段长度分别填于表中相应项目。

（4）将节点编号、地形标高、水头损失分别填于表 4-12、表 4-14 中的相应项目。

干管水力计算表　　表 4-11

管段	管长 （m）	管径 （mm）	流量 （L/s）	$1000i$	水头损失 （m）
6～9	600	150	12.67	7.24	4.34
2～6	500	350	68.08	2.27	1.14
1～2	400	500	144.62	1.53	0.61

干管节点的水压高程和自由水压　　表 4-12

节点编号	地面高程 （m）	管段水头损失 （m）	水压高程 （m）	自由水压 （m）	备注
9	56.0		76.00	20.0	
6	56.3	4.34	80.34	24.04	
2	56.6	1.14	81.48	24.88	
1	57.4	0.61	82.09	24.69	

（5）确定各管段的设计流量

按 $q_i+\Sigma q_{ij}=0$ 的条件，从管线终点（包括各支管）开始，同时向供水起点方向逐个节点推算，即可得到各管段的计算流量。

由节点 9 得：$q_{6\text{-}9}=q_9=12.67\text{L/s}$；

由节点 6 得：$q_{2\text{-}6}=q_6+q_{6\text{-}9}+q_7+q_{7\text{-}8}=30.62+12.67+7.39+17.4=68.08\text{L/s}$；

同理，可得其余各管段计算流量，计算结果分别列于表 4-11、表 4-13 中的相应项目。

（6）干管水力计算

1）由各管段的设计流量，查铸铁管水力计算表（附表 4-1），参照经济流速，确定各管段的管径和相应的 $1000i$。

管段 6～9 的计算流量 12.67L/s，由铸铁管水力计算表查得：当管径为 125mm、150mm、200mm 时，相应的流速分别 1.04m/s、0.72m/s、0.40m/s。前已指出，当管径 $D<400$mm 时，平均经济流速为 $0.6\sim0.9$m/s，所以管段 6～9 的管径应确定为150mm，相应的 $1000i=7.24$，$v=0.73$m/s。同理，可确定其余管段的管径和相应的 $1000i$，其结果见表 4-11。

2）根据 $h=il$ 计算出各管段的水头损失，如 $h_{6\sim9}=\dfrac{7.24}{1000}\times600=4.34$ m。

同理，可计算出其余各管段的水头损失，计算结果见表 4-11 中相应项目。

3）计算干管各节点的水压高程和自由水压。

管段起端水压标高 H_i 和终端水压标高 H_j 与该管段的水头损失 h_{ij} 存在下列关系：
$$H_i=H_j+h_{ij} \tag{4-21}$$
节点水压标高 H_i、自由水压 H_{0i} 与该处地形标高 Z_i 存在下列关系：
$$H_{0i}=H_i-Z_i \tag{4-22}$$

由于控制点要求的自由水压为已知，根据控制点处的地面标高即可求出控制点处的水压标高，按式（4-21）和式（4-22）逐个向供水起点推算，即可求出各节点的水压高程和自由水压，分别填于表4-12中相应项目。

本例中控制点（节点9）的水压标高为：

$$H_9 = Z_9 + H_{09} = 56.0 + 20 = 76.0\text{m}$$

从节点9开始向供水起点推算，节点6的水压标高和自由水压分别为：

$$H_6 = H_9 + h_{6\sim9} = 76.0 + 4.34 = 80.34\text{m}$$

$$H_{0\sim6} = H_6 - Z_6 = 80.34 - 56.3 = 24.04\text{m}$$

同理，可得出干管上其他各节点的水压标高和自由水压。计算结果见表4-12。

（7）支管水力计算

由于干管上各节点的水压已经确定（表4-12），即支管起点的水压已定，因此支管各管段的经济管径选定必须满足下列条件：从干管节点到该支管的控制点（常为支管的终点）的水头损失之和应等于或小于该支管允许的水头损失，即干管上此节点的水压标高与支管控制点所需的水压标高之差。

现以支管6～7～8为例说明：

在支管6～7～8中，8点要求的水压标高为$55.7 + 20 = 75.7\text{m}$，6点的水压高程已知为80.34m，则6～7～8支管允许的水头损失最大为4.64m。

由$q_{6\sim7} = 24.79\text{L/s}$，查铸铁管水力计算表，得$D_{6\sim7} = 200\text{mm}$，相应的$1000i = 5.89$，则：

$$h_{6\sim7} = \frac{5.89}{1000} \times 350 = 2.06\text{m}$$

由$q_{7\sim8} = 17.4\text{L/s}$，查铸铁管水力计算表，得$D_{7\sim8} = 200\text{mm}$，相应的实际$1000i = 3.09$，则：

$$h_{7\sim8} = \frac{3.09}{1000} \times 700 = 2.16\text{m}$$

实际水头损失为$2.06 + 2.16 = 4.22$，小于允许的最大水头损失，计算合理。

同理：可计算其他支管，各支管水力计算结果见表4-13。

支管水力计算表　　　　　　　　　　　　　表4-13

管段编号	管长（m）	管径（mm）	流量（L/s）	$1000i$（m）	水头损失（m）
6～7	350	200	24.79	5.89	2.06
7～8	700	200	17.4	3.09	2.16
2～3	450	250	48.03	6.53	2.94
3～5	320	150	6.76	2.32	0.74
3～4	370	200	25.00	5.98	2.21

说明：管段7～8、3～5按现有水压条件均可选用100mm管径，但考虑到消防流量较大（$q_x = 35\text{L/s}$），管网最小管径定为150mm。

（8）支管各节点水压标高和自由水压计算

支管各节点水压标高及自由水压的计算方法与干管相同，但要从支管的起点向终点逐一推算。现以管段6～7～8管段为例，说明如下：

按式（4-21）、式（4-22）计算7点的水压标高和自由水压：

$$H_7 = H_6 - h_{6\sim7} = 80.34 - 2.06 = 78.28\text{m}$$

$$H_{07} = H_7 - Z_7 = 78.28 - 56.2 = 22.08\text{m}$$

同理，可计算出8节点的水压标高和自由水压：

$$H_8 = H_7 - h_{7\sim8} = 78.28 - 2.16 = 76.12\text{m}$$

$$H_{08} = H_8 - Z_8 = 76.12 - 55.7 = 20.42\text{m}$$

本例的计算结果见表4-14。

支管节点的水压高程和自由水压　　　　　　　表 4-14

编号	地面高程 （m）	管段水头损失 （m）	水压高程 （m）	自由水压 （m）	备注
6	56.3		80.34	24.04	
7	56.2	2.06	78.28	22.08	
8	55.7	2.16	76.12	20.42	
2	56.6		81.48	24.88	满足要求
3	56.3	2.94	78.54	22.24	
5	56.1	0.74	77.80	21.70	
3	56.3		78.54	22.24	
4	56.0	2.21	76.33	20.33	

将干管和支管的计算结果标注于平面图上，如图4-15所示。

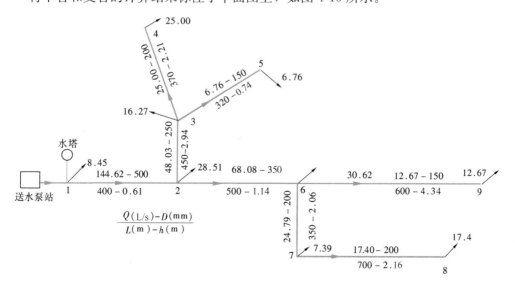

图 4-15　枝状管网计算图

（9）确定水塔高度

依据水塔高度和控制点 9 的水压标高间的关系，由表 4-11 可知：

$$H_t + 57.4 = 76 + 4.34 + 1.14 + 0.61$$

可解得水塔高度应为 $H_t = 24.69\mathrm{m}$。

（10）确定送水泵站所需的总扬程

设吸水井最低水位标高 $Z_p = 53.00\mathrm{m}$，泵站内吸压水管的水头损失取 $\sum h_p = 3.0\mathrm{m}$，水塔水柜深度为 4.5m，水泵至 1 点间的水头损失为 0.5m，则送水泵站所需总扬程为：

$$H_p = H_{st} + \sum h + \sum h_p = (Z_t + H_t + H_0 - Z_p) + h_{泵-1} + \sum h_p$$
$$= (57.4 + 24.69 + 4.5 - 53.0) + 0.5 + 3.0 = 37.09\mathrm{m}$$

（11）等水压线图和等自由水压线图的绘制

本例等水压线图和等自由水压线图如图 4-16 和图 4-17 所示，分布比较均匀，说明设计合理，无须调整。

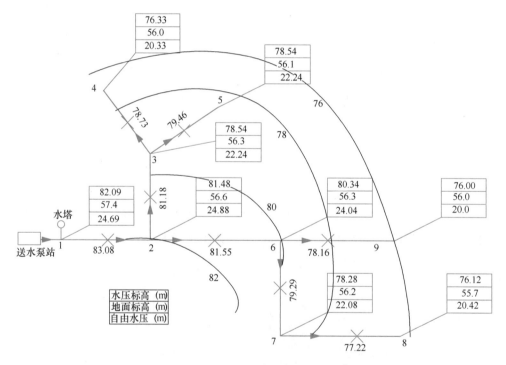

图 4-16　等水压标高线图

4.1.5　环状管网水力计算

1. 基本理论

前已述及环状管网与枝状管网最大的不同点在于管道中水流方向不是唯一的，为了进行管网水力计算已经按流量平衡条件进行了流量预分配，通过流量预分配已经赋予了每个管段一个流量，但这个流量是不是该管段的真实流量呢？还需进行确认。如果是该管段的真实流量，按其确定管径和计算水头损失是正确无误的；如果不是该管段的真实流量，按其确定管径和计算水头损失则必定设计不合理。那么怎样判定预分配的流量是

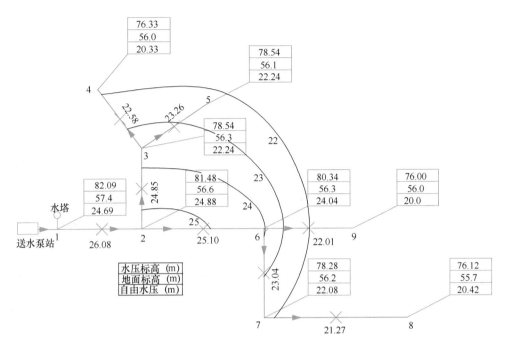

图 4-17　等自由水压线图

否为管段的真实流量呢?

利用管段上下游两点间水压高程的关系即可判定,以图 4-18 所示的某单环管网为例,可以看出如果水流沿顺时针方向由 1 点流到 4 点,则 4 点的水压高程与水流沿逆时针方向由 1 点流到 4 点的水压高程应该相等。即:

$$h_{1\sim 2\sim 4} = h_{1\sim 3\sim 4} = H_1 - H_4 \tag{4-23}$$

式中　$h_{1\sim 2\sim 4}$ ——管线 1~2~4 的水头损失,m;

　　　$h_{1\sim 3\sim 4}$ ——管线 1~3~4 的水头损失,m;

　　H_1、H_1 ——分别为节点 1 和节点 4 的水压高程,m。

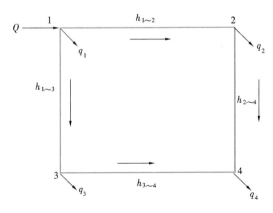

图 4-18　单环管网图

由串联管路的水头损失公式,得:

$$h_{1\sim2\sim4} = h_{1\sim2} + h_{2\sim4}, h_{1\sim3\sim4} = h_{1\sim3} + h_{3\sim4}$$

因此：$h_{1\sim2} + h_{2\sim4} = h_{1\sim3} + h_{3\sim4}$ 或 $h_{1\sim2} + h_{2\sim4} - h_{1\sim3} - h_{3\sim4} = 0$

即如果环状管网任一闭合环路内，水流为顺时针方向的各管段水头损失之和等于水流为逆时针方向的各管段水头损失之和，则管段的流量为真实流量；反之，则不是真实流量。若规定顺时针方向的各管段水头损失为正，逆时针方向的各管段水头损失为负，则在任一闭合环路内各管段水头损失的代数和等于零，即：

$$\sum h_{ij} = 0 \tag{4-24}$$

式（4-24）称为能量方程，又称为闭合环路内水头损失平衡条件。环状管网设计时，每一闭合环路必须满足能量方程的要求。

环状管网按照预分配流量参照经济流速确定管径并计算水头损失以后，如果不能满足每一闭合环路内水头损失平衡条件，则说明此时管网中的流量和水头损失与真实情况不符，不能用来推求各节点水压、计算水泵扬程和水塔高度。因此，必须求出各管段的真实流量和水头损失。

若闭合环路内顺、逆时针两个水流方向的管段水头损失不相等，即 $\sum h_{ij} \neq 0$，则必存在一定的差值，这一差值就叫环路闭合差，记作 Δh。若闭合差为正，即 $\Delta h > 0$，说明水流为顺时针方向的各管段预分配的流量大于真实流量值，而水流为逆时针方向各管段预分配的流量小于真实流量值；若闭合差为负，即 $\Delta h < 0$，则恰好相反。

为了求得管段的真实流量，必须在每一节点均满足 $q_i + \sum q_{ij} = 0$（即流量平衡条件）的条件下，在流量偏大的各管段中减去一些流量，加在流量偏小的各管段中去，每次调整的流量值称为校正流量，记作 Δq。如此反复，直到各闭合环路均满足 $\sum h_{ij} = 0$（能量平衡条件）时为止，这种为消除闭合差而进行的流量调整的计算过程称为管网平差。

管网平差是一个渐近法的计算过程，计算量很大且麻烦，实际工程中，没有必要使环路闭合差满足 $\sum h_{ij} = 0$ 的条件，达到一定精度要求后，管网平差即可结束。手算时，基环闭合差的绝对值要求小于 0.5m，大环闭合差的绝对值小于 1.0~1.5m 即可；使用软件计算时，闭合差值可达到任何精度，一般闭合差的绝对值小于 0.01~0.05m 即可。

2. 单水源环状管网平差方法

（1）哈代—克罗斯法

哈代—克罗斯法是每个环中的各管段流量均用校正流量修正的方法。在环状管网中若 ij 管段的预分配流量用 $q_{ij}^{(0)}$ 表示，由 $q_{ij}^{(0)}$ 选出管径，计算出各管段的水头损失 h_{ij} 和各环的闭合差 Δh 和校正流量 Δq，校正流量按式（4-25）计算。

$$\Delta q = -\frac{\Delta h_k}{n\sum S_{ij}|q_{ij}|} = -\frac{\Delta h_k}{n\sum\frac{S_{ij}|q_{ij}|^2}{|q_{ij}|}} = -\frac{\Delta h_k}{n\sum\left|\frac{h_{ij}}{q_{ij}}\right|} \tag{4-25}$$

式中　Δq ——环路 k 的校正流量，L/s；

$\quad\quad\Delta h_k$ ——环路 k 的闭合差，等于该环内各管段水头损失的代数和，m；

$\quad\quad\sum S_{ij}|q_{ij}|$ ——环路 k 内各管段的摩阻 $s = \alpha_{ij}l_{ij}$ 与相应管段流量 q_{ij} 的绝对值乘积之总和；

$\quad\quad\sum\left|\dfrac{h_{ij}}{q_{ij}}\right|$ ——环路 k 内各管段的水头损失 h_{ij} 与相应管段流量 q_{ij} 之比的绝对值之总和；

n—— 对于谢才公式 $n=2$，对于海曾－威廉公式 $n=1.852$。为简化计算，通常均取 $n=2$。

应该注意，上式中 Δq_k 和 Δh_k 符号相反，即闭合差 Δh_k 为正，校正流量 Δq_k 就为负，反之则为正；闭合差 Δh_k 的大小及符号，反映了与 $\Delta h=0$ 时的管段流量和水头损失的偏离程度和偏离方向。显然，闭合差 Δh_k 的绝对值越大，为使闭合差 $\Delta h_k=0$，所需的校正流量 Δq_k 的绝对值也越大。各环校正流量 Δq_k 用弧形箭头标注在相应的环内，如图 4-19 所示。然后在相应环路的各管段中引入校正流量 Δq_k，即可得到各管段第一次修正后的流量 $q_{ij}^{(1)}$。在修正后的流量计算过程中，如 ij 管段不是相邻环的共用管段，则按式（4-26）计算；如为相邻环的共用管段，则按公式（4-27）计算。

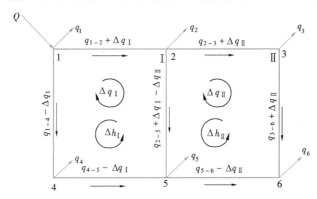

图 4-19　两环管网的流量调整图

$$q_{ij}^{(1)} = q_{ij}^{(0)} + \Delta q_s^{(0)} \tag{4-26}$$
$$q_{ij}^{(1)} = q_{ij}^{(0)} + \Delta q_s^{(0)} - \Delta q_n^{(0)} \tag{4-27}$$

式中　$q_{ij}^{(0)}$—— 本环路内初次预分配的各管段流量，L/s；

$\Delta q_s^{(0)}$—— 本环路内初次校正的流量，L/s；

$\Delta q_n^{(0)}$—— 相邻环路内初次校正的流量，L/s。

在图 4-19 中环Ⅰ和环Ⅱ：

环Ⅰ：$q_{1\sim2}^{(1)} = q_{1\sim2}^{(0)} + \Delta q_{\mathrm{I}}^{(0)}$，$q_{4\sim5}^{(1)} = q_{4\sim5}^{(0)} - \Delta q_{\mathrm{I}}^{(0)}$，$q_{2\sim5}^{(1)} = q_{2\sim5}^{(0)} + \Delta q_{\mathrm{I}}^{(0)} - \Delta q_{\mathrm{II}}^{(0)}$

环Ⅱ：$q_{2\sim3}^{(1)} = q_{2\sim3}^{(0)} + \Delta q_{\mathrm{II}}^{(0)}$，$q_{5\sim6}^{(1)} = q_{5\sim6}^{(0)} - \Delta q_{\mathrm{II}}^{(0)}$，$q_{2\sim5}^{(1)} = -q_{2\sim5}^{(0)} - \Delta q_{\mathrm{I}}^{(0)} + \Delta q_{\mathrm{II}}^{(0)}$

由于预分配流量时，已经符合节点流量平衡条件，即满足了连续性方程，所以每次调整流量时能自动满足此条件。

流量调整后，各环闭合差将减小，如仍不符合精度要求，应根据调整后的新流量求出新的校正流量，继续第二次、第三次乃至多次平差，直到闭合差满足精度要求为止。在平差过程中，每环的闭合差可能改变符号，即从顺时针方向改为逆时针方向，或相反；有时闭合差的绝对值反而增大，这是因为推导校正流量公式时，略去了其他项以及各环相互影响的结果。

采用哈代-克罗斯法进行管网平差的步骤如下：

① 根据城镇的供水情况，拟定环状网各管段的水流方向，按每一节点满足流量平衡条件并考虑供水可靠性以及管段重要程度预分配流量，得到预分配的每个管段流量 $q_{ij}^{(0)}$；

② 根据 $q_{ij}^{(0)}$ 计算各管段的管径和水头损失 $h_{ij}^{(0)}$；

③ 假定各环内水流顺时针方向管段的水头损失为正，逆时针方向管段的水头损失为负，计算该环内各管段的水头损失的代数和 $\sum h_{ij}^{(0)}$，如 $\sum h_{ij}^{(0)} \neq 0$，其差值即为第一次闭合差 $\Delta h_k^{(0)}$，如其绝对值不满足精度要求则需平差；

④ 计算每环内各管段的 $\sum \left| \dfrac{h_{ij}}{q_{ij}} \right|$，按式（4-25）求出校正流量。如闭合差为正，则校正流量为负；反之，则校正流量为正；

⑤ 按式（4-26）、式（4-27）计算闭合环路中每个管段校正以后的流量，应重申：闭合环中非相邻环共用的管段，其校正以后的新流量为该管段预分配的流量加上本环的校正流量；闭合环中相邻环共用的管段，其校正以后的新流量为该管段预分配的流量加上本环的校正流量再减去相邻环的校正流量；据此调整各管段的流量得到第一次校正后的管段新流量；

⑥ 计算第一次校正后各环的闭合差，如各环的闭合差全部满足精度要求则认为第一次校正以后的新流量为管段的真实流量，其水头损失也为管段真实的水头损失；如有一个环的闭合差精度不满足要求，再从第②步开始按每次调整后的流量反复计算，直到各环的闭合差全部满足精度要求为止。

由此可见，哈代—克罗斯法是全环平差法，是一种近似渐近的计算方法，收敛速度较慢。为便于初学者掌握，避免计算上的错误，通常列表运算，管网平差计算的表格形式见表 4-15。

管网平差计算表
表 4-15

环号	管段	管长 (m)	管径 (mm)	预分配流量				第一次校正			
				q (L/s)	$1000\,i$	h (m)	$\left\|\dfrac{h_{ij}}{q_{ij}}\right\|$	q (L/s)	$1000\,i$	h (m)	$\left\|\dfrac{h_{ij}}{q_{ij}}\right\|$

【例 4-5】某环状管网最高用水量为 214.8L/s，管网布置，节点流量、管径等如图 4-20 所示，试进行水力计算。

【解】列表计算，见表 4-16。

初次分配流量，各单环的闭合差都不满足要求；第一次校正后，由于相邻环的影响，各单环的闭合差都改变了方向，并且 Ⅰ、Ⅳ 环的闭合差不满足要求，必须进行第二次平差；第二次平差后，所有四个单环的闭合差都满足了要求。第二次校正后，大环 1~4~7~8~9~6~3~2~1 的闭合差为：

$$\sum h = h_{1\sim4} + h_{4\sim7} + h_{7\sim8} + h_{8\sim9} - h_{6\sim9} - h_{3\sim6} - h_{2\sim3} - h_{1\sim2}$$
$$= 1.29 + 1.44 + 2.85 + 3.28 - 2.02 - 2.24 - 1.72 - 2.53 = +0.35\text{m}$$

小于允许值，亦满足要求。经验算，各节点、管径流量都保持了流量平衡条件。所以，第二次平差的结果，各管段流量和水头损失即为环网水力计算最终结果，如图 4-21 所示。

表 4-16

单水源环状管网平差计算表

环号	管段	管长 (m)	管径 (mm)	预分配流量				第一次校正				第二次校正			
				q (L/s)	1000 i	h (m)	$\left|\dfrac{h_{ij}}{q_{ij}}\right|$	q (L/s)	1000 i	h (m)	$\left|\dfrac{h_{ij}}{q_{ij}}\right|$	q (L/s)	1000 i	h (m)	$\left|\dfrac{h_{ij}}{q_{ij}}\right|$
I	1~4	400	400	+117.0	3.17	+1.27	0.011	+117.0+2.5=+119.5	3.30	+1.32	0.011	+119.5−1.5=+118.0	3.22	+1.29	0.011
	4~5	850	300	+50.0	2.77	+2.35	0.047	+50.0+2.5+4.1=+56.6	3.49	+2.97	0.052	+56.6−1.5−0.1=+55.0	3.31	+2.81	0.051
	2~5	400	200	−22.2	4.81	−1.92	0.087	−22.2+2.5+1.4=−18.3	3.38	−1.35	0.074	−18.3−1.5−0.4=−20.2	4.05	−1.62	0.080
	1~2	850	350	−79.8	3.05	−2.59	0.032	−79.8+2.5=−77.3	2.87	−2.44	0.032	−77.3−1.5=−78.8	2.98	−2.53	0.032
				$\sum$		−0.89	0.177	$\sum$		+0.50	0.169	$\sum$		−0.05	0.174
	$\Delta q_{I}=-\dfrac{-0.89}{2\times0.177}=+2.5$							$\Delta q_{I}=-\dfrac{+0.50}{2\times0.169}=-1.5$							
II	2~5	400	200	+22.2	4.81	+1.92	0.087	+22.2−1.4−2.5=+18.3	3.38	+1.35	0.074	+18.3+0.4+1.5=+20.2	4.05	+1.62	0.080
	5~6	700	200	+20.4	4.12	+2.88	0.141	+20.4−1.4−0.5=+18.5	3.45	+2.42	0.131	+18.5+0.4+0.5=+19.4	3.76	+2.63	0.136
	3~6	400	150	−10.0	4.69	−1.88	0.188	−10.0−1.4=−11.4	5.97	−2.39	0.209	−11.4+0.4=−11.0	5.59	−2.24	0.203
	2~3	760	250	−26.0	2.12	−1.61	0.062	−26.0−1.4=−27.4	2.33	−1.77	0.065	−27.4+0.4=−27.0	2.26	−1.72	0.064
				$\sum$		+1.31	0.478	$\sum$		−0.39	0.479	$\sum$		+0.29	0.483
	$\Delta q_{II}=-\dfrac{+1.31}{2\times0.478}=-1.4$							$\Delta q_{II}=-\dfrac{-0.39}{2\times0.479}=+0.4$							

续表

环号	管段	管长(m)	管径(mm)	预分配流量				第一次校正				第二次校正			
				q(L/s)	1000i	h(m)	$\left|\dfrac{h_{ij}}{q_{ij}}\right|$	q(L/s)	1000i	h(m)	$\left|\dfrac{h_{ij}}{q_{ij}}\right|$	q(L/s)	1000i	h(m)	$\left|\dfrac{h_{ij}}{q_{ij}}\right|$
Ⅲ	4～7	350	250	+41.4	4.96	+1.74	0.042	+41.4−4.1=+37.3	4.09	+1.43	0.038	+37.3+0.1=37.4	4.11	+1.44	0.038
	7～8	850	200	+22.2	4.81	+4.09	0.184	+22.2−4.1=+18.1	3.31	+2.81	0.155	+18.1+0.1=+18.2	3.35	+2.85	0.156
	5～8	350	200	−15.0	2.35	−0.82	0.055	−15.0−4.1−0.5=−19.6	3.83	−1.34	0.068	−19.6+0.1+0.5=−19.0	3.62	−1.27	0.067
	4～5	850	300	−50.0	2.77	−2.35	0.047	−50.0−4.1−2.5=−56.6	3.49	−2.97	0.052	−56.6+0.1+1.5=−55.0	3.31	−2.81	0.051
				Σ		+2.66	0.328		Σ	−0.07	0.313		Σ	+0.21	0.312
				$\Delta q_{\text{Ⅲ}}=-\dfrac{+2.66}{2\times0.328}=-4.1$				$\Delta q_{\text{Ⅲ}}=-\dfrac{-0.07}{2\times0.313}=+0.1$							
Ⅳ	5～8	350	200	+15.0	2.35	+0.82	0.055	+15.0+0.5+4.1=+19.6	3.83	+1.34	0.068	+19.6−0.5−0.1=19.0	3.62	+1.27	0.067
	8～9	700	150	+10.0	4.69	+3.28	0.328	+10.0+0.5=+10.5	5.13	+3.59	0.342	+10.5−0.5=+10.0	4.69	+3.28	0.328
	6～9	350	125	−6.8	5.77	−2.02	0.297	−6.8+0.5=−6.3	5.03	−1.76	0.279	−6.3−0.5=−6.8	5.77	−2.02	0.297
	5～6	700	200	−20.4	4.12	−2.88	0.141	−20.4+0.5+1.4=−18.5	3.45	−2.42	0.131	−18.5−0.5−0.4=−19.4	3.76	−2.63	0.136
				Σ		−0.80	0.821		Σ	+0.75	0.820		Σ	−0.10	0.828
				$\Delta q_{\text{Ⅳ}}=-\dfrac{-0.80}{2\times0.821}=+0.5$				$\Delta q_{\text{Ⅳ}}=-\dfrac{+0.75}{2\times0.820}=-0.5$							

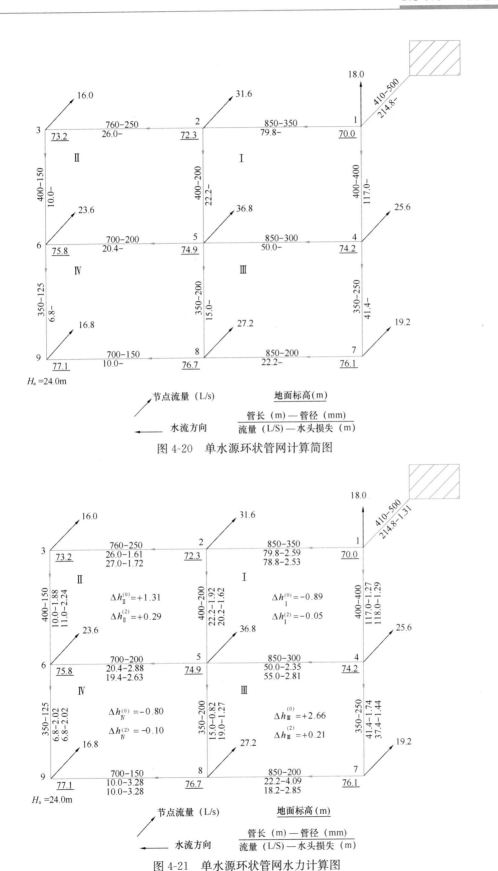

图 4-20   单水源环状管网计算简图

图 4-21   单水源环状管网水力计算图

（2）管网平差简化法

哈代—克罗斯法计算复杂，收敛速度较慢，为加快收敛速度，减少计算工作量，可根据第一次闭合差符号的异同采用不同的简化方法。

1）大环平差法

大环平差法是将若干个基环构成一个大环，先对大环进行平差，基环接受大环平差结果的一种方法。其原理是：

首先，要明确大环闭合差与基环闭合差间的关系。在图 4-22 中，基环 I、II 和其

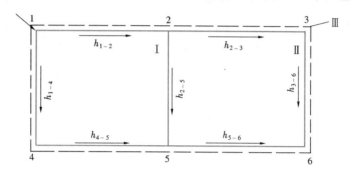

图 4-22　基环与大环图

构成的大环 III（1~2~3~6~5~4~1）闭合差之间的关系为：

$$\Delta h_{\mathrm{I}} = \sum h_{\mathrm{I}} = h_{1\sim2} + h_{2\sim5} - h_{4\sim5} - h_{1\sim4}$$

$$\Delta h_{\mathrm{II}} = \sum h_{\mathrm{II}} = h_{2\sim3} + h_{3\sim6} - h_{5\sim6} - h_{2\sim5}$$

$$\Delta h_{\mathrm{I}} + \Delta h_{\mathrm{II}} = h_{1\sim2} + h_{2\sim3} + h_{3\sim6} - h_{5\sim6} - h_{4\sim5} - h_{1\sim4}$$

$$\Delta h_{\mathrm{III}} = \sum h_{\mathrm{III}} = h_{1\sim2} + h_{2\sim3} + h_{3\sim6} - h_{5\sim6} - h_{4\sim5} - h_{1\sim4}$$

即：$\Delta h_{\mathrm{III}} = \Delta h_{\mathrm{I}} + \Delta h_{\mathrm{II}}$

由此可知，大环闭合差就等于构成该大环的各基环闭合差 Δh 的代数和，即：

$$\Delta h_{\mathrm{I}} = \sum \Delta h_i \tag{4-28}$$

其次，要明确大环平差对基环闭合差的影响。如图 4-23 所示，若环 I 和环 II 的闭合差方向相同，都是顺时针方向，即 $\Delta h_{\mathrm{I}} > 0$，$\Delta h_{\mathrm{II}} > 0$，则大环 III 的闭合差 $\Delta h_{\mathrm{III}} = \Delta h_{\mathrm{I}} + \Delta h_{\mathrm{II}} > 0$，也为顺时针方向。

为降低环 I 和环 II 的闭合差，分别对环 I 和环 II 引入校正流量 Δq_{I} 和 Δq_{II}，在图 4-23（a）中，引入 Δq_{I} 和 Δq_{II}，使环 I 和环 II 的闭合差减小，但公共管段 2~5 的校正流量为 $\Delta q_{\mathrm{II}} - \Delta q_{\mathrm{I}}$，由于相互抵消作用，使环 I 和环 II 的闭合差降低幅度减小，平差效率较低；若只对环 I 引入校正流量 Δq_{I}，Δh_{I} 会降低，但 Δh_{II} 反而增大，反之亦然。可见，对这种情况单环平差效果不大好。若考虑对环 I 和环 II 构成的大环 III 引入校正流量 Δq_{III}，如图 4-23（b）所示。大环闭合差降低的同时，基环 I、II 闭合差的绝对值亦随之减少。因此，构成大环后，对大环校正，多环受益，平差效果好。

图 4-24 中，环 I 和环 II 的闭合差方向相反，即 $\Delta h_{\mathrm{I}} > 0$，$\Delta h_{\mathrm{II}} < 0$，且 $|\Delta h_{\mathrm{I}}| > |\Delta h_{\mathrm{II}}|$，则 $\Delta h_{\mathrm{III}} = \Delta h_{\mathrm{I}} - \Delta h_{\mathrm{II}}$。

图 4-24（a）中，若对大环 III 引入校正流量 Δq_{III}，大环 III 闭合差降低的同时，与

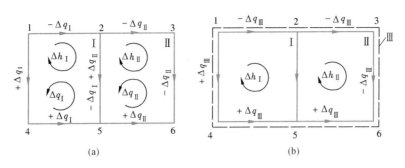

图 4-23　闭合差方向相同的两基环图

(a) 单环平差；(b) 构成大环平差

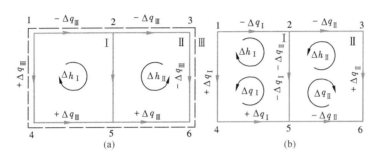

图 4-24　闭合差方向相反的两基环图

(a) 构成大环平差；(b) 单环平差

大环闭合差同号的环 Ⅰ 闭合差亦随之降低，但与大环异号的环 Ⅱ 闭合差的绝对值反而增大。因此，相邻基环闭合差异号时，不宜采用大环平差法。

可以看出：当相邻环闭合差符号相同时，宜构成大环进行平差。其步骤是：

① 根据城镇的供水情况，拟定环状网各管段的水流方向，按每一节点满足流量平衡条件并考虑供水可靠性以及管段重要程度预分配流量，得到预分配的每个管段流量 $q_{ij}^{(0)}$；

② 根据 $q_{ij}^{(0)}$ 计算各管段的管径和水头损失 $h_{ij}^{(0)}$；

③ 计算各基环的闭合差，将闭合差符号相同的若干个相邻基环构成大环；

④ 计算大环的闭合差；

⑤ 计算大环的校正流量，并对大环进行第一次校正；

⑥ 基环接受大环第一次校正的结果，计算基环的闭合差，如基环闭合差仍不满足精度要求，则根据基环闭合差符号再次构成大环平差，重复步骤⑤、⑥，直到闭合差精度满足要求为止。

注意：在大环平差法中，公共管段不是构成大环的管段，其流量得不到校正。

【例 4-6】某给水管网布置和节点流量、流量分配、管段管径如图 4-25 所示。试进行水力计算，以满足给水管网闭合差的要求。

【解】按初步分配流量计算管段水头损失和各环闭合差，据初步计算结果，两环的闭合差符号相同，可以组成大环平差简化计算。计算步骤和结果列于表 4-17，表中有＊＊者为单环接受大环平差结果的管段。同时将各项平差结果均标注在图 4-26 上。

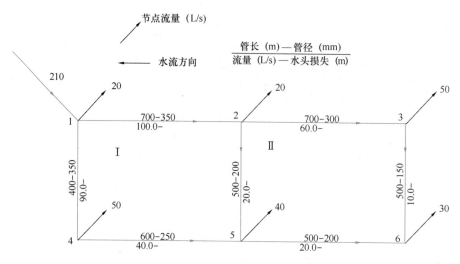

图 4-25 大环平差法原始数据图

平差结果，Ⅱ环得到的校正量较大，致使闭合差的符号改变了方向，但仍满足要求；Ⅰ环得到的校正流量小，不过闭合差还是勉强达到了要求。

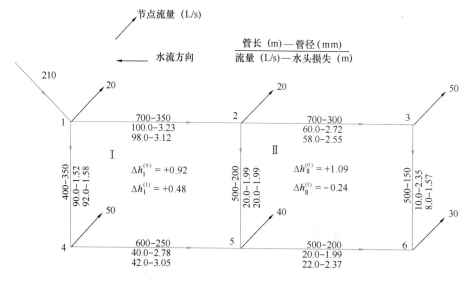

图 4-26 大环平差法水力计算图

大环平差法水力计算表　　　　　　　　　　　　　　　　表 4-17

环号	管段	管长 (m)	管径 (mm)	预分配流量				第一次校正			
				q (L/s)	$1000i$	h (m)	$\left\|\frac{h_{ij}}{q_{ij}}\right\|$	q (L/s)	$1000i$	h (m)	$\left\|\frac{h_{ij}}{q_{ij}}\right\|$
Ⅰ	1～2	700	350	+100	4.62	+3.23	0.032	＊＊　+98.0	4.46	+3.12	0.032
	2～5	500	200	+20.0	3.97	+1.99	0.099	+20.0	3.97	+1.99	0.099
	4～5	600	250	−40.0	4.63	−2.78	0.069	＊＊　−42.0	5.09	−3.05	0.073
	1～4	400	350	−90.0	3.80	−1.52	0.017	＊＊　−92.0	3.92	−1.58	0.017
				$\sum$		+0.92		$\sum$		+0.48	

续表

环号	管段	管长(m)	管径(mm)	预分配流量				第一次校正			
				q(L/s)	1000i	h(m)	$\frac{h_{ij}}{q_{ij}}$	q(L/s)	1000i	h(m)	$\frac{h_{ij}}{q_{ij}}$
Ⅱ	2～3	700	300	+60.0	3.88	+2.72	0.045	＊＊ +58.0	3.64	+2.55	0.044
	3～6	500	150	+10.0	4.69	+2.35	0.235	＊＊ +8.0	3.14	+1.57	0.196
	5～6	500	200	−20.0	3.97	−1.99	0.099	＊＊ −22.0	4.73	−2.37	0.108
	2～5	500	200	−20.0	3.97	−1.99	0.099	−20.0	3.97	−1.99	0.099
				Σ	+1.09			Σ	−0.24		
Ⅰ～Ⅱ 大环	1～2	700	350	+100	4.62	+3.23	0.032	+100−2.0=+98.0	4.46	+3.12	0.032
	2～3	700	300	+60.0	3.88	+2.72	0.042	+60−2.0=+58.0	3.64	+2.55	0.044
	3～6	500	150	+10.0	4.69	+2.35	0.235	+10.0−2.0=+8.0	3.14	+1.57	0.196
	5～6	500	200	−20.0	3.99	−1.99	0.099	−20.0−2.0=−22.0	4.73	−2.37	0.108
	4～5	600	250	−40.0	4.63	−2.78	0.069	−40.0−2.0=−42.0	5.09	−3.05	0.073
	1～4	400	350	−90.0	3.80	−1.52	0.017	−90−2.0=−92.0	3.96	−1.58	0.017
				Σ	+2.01	0.497		Σ	+0.24		

$$\Delta q=-\frac{+2.01}{2\times0.497}=-2.0$$

注：＊＊表示该管段流量接受大环平差的结果。

2）单环平差法

在图 4-24（b）中，若分别对环 Ⅰ 和环 Ⅱ 引入校正流量 $\Delta q_\mathrm{Ⅰ}$ 和 $\Delta q_\mathrm{Ⅱ}$，由于公共管段的校正流量为 $\Delta q_\mathrm{Ⅰ}+\Delta q_\mathrm{Ⅱ}$，从而可加速环 Ⅰ 和环 Ⅱ 闭合差的绝对值减小，平差效果较好，这是哈代—克罗斯法的优势；若只对环 Ⅰ 引入 $\Delta q_\mathrm{Ⅰ}$，则 $\Delta h_\mathrm{Ⅰ}$ 会降低。由于 $\Delta q_\mathrm{Ⅰ}$ 对公共管段 2～5 修正后，使邻环 Ⅱ 闭合差绝对值也减小，因此，相邻各基环闭合差异号时，对其中一个环平差，不仅该环的闭合差减小，与其异号且相邻的基环闭合差也随之降低。从而一环平差，多环受益，计算工作量较哈代—克罗斯法少，这就是单环平差法。为加快收敛速度，宜选择其中闭合差值较大的环进行单环平差，如第一次校正并不能使各环的闭合差达到精度要求，可根据第一次计算后的闭合差符号重新选择闭合差较大的一个环平差，或相邻几个环构成大环继续平差，直到满足要求为止。

在单环平差法中，相邻未平差环要接受已平差环的平差结果。其具体步骤是：

① 根据城镇的供水情况，拟定环状网各管段的水流方向，按每一节点满足流量平衡条件并考虑供水可靠性以及管段重要程度预分配流量，得预分配的每个管段流量 $q_{ij}^{(0)}$；

② 根据 $q_{ij}^{(0)}$ 计算各管段的水头损失 $h_{ij}^{(0)}$；

③ 计算各基环的闭合差，在闭合差符号相异的若干个相邻基环中找到闭合差值较大的基环，并计算该基环的校正流量，进行第一次校正；

④ 相邻基环接受单环第一次校正的结果，计算基环的闭合差，如仍不满足精度要求，则根据基环闭合差符号再次采用单环或构成大环平差，重复步骤③、④，直到闭合差精度满足要求为止。

【例 4-7】某给水管网布置如图 4-27 所示，节点流量、流量分配、管段管径等皆标注在图上，试进行水力计算。

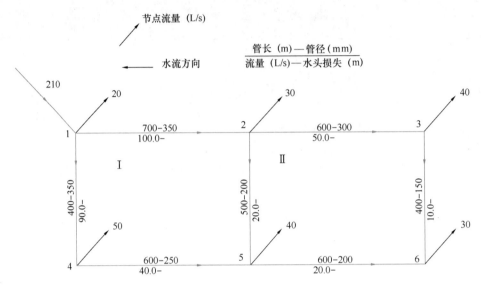

图 4-27　单环平差法原始数据图

【解】按初步分配流量计算管段水头损失和两环的闭合差，由初步计算结果可看到相邻两环的闭合差方向相反，可以进行单环平差简化计算。Ⅰ环的闭合差大，共有管段 2-5 的校正量也较大，先进行Ⅰ环平差，Ⅱ环接收Ⅰ环平差结果，计算步骤和结果均列于表 4-18。表中有 ＊＊ 者为接受单环平差结果的管段，Ⅱ环其他管段未进行平差，也不接受Ⅰ环平差结果。同时，将各项平差结果均标注在图 4-28 上。平差结果，Ⅰ环闭合差满足了要求，Ⅱ环接受了Ⅰ环平差结果后，闭合差减小，亦达到了要求。

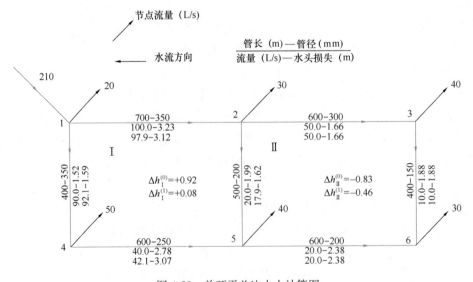

图 4-28　单环平差法水力计算图

单环平差法水力计算表　　　　　　　　　　　表 4-18

环号	管段	管长 (m)	管径 (mm)	预分配流量				第一次校正			
				q (L/s)	$1000i$	h (m)	$\dfrac{h_{ij}}{q_{ij}}$	q (L/s)	$1000i$	h (m)	$\dfrac{h_{ij}}{q_{ij}}$
I	1~2	700	350	+100	4.62	+3.23	0.032	+100-2.1=+97.9	4.45	+3.12	0.032
	2~5	500	200	+20.0	3.97	+1.99	0.099	+20.0-2.1=+17.9	3.25	+1.62	0.091
	4~5	600	250	-40.0	4.63	-2.78	0.069	-40.0-2.1=-42.1	5.11	-3.07	0.073
	1~4	400	350	-90.0	3.80	-1.52	0.017	-90.0-2.1=-92.1	3.97	-1.59	0.017
				$\sum$		+0.92	0.217		$\sum$	+0.48	

$$\Delta q_1 = -\frac{+0.92}{2 \times 0.217} = -2.1$$

环号	管段	管长 (m)	管径 (mm)	q (L/s)	$1000i$	h (m)	$\dfrac{h_{ij}}{q_{ij}}$	q (L/s)	$1000i$	h (m)	$\dfrac{h_{ij}}{q_{ij}}$
II	2~3	600	300	+50.0	2.77	+1.66	0.033	+50.0	2.77	+1.66	0.033
	3~6	400	150	+10.0	4.69	+1.88	0.188	+10.0	4.69	+1.88	0.188
	5~6	600	200	-20.0	3.97	-2.38	0.119	-20.0	3.97	-2.38	0.119
	2~5	500	200	-20.0	3.97	-1.99	0.099	＊＊ -17.9	3.25	-1.62	0.091
				$\sum$		-0.83	0.439		$\sum$	-0.46	

注：＊＊表示该管段流量接受单环平差的结果。

　　由此可见，相邻各基环闭合差异号时，对其中一个环平差，不仅该环的闭合差减小，与其异号且相邻的基环闭合差也随之得到了降低，从而实现一环平差，多环受益。

　　使用平差简化方法，首先对各环的闭合差大小进行综合分析和判断，确定合适的平差方法。如果管网可同时构成若干个大环，应先对闭合差最大的大环进行平差，使其对其他环产生较大的影响，从而加快收敛速度，有时甚至可使其他环的闭合差改变方向。如先对闭合差小的大环进行计算，则计算结果对闭合差较大的环影响较小，从而会增加计算次数，每次计算均需重新选定大环。平差运算效率主要取决于校正流量的确定和校正方案的选择。

　　为方便计算，也可估算校正流量。由初次校正流量的计算公式：

$$\Delta q_k = -\frac{\Delta h_k}{n \sum S_{ij} |q_{ij}|} = -\frac{\Delta h_k}{n \sum \left| \dfrac{h_{ij}}{q_{ij}} \right|}$$

　　可知：计算环路内管线越长，管径越小，即 $\sum S_{ij}$ 越大，流量变化对水头损失的影响也就越大。因此，也可根据计算经验，并参考计算环路内的闭合差大小和各管段的管径 D_{ij}、管长 L_{ij}，估计校正流量值。若闭合环路上各管段的长度和管径相差不大时，可按式（4-29）估算：

$$\Delta q_k = -\frac{q_a \cdot \Delta h_k}{n \sum |h_{ij}|} \tag{4-29}$$

式中　　q_a——闭合环路上各管段流量的平均值，L/s；

Δh_k ——闭合差，m；

$\Sigma |h_{ij}|$ ——闭合环路上所有管段水头损失的绝对值之和，m；

其他符号意义同前。

闭合环路在平差过程中，因为 $\Sigma S_{ij}|q_{ij}|$ 变化很小，所以在顺次进行的平差中，有式（4-30）的近似关系成立：

$$\frac{\Delta q_k}{\Delta h_k} = \frac{\Delta q'_k}{\Delta h'_k} = \frac{\Delta q''_k}{\Delta h''_k} = \cdots\cdots \qquad (4-30)$$

即以 Δq_k 进行初次校正后，仍不能满足环路闭合差的精度要求，即可按上式的比例关系求得下次的校正流量值。

使用简化方法进行平差计算，需要有一定的技巧和经验，手工计算较复杂的管网时，有经验的计算人员用简化方法可减少计算时间。

此外，还有其他简化平差方法，本教材不再一一述及。

3. 多水源管网平差方法

随着城市的发展，用水单位数不断增加，城市用水量也在不断增加，原有的单水源给水系统不能满足城市发展的需求，就逐步发展成为多水源的给水系统。多水源管网水力计算原理与单水源管网相同，但是，在几个水源同时向管网供水时，每一水源输入管网的流量不仅取决于管网用水量，而且随管网阻抗和每个水源输入的水压不同而变化，从而存在各水源之间的流量分配问题。为解决这个问题，通常联立方程求解，但计算复杂。为简化计算，可将多水源管网转化为单水源管网进行计算。转化的方法是：假想有一个水源向已知的若干个水源供水，该假想水源用虚节点 0 表示，其位置任意选定，水压高程为零。用虚管段将已知水源与假想水源连接起来，虚管段与部分实管段形成虚环，虚管段中无流量，不计摩阻，只表示按某一基准面算起的配水源（泵站或水塔）水压高程。现以图 4-29 所示的对置水塔管网为例，说明多水源管网的平差方法。

在最高日最高时用水时，管网用水量为 ΣQ，从虚节点 0 流向泵站的流量 Q_p，即为泵站的供水量，此时水塔也供水到管网，两者间存在供水分界线，虚节点 0 到水塔的流量即为水塔供水量 Q_t，则最高日最高时虚节点 0 的流量平衡条件为：

$$Q_p + Q_t - \Sigma Q = 0$$
$$\text{或 } Q_p + Q_t = \Sigma Q \qquad (4-31)$$

最大转输时，管网用水量为 $\Sigma Q'$，泵站的供水量为 Q'_p，经过管网配水后，多余水量以转输流量 Q'_t 从水塔经虚管段流向虚节点 0，则最大转输时虚节点 0 的流量平衡条件为：

$$Q'_p - Q'_t = \Sigma Q' \qquad (4-32)$$

在多水源管网中，水压高程 H 的符号规定如下：流向虚节点的虚管段，水压为正，流离虚节点的虚管段，水压为负。在虚环内水头损失和水压均规定为顺时针流向为正，逆时针流向为负，则在任意虚环内虚管段水头损失和实管段水头损失的代数和为零。即：在供水分界线上两水源供水压力相等。最高日最高时用水时虚环的能量平衡条件可

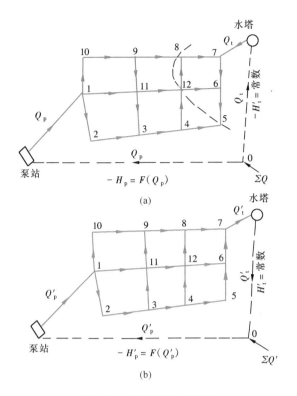

图 4-29　对置水塔工作情况

（a）最高供水时；（b）最大转输时

用式（4-33）表示：如图 4-29 所示。

$$-H_p + \sum h_p - \sum h_t - (-H_t) = 0$$

$$\text{或 } H_p - \sum h_p + \sum h_t - H_t = 0 \tag{4-33}$$

式中　H_p——最高用水时泵站的水压高程，m；

$\sum h_p$——最高用水时从泵站供水到分界线上某一地点的管线总水头损失，m；

$\sum h_t$——最高用水时从水塔供水到分界线上同一地点的管线总水头损失，m；

H_t——最高用水时水塔的水压高程（即水位标高），m。

虚环的能量平衡方程表明，由水塔和泵站同时供水到分界线上同一点时水压高程相等，这是多水源管网必须遵循的条件。

最大转输时虚环的能量平衡条件如图 4-30 所示，可用下式表示：

$$-H_p' + \sum h' + H_t' = 0$$

$$\text{或 } H_p' - \sum h' - H_t' = 0 \tag{4-34}$$

式中　H_p'——最大转输时的泵站水压高程，m；

$\sum h'$——最大转输时从泵站到水塔的总水头损失，m；

H_t'——最大转输时的水塔水压高程（即水位标高），m。

在多水源环状管网的计算中，由于考虑了多个配水源联合向管网供水的工作情况，管网平差时，不分虚环和实环都必须同时平差。闭合差和校正流量的计算方法与单水源

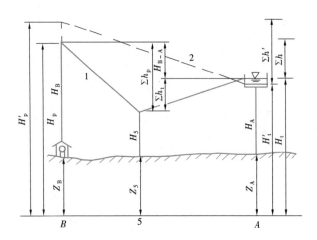

图 4-30 对置水塔管网的能量平衡条件

1—最高用水时；2—最大转输时

管网相同。管网计算结果应满足下列条件：

（1）进出每一节点的流量（包括虚流量）总和等于零，即满足连续性方程 $q_i + \sum q_{ij} = 0$；

（2）每环（包括虚环）各管段的水头损失代数和为零，即满足能量方程 $\sum h_{ij} = 0$；

（3）各配水源供水至分界线上同一地点的水压高程应相等，即从各配水源到分界线上控制点的沿线水头损失之差应等于各水源的水压高程差。

多水源管网的计算比较复杂、费时，应用计算机运算可缩短计算时间，并提高计算精度。

【例 4-8】某城镇最高日设计用水量为 $18000\text{m}^3/\text{d}$，时变化系数 $K_h = 1.44$。为双水源供水，两水源供水流量为 $2:1$，P_1 水源水泵泵轴处的标高为 92.0m，吸水池最低水位标高为 89.0m，吸水管路的水头损失为 1.5m，P_2 水源水泵泵轴处的标高为 96.0m，吸水池最低水位标高为 93.0m，吸水管路的水头损失为 1.5m，管网布置如图 4-31 所示，配水管网均按双侧配水考虑。试进行水力计算。

【解】

（1）最高日最高时用水量为：

$$Q_h = 18000 \times 1.44/86.4 = 300\text{L/s}$$

经计算各节点流量标注在图 4-31 上。

（2）初步分配流量，划分最高用水时两水源的供水分界线：

根据题意按 2：1 的比例进行分配，得：$Q_{p_1} = 200\text{L/s}$，$Q_{p_2} = 100\text{L/s}$

供水分界线的划分方法和步骤如下：

① 首先计算整个管网的比流量

$$q_{cb} = \frac{Q_I + Q_{II}}{\sum l} = \frac{200 + 100}{4 \times 600 + 2 \times 700 + 4 \times 400}$$

$$= 0.056\text{L/(s·m)}$$

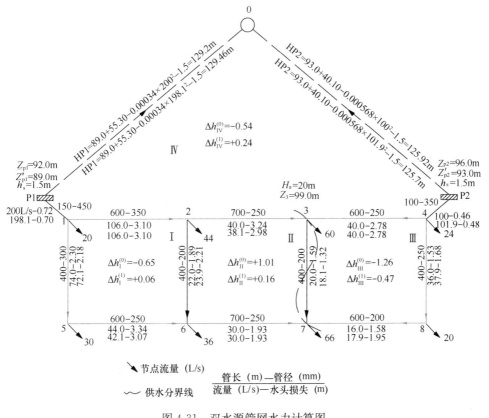

图 4-31 双水源管网水力计算图

② 计算小水源可服务的管线长度

$$\sum l = \frac{Q_{\text{II}}}{q_{\text{cb}}} = \frac{100}{0.056} = 1785.71\text{m}$$

③ 拟定几个供水分界线方案，并计算出每个方案的小水源实际服务管线长度，然后与小水源可服务的管线长度 $\sum l$ 相比较，哪个方案最接近 $\sum l$，哪个方案就是选定的供水分界线。

方案 1：供水分界线通过 4、7 两节点，$\sum l = 400 + 600 = 1000\text{m}$；

方案 2：供水分界线通过 3、7 两节点，$\sum l = 400 + 600 + 600 = 1600\text{m}$；

方案 3：供水分界线通过 3、7 两节点及管段 3、7 的中点，

$\sum l = 400 + 600 + 600 + 200 = 1800\text{m}$；

方案 4：供水分界线通过 3、6 两节点，$\sum l = 700 + 600 + 400 + 600 = 2300\text{m}$；

显然，方案 3 最接近 $\sum l$，即为选定的供水分界线，供水分界线通过 3、7 两节点。

供水分界线拟定后，即可进行流量预分配，预分配的方法是从小水源分配到供水分界线，再由供水分界线分配到大水源。本例题预分配后的管段水流方向、预分配管段流量及求得的管段管径皆标注在图 4-31 上。

(3) 根据预分配的管段计算流量，计算出各管段水头损失，计算两水源水泵扬程，选择水泵型号：

P_1 水源

$$\sum h_{P_1-3} = h_{P_1-1} + h_{1-2} + h_{2-3}$$
$$= 3.24 + 3.10 + 0.72 = 7.06m$$

水泵扬程为

$$H_{P_1} = H_a + (Z_3 - Z'_{P_1}) + \sum h_{P_1-3} + h_s$$
$$= 20 + (99.0 - 89.0) + 7.06 + 1.5$$
$$= 38.56m$$

选用水泵：12Sh-9B

水泵特性曲线方程为

$$H_{P_1} = 55.30 - 0.000340Q^2_{P_1}$$

P_2 水源

$$\sum h_{P_2-3} = h_{3-4} + h_{4-P_2}$$
$$= 2.78 + 0.46 = 3.24m$$

水泵扬程为

$$H_{P_2} = H_a + (Z_3 - Z'_{P_2}) + \sum h_{P_2-3} + h_s$$
$$= 20 + (99.0 - 93.0) + 3.24 + 1.5$$
$$= 30.74m$$

选用水泵：10Sh-9A

水泵特性曲线方程为

$$H_{P_2} = 40.10 - 0.000568Q^2_{P_2}$$

（4）建立虚环，计算两水源的水压高程：

$$HP1 = Z'_{P_1} + H_{P_1} - h_s = 89.0 + 55.30 - 0.000340Q^2_{P_1} - h_s$$

$$HP2 = Z'_{P_2} + H_{P_2} - h_s = 93.0 + 44.10 - 0.000568Q^2_{P_1} - h_s$$

（5）根据预分配流量的各环闭合差求校正流量和绝对值 $\left|\dfrac{h_{ij}}{q_{ij}}\right|$，见表 4-19。

双水源管网平差计算   表 4-19

环号	管段	管长 (m)	管径 (mm)	预分配流量 q (L/s)	1000 i	h (m)	$\frac{h}{q_{ij}}$	第一次校正	q (L/s)	1000 i	h (m)	$\frac{h_{ij}}{q_{ij}}$
I	1～2	600	350	+106.0	5.16	+3.10	0.029		+106.0	5.16	+3.10	0.229
	2～6	400	200	+22.0	4.73	+1.89	0.086	＊＊	+23.9	5.52	+2.21	0.092
	5～6	600	250	−44.0	5.56	−3.34	0.076	＊＊	−42.1	5.11	−3.07	0.073
	1～5	400	300	−74.0	5.74	−2.30	0.031	＊＊	−72.1	5.46	−2.18	0.030
				Σ		−0.65	0.222		Σ		+0.06	
II	2～3	700	250	+40.0	4.63	+3.24	0.081	＊＊	+38.1	4.25	+2.92	0.078
	3～7	400	200	+20.0	3.97	+1.59	0.079	＊＊	+18.1	3.31	+1.32	0.073
	6～7	700	250	−30.0	2.75	−1.93	0.064		−30.0	2.75	−1.93	0.064
	2～6	400	200	−22.0	4.73	−1.89	0.086	＊＊	−23.9	5.52	−2.21	0.092
				Σ		+1.01	0.310		Σ		+0.16	
III	3～4	600	250	−40.0	4.63	−2.78	0.069		−40.0	4.63	−2.78	0.069
	4～8	400	250	+36.0	3.83	+1.53	0.043	＊＊	+37.9	4.21	+1.68	0.044
	7～8	600	200	+16.0	2.64	+1.58	0.099	＊＊	+17.9	3.25	+1.95	0.109
	3～7	400	200	−20.0	3.97	−1.59	0.079	＊＊	−18.1	3.31	1.32	0.073
				Σ		−1.26	0.290		Σ		−0.47	

续表

环号	管段	管长(m)	管径(mm)	预分配流量				第一次校正			
				q (L/s)	$1000i$	h (m)	$\frac{h_0}{q_0}$	q (L/s)	$1000i$	h (m)	$\frac{h_0}{q_0}$
IV	P1～1	150	450	−200.0	4.78	−0.72	0.004	＊＊　　−198.1	4.69	−0.70	0.004
	1～2	600	350	−106.0	5.16	−3.10	0.029	−106.0	5.16	−3.10	0.29
	2～3	700	250	−40.0	4.63	−3.24	0.081	＊＊　　−38.1	4.25	−2.98	0.078
	3～4	600	250	+40.0	4.63	+2.78	0.069	+40.0	4.63	+2.78	0.069
	P2～4	100	350	+100.0	4.62	+0.46	0.005	＊＊　　+101.9	4.79	+0.48	0.005
	P2～0			−100.0		−125.92	0.057	＊＊　　−101.9		−125.7	0.058
	0～P1			+200.0		+129.2	0.068	＊＊　　+198.1		+129.46	0.067
				Σ		−0.54	0.313	Σ		+0.24	
I～III～IV 大环	P1～1	150	450	−200.0	4.78	−0.72	0.004	−200.0+1.9=−198.1	4.69	−0.70	0.004
	1～5	400	300	−74.0	5.74	−2.30	0.031	−74.0+1.9=−72.1	5.46	−2.18	0.030
	5～6	600	250	−44.0	5.56	−3.34	0.076	−44.0+1.9=−42.1	5.11	−3.07	0.073
	2～6	400	200	+22.0	4.73	+1.89	0.086	+22.0+1.9=+23.9	5.52	+2.21	0.092
	2～3	700	250	−40.0	4.63	−3.24	0.081	−40.0+1.9=−38.1	4.25	−2.98	0.078
	3～7	400	200	−20.0	3.97	−1.59	0.079	−20.0+1.9=−18.1	3.31	−1.32	0.073
	7～8	600	200	+16.0	2.64	+1.58	0.099	+16.0+1.9=+17.9	3.25	+1.95	0.109
	4～8	400	250	+36.0	3.83	+1.53	0.043	+36.0+1.9=+37.9	4.41	+1.68	0.044
	4～P2	100	350	+100.0	4.62	+0.46	0.005	+100.0+1.9=+101.9	4.79	+0.48	0.005
	P2～0			−100.0		−125.92	0.057	−101.9		−125.7	0.058
	0～P1			+200.0		+129.2	0.068	+198.1		+129.46	0.067
				Σ		−2.45	0.629	Σ		−0.17	0.633

$$\Delta q = -\frac{-2.45}{2 \times 0.629} = +1.9$$

注：＊＊表示该管段流量接受大环平差的结果。

（6）平差

按初步分配流量计算出的四个单环的闭合差皆不满足要求，见表4-19，相邻的 I、IV、III 环的闭合差符号相同，且与 II 环的闭合差符号相反，所以将 I、IV、III 环组成一个大环平差，II 环接受大环平差结果，得到校正，结果一次平差成功，见表4-19。

（7）双水源管网水力条件平衡（闭合差满足要求）后，二水源流量和水泵扬程为：

$$\text{P}_1 \qquad\qquad\qquad \text{P}_2$$
$$Q_{\text{P}_1} = 198.1\text{L/s} \qquad\qquad Q_{\text{P}_2} = 101.9\text{L/s}$$
$$H_{\text{P}_1} = 38.28\text{m} \qquad\qquad H_{\text{P}_2} = 30.76\text{m}$$

初选水泵 12Sh-9B、10Sh-9A 提供的流量、扬程为：

12Sh-9B 　　　　　　　　　　　　10Sh-9A

$Q_{P_1} = 198.1\text{L/s}$ 　　　　　　　$Q_{P_2} = 101.9\text{L/s}$

$H_{P_1} = 41.96\text{m}$ 　　　　　　　$H_{P_2} = 34.20\text{m}$

初选水泵满足双水源管网水力条件平衡后的要求，可做为管网水力条件平衡后的选定水泵。

4.1.6 管网设计校核

1. 事故校核

管网主要管段发生损坏时，必须及时检修，在检修期间内供水量允许减少，但设计水压一般不应降低。事故时管网供水流量与最高时设计流量之比，称为事故流量降落比，用 R 表示。R 的取值根据供水要求确定，城镇的事故流量降落比 R 一般不低于 70%。

枝状管网事故时断水率为 100%，一般不进行事故校核，环状管网应进行事故校核。校核时，管网各节点的流量应按事故时用户对供水的要求确定。若无特殊要求，可按事故流量降落比统一折算，即事故时管网的节点流量等于最高日最高时各节点的节点流量乘以事故降落比 R。然后重新进行流量预分配、管网平差等计算过程，在原设计管径不变的条件下，让其通过事故时管段的真实设计流量，求得管段水头损失和事故时所需的水泵扬程，如此扬程不大于最高用水时的水泵扬程，则设计合理。如此扬程大于最高用水时的水泵扬程，应调整修改原设计，调整后再进行校核。如果经校核调整无法满足水压要求，应采取技术措施，加强检修力量及时修复事故管道，尽量使断水产生的损失达到最小。

2. 最大转输校核

设对置水塔的管网，在最高用水时由泵站和水塔同时向管网供水，但在一天内供水量大于用水量的时段内，多余的水经过管网送入水塔贮存，因此，这种管网还应按最大转输流量来核算，以确定水泵能否将水送进水塔。核算时，管网各节点的流量需按最大转输时管网各节点的实际用水量求出。因节点流量随用水量的变化成比例地增减，所以最大转输时各节点流量可按式（4-35）计算，即：

$$q_{zi} = k_{zs} q_i \tag{4-35}$$

式中　q_i——最高用水时的节点流量，L/s；

　　　k_{zs}——最大转输时节点流量折减系数，其值可按式（4-36）计算。

$$k_{zs} = \frac{Q_{zy} - \sum Q_{zi}}{Q_h - \sum Q_i} \tag{4-36}$$

式中　Q_{zy}、Q_h——分别为最大转输时和最高用水时管网总用水量，L/s；

　　　Q_{zi}、Q_i——分别为最大转输时已确定（常为集中流量）的节点流量和与之相对应的最高用水时的节点流量，L/s。

然后，按最大转输时的流量进行分配和计算。核算时，应按最大转输流量输入水塔水柜中最高水位所需水压进行管网的水压计算。

【例 4-9】有一对置水塔管网，最高日设计用水量为 $Q_d = 24000\text{m}^3/\text{d}$，用水量变化曲线如图 4-32 所示；管网布置、管长、管径、节点流量、初步分配管段流量等数据如

图 4-33 所示。水源水泵泵轴处的标高为 94.5m，吸水池最低水位标高为 91.0m，吸水管路的水头损失为 1.5m。水塔处的地面标高为 106m。控制点 7 处的地面标高为 103m，要求的自由水压为 24.0m。试进行最大转输核算。

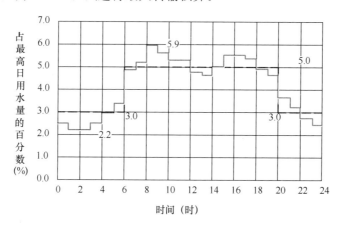

图 4-32　用水量变化曲线

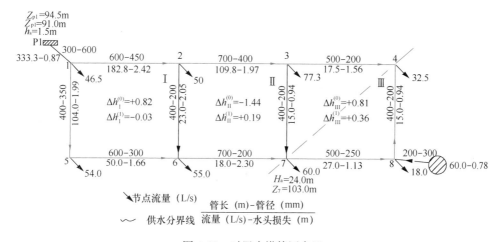

图 4-33　对置水塔管网布置

【解】

（1）最大用水时计算

按图 4-32 用水量变化曲线，最高时用水量占最高日用水量百分数 5.9%，故最高时用水流量为：

$$Q_h = \frac{24000 \times 5.9\%}{3.6} = 393.3 \text{L/s}$$

水泵分二级供水，百分数分别为 5.0% 和 3.0%，最大用水时水泵供水流量为：

$$Q_p = \frac{24000 \times 5\%}{3.6} = 333.3 \text{L/s}$$

水塔供水流量为：

$$Q_t = 393.3 - 333.3 = 60 \text{L/s}$$

经计算，供水分界线通过4、7两节点，确定管网管段水流方向，按预分配管段流量计算各管段水头损失，皆标注在图4-33上。则水塔高度为：

$$H_t = H'_a + (Z_7 - Z_t) + \sum h_{7-t} = 24.0 + (103.0 - 106.0) + (1.13 + 0.78) = 22.91m$$

取其值为23.0m。

水塔高程为：

$$HT = Z_t + H_t = 106.0 + 23.0 = 129.0m$$

水泵扬程为：

$$\begin{aligned} H_p &= H'_a + (Z_7 - Z'_p) + \sum h_{p-7} + h_s \\ &= 24.0 + (103.0 - 91.0) + (0.87 + 2.42 + 2.05 + 2.30) + 1.5 \\ &= 45.14m \end{aligned}$$

4-2 平差过程

选择水泵型号为14Sh-13，水泵特性曲线方程为：

$$H_p = 59.11 - 0.000125Q_p^2$$

配水源水压高程为：

$$HP = 91.0 + 59.11 - 0.000125Q_p^2 - 1.5$$

建立虚环Ⅳ，如图4-34所示。平差（参见数字资源），将平差结果均标注在图4-34上。管网水力条件平衡（闭合差满足要求）后，配水源的流量和水泵扬程为：

$$Q_p = 333.3L/s$$

$$H_p = 44m$$

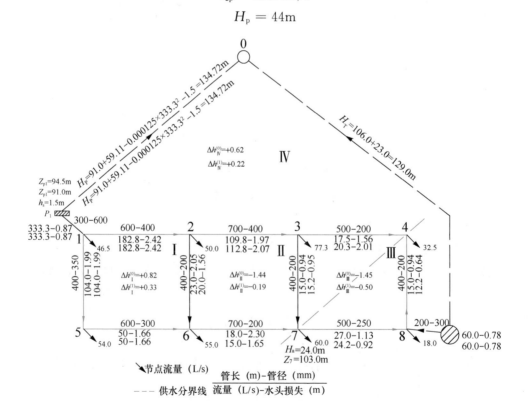

图4-34 对置水塔管网最大用水时水力计算图

初选水泵14Sh-13提供的流量和扬程为：

$$Q_p = 333.3 \text{L/s}$$

$$H_p = 45.22 \text{m}$$

初选水泵能够满足要求，可做为对置水塔管网水力条件平衡后的选定水泵。

（2）最大转输时校核计算

由图 4-32 用水量变化曲线可以看到，最大转输流量发生在最低用水时的 1～3 小时时段内。水泵供水流量为：

$$Q_p = \frac{24000 \times 3\%}{3.6} = 200 \text{L/s}$$

管网最低时用水量，即管网最大转输时用水量为：

$$Q_h = \frac{24000 \times 2.2\%}{3.6} = 146.7 \text{L/s}$$

向水塔的最大转输流量为：

4-3 平差过程及结果

$$Q'_t = 200 - 146.7 = 53.3 \text{L/s}$$

管网在最大转输（或最低用水）时，节点流量计算为：

$$最大转输时节点流量 = \frac{146.7}{393.3} \times 最高用水时节点流量$$

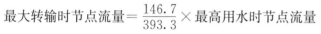

$$= 0.373 \times 最高用水时节点流量$$

在管径不变的基础上，重新分配流量。对置水塔管网在最大转输时按单水源管网平差计算，平差过程及结果参见数字资源。最大转输时管网水力平衡后，需要的水泵扬程为：

$$H'_p = H_t + H_0 + (Z_t - Z'_p) + \sum h_{p-t} + h_s$$
$$= 23.0 + 4.0 + (106.0 - 91.0) + 0.5 \times (0.34 + 1.21 + 0.65 + 0.95 + 0.52$$
$$+ 1.61 + 0.52 + 4.08 + 4.99 + 2.25 + 1.69 + 0.62) + 1.5$$
$$= 53.22 \text{m}$$

最大用水时选定的 14Sh-13 水泵在最大转输（水泵供水流量为 200L/s）时提供的扬程为：

$$H_p = 59.11 - 0.000125 \times 200^2 = 54.11 \text{m}$$

满足最大转输时需要，即按最大用水时选定的水泵，在最大转输能够将最大转输流量（53.3L/s）输送到水塔内。

3. 消防校核

消防时的核算，是以最高用水时确定的管径为基础，按最高时用水量另加消防流量重新进行流量分配，得到管段消防时的管段设计流量。然后进行管网平差、水泵扬程计算等过程，求出消防时所需的水泵扬程，如该扬程不大于最高用水时的水泵扬程，则设计合理。

校核时，将消防流量加在设定失火点处的节点上，即该节点总流量等于最高用水时节点流量加一次灭火用水流量，其他节点仍按最高用水时的节点流量。管网供水区内设定的灭火点数目和一次灭火用水流量均按现行的国家标准《建筑设计防火规范》GB 50016 确定。若同一时间只有一处失火，该失火点设定发生在控制点处；若同时有两处失火，应从经济和安全等方面考虑，一处放在控制点上，另一处可设定在离送水泵站较远或靠近大用户的节点上。

因消防时通过管网的流量增大，各管段的水头损失亦相应增加，按最高用水时确定的水泵扬程有可能小于消防时的需要，这时需放大个别管段的管径，以减小水头损失。若最高时和消防时的水泵扬程相差很大，无法通过调整管径满足要求，则须设专用消防泵供消防时使用。

校核时，除水泵扬程满足要求外，节点自由水压也要满足要求。低压消防制一般要求失火点处的自由水压不低于 $10mH_2O$（98kPa）。

4. 管网等水压线图的绘制

在绘制管网等水压线图之前，先要进行管网各节点水压标高和自由水压计算。起点水压未知的管网进行水压计算时，应由控制点所要求的水压标高依次推出各节点的水压标高和自由水压，计算方法同枝状管网。对环状管网由于存在闭合差，即 $\Delta h \neq 0$，利用不同管线水头损失所求得的同一节点的水压值常不同，但差异较小，不影响选泵，可不必调整。

管网各节点水压标高和自由水压计算完成后，接着绘制管网水压线图。管网水压线图分等水压线图和等自由水压线图两种，其绘制方法与绘制地形等高线图相似。两节点间管径无变化时，水压标高将沿管线的水流方向均匀降低，据此从已知水压点开始，按 $0.5\sim1.0m$ 的等高距（水压标高差）推算出各管段上的标高点。在管网实际平面布置图上，用内插法按比例用细实线连接相同的水压标高点即可绘出等水压线图。等水压线的疏密可反映出管线的负荷大小，整个管网的水压线最好均匀分布。如某一地区的水压线过密，表示该处管网的负荷过大，所选用的管径偏小；反之，则所选的管径就过大。水压线的密集程度可作为调整管径或增敷管线的依据。

由某点水压标高减去该点地面标高得该点自由水压的关系，可求出管段上的自由水压，用细实线连接相同的自由水压即可绘出等自由水压线图。管网等自由水压线图可直观反映整个供水区域内高、低压区的分布情况和服务水压偏低的程度。因此，管网等自由水压线图对供水企业的调度管理和管网改造有很好的参考价值。

4.2 输水管道设计

4.2.1 输水管道定线

输水管道的特点是距离长、沿线没有流量配出，与河流、高地、交通路线等障碍物的交叉较多，沿线地形地物复杂，地质条件多变。因此，输水管道定线前，应先测绘带状地形图，在带状地形图上初步选定几种可能的定线方案，然后到现场沿线踏勘了解，从投资、施工、管理等方面，对各种方案进行技术经济比较后再择优确定。

输水管定线时一般按照下列要求确定：

（1）必须与城市规划相结合，尽量缩短线路长度，尽量避开不良的地质构造（地质断层、滑坡等）地段，尽量沿现有道路或规划道路敷设；减少拆迁，少占良田，少毁植被，保护环境，施工、维护方便，节省造价，运行安全可靠。

（2）输水管道不宜少于两条，并加设连通管，当有安全贮水池或其他安全供水措施时，也可修建一条输水管道。输水干管和连通管的管径及连通管根数，应按输水管道任何一段发生故障时仍能通过事故用水计算确定，城镇的事故水量为设计水量的70%。

（3）应保证在各种设计工况下，管道不出现负压。

（4）输水管道敷设应有一定的坡度，最小坡度为1∶5D（D为管径，以mm计）。输水管道坡度小于1∶1000时，应每隔0.5～1.0km装设排气阀。即使在平坦地区，埋管时也应做成上升和下降的坡度，以便在管坡顶点设排气阀，管坡低处设泄水阀。排气阀一般以每1000m设1个为宜，在管线起伏处应适当增设。管线埋深应按当地条件决定，在严寒地区敷设的管线应注意防止冰冻。

（5）输水管道可采用重力式、压力式或两种并用的输水方式，应通过技术经济比较后择优选定。

（6）长度超过10km的输水管道为长距离输水工程，应进行水锤分析计算，采取水锤综合防护措施。

图4-35为某输水管道的平面和纵断面图。

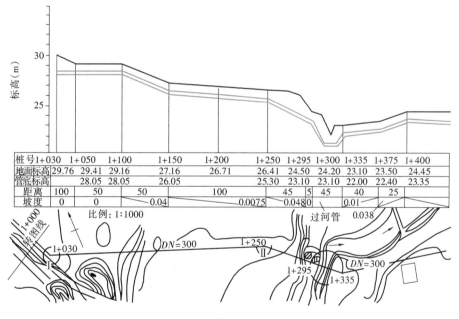

图 4-35　输水管平面和纵断面图

4.2.2　输水管道设计流量的确定

从水源至净水厂的原水输水管道的设计流量，应按最高日平均时供水量并计入净水厂自用水量计算；从净水厂至管网的清水输水管道的设计流量，当管网内有调节构筑物时，应按最高日最高时用水条件下，送水泵站最大一级的供水量计算，当管网内无调节构筑物时，应按最高日最高时供水量计算。从高地水池（或水塔）到管网的输水管道设计流量，按最高日最高时供水条件下高地水池向管网的输水量和非高峰供水时送水泵站经管网转输到高地水池的输水量两者中的最大值计算。

上述输水管（渠），当负有消防给水任务时，应包括消防流量。

4.2.3 输水管道管径和水头损失的确定

1. 重力供水时的压力输水管

水源位于高处，与水厂内处理构筑物的水位高差足够时，可利用水源水位向水厂重力输水。设水源水位标高为 Z，输水管输水到水处理构筑物，其水位标高为 Z_0，这时的水位差 $H = Z - Z_0$，称为位置水头，该水头用以克服输水管的水头损失。

如果输水管输水量为 Q，平行的输水管线为 N 条，则每条管线的流量为 Q/N。假设平行管线的管材、直径和长度都相同，则该并联输水管路的水头损失为：

$$h = s \left(\frac{Q}{N} \right)^n = \frac{s}{N^n} Q^n \tag{4-37}$$

式中　　s ——每条管线的摩阻；

　　　　n ——管道水头损失计算流量指数，塑料管、混凝土管及采用水泥砂浆内衬的金属管道 $n = 2$；输水管（渠）配水管网多为金属管道，取 $n = 1.852$。

当一条管线损坏时，其余 $N-1$ 条管线的水头损失为：

$$h_a = s \left(\frac{Q_a}{N-1} \right)^n = \frac{s}{(N-1)^n} Q_a^n \tag{4-38}$$

式中　　Q_a ——管线损坏时需保证的流量或允许的事故流量。

因为重力输水系统的位置水头一定，正常时和事故时的水头损失都应等于位置水头，即 $h = h_a = Z - Z_0$，由式（4-37）、式（4-38）得事故时流量为：

$$Q_n = \left(\frac{N-1}{N} \right) Q = \alpha Q \tag{4-39}$$

式中　　α ——流量比例系数。

当平行管线数 $N = 2$ 时，则 $\alpha = \dfrac{2-1}{2} = 0.5$，这样事故流量只有正常供水量的 50%，不能满足 70% 的规范要求。如果只有一条输水管，则 $Q_a = 0$，即事故时流量为零，不能保证不间断供水。因此，其供水可靠性低。

为了提高供水可靠性，常采用在平行管线之间增设连通管的方式。当管线某段损坏时，无须整条管线全部停止运行，而只需用阀门关闭损坏的一段进行检修，以此措施来提高事故时的保证率。

【例 4-10】 设 2 条平行敷设的重力流输水管线，其管材、直径和长度均相同，用 2 个连通管将输水管线等分成 3 段，每一段单根管线的摩阻均为 s，重力输水管位置水头为定值。图 4-36（a）表示设有连通管的两条平行管线正常工作时的情况，图 4-36（b）表示一段损坏时的水流情况，求输水管道事故时的流量与正常工作时的流量比。

【解】 每根输水管等分成三段，正常工作时的水头损失为：

$$h = 3s \left(\frac{Q}{2} \right)^n = 3 \left(\frac{1}{2} \right)^n s Q^n$$

其中一根水管的一段损坏时，另一根水管在该段输水流量 Q_a，其余两段每一根水管输水 $Q_a/2$，则水头损失为：

$$h_a = 2s \left(\frac{Q_a}{2} \right)^n + s (Q_a)^n = \left[2 \times \left(\frac{1}{2} \right)^n + 1 \right] s Q_a^n$$

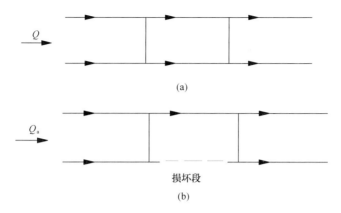

图 4-36　重力输水管道系统
（a）正常工作状态；（b）其中一段发生事故状态

连通管长度忽略不计，重力流供水时，正常供水和事故时供水的水头损失都应等于位置水头，则事故时与正常工作时的流量比例为：

$$\alpha = \frac{Q_a}{Q} = \left[\frac{3\left(\frac{1}{2}\right)^n}{2\left(\frac{1}{2}\right)^n + 1} \right]^{\frac{1}{n}}$$

对于输配水金属管道，按海曾－威廉公式计算，取流量指数 $n = 1.852$，则事故时与正常工作时的流量比例为：

$$\alpha = \frac{Q_a}{Q} = \left[\frac{3\left(\frac{1}{2}\right)^{1.852}}{2\left(\frac{1}{2}\right)^{1.852} + 1} \right]^{\frac{1}{1.852}} = 0.713$$

对于混凝土管或采用水泥砂浆内衬的金属管道，流速系数 C 按照巴甫洛夫斯基公式计算，取流量指数 $n = 2$，则事故时与正常工作时的流量比例为：

$$\alpha = \frac{Q_a}{Q} = \left[\frac{3\left(\frac{1}{2}\right)^2}{2\left(\frac{1}{2}\right)^2 + 1} \right]^{\frac{1}{2}} = \sqrt{\frac{1}{2}} = 0.707$$

城市的事故用水量规定为设计水量的 70%，即 $\alpha = 0.70$。所以，为保证输水管损坏时的事故流量、应敷设 2 条平行管线，并用 2 条连通管将平行管线等分成 3 段即可。当然，连通管的条数越多，其供水保证率就越高，但事故率也会相应增加。

2. 水泵供水时的压力输水管

水泵供水时的实际流量，应由水泵特性曲线方程 $H_p = f(Q)$ 和输水管特性曲线方程 $H_0 + \Sigma(h) = f(Q)$ 联合求出。则水泵特性曲线 $H_p = f(Q)$ 和输水管特性曲线的联合工作情况如图 4-37 所示。

在图 4-37 中，Ⅰ为输水管正常工作时的 $Q-(H_0 + \Sigma h)$ 特性曲线；Ⅱ为出现事故时输水管的 $Q-(H_0 + \Sigma h)$ 特性曲线。当输水管任一段损坏时，阻力增大，使曲线的交点从正常工作时的 b 点移到 a 点，与 a 点相对应的横坐标即表示事故时流量 Q_a。水泵

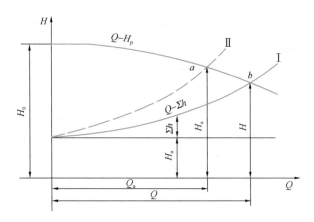

图 4-37　水泵和输水管特性曲线

供水时，为了保证管线损坏时的事故流量，输水管的分段数计算方法如下：

输水管的特性方程 $Q-(H_0+\Sigma h)$ 还可表示为：

$$H = H_0 + (s_p + s_d)Q^2 \tag{4-40}$$

式中　H_0——水泵静扬程；

　　　s_p——泵站内部管线的摩阻；

　　　s_d——2 条输水管的当量摩阻；

　　　Q——正常工作时流量。

采用 2 条直径不同、管材和长度却相同的输水管道，用连通管分成 N 段，则有任一段损坏时，输水管的特性方程为：

$$H_a = H_0 + \left(s_p + s_d - \frac{s_d}{N} + \frac{s_1}{N}\right)Q_a^2 \tag{4-41}$$

式中　H_0——水泵静扬程，等于水塔水面和泵站吸水井水面的高差；

　　　s_p——泵站内部管线的摩阻；

　　　s_d——2 条输水管的当量摩阻；

　　　N——输水管分段数，输水管之间只有一条连通管时，分段数为 2，其余类推；

　　　Q_a——事故时流量。

输水管为并联管道，其当量摩阻与每条管道的摩阻间存在以下关系：

$$\frac{1}{\sqrt{s_d}} = \frac{1}{\sqrt{s_1}} + \frac{1}{\sqrt{s_2}}$$

可得：

$$s_d = \frac{s_1 s_2}{(\sqrt{s_1} + \sqrt{s_2})^2} \tag{4-42}$$

式中　s_1、s_2——每条输水管的摩阻。

连通管的长度一般为 2~5m，与输水管相比很短，其阻力忽略不计。

水泵特性方程为：

$$H_p = H_b - sQ^2 \tag{4-43}$$

输水管任一段损坏时的水泵特性方程为：

$$H_a = H_b - sQ_a^2 \tag{4-44}$$

式中　　s——水泵的摩阻。

联立求解式（4-40）和式（4-43），即 $H = H_p$，得正常工作时水泵的输水流量表达式：

$$Q = \sqrt{\frac{H_b - H_0}{s + s_p + s_d}} \tag{4-45}$$

从式（4-45）看出，因 H_0、s、s_p 一定，故 H_b 减少或输水管当量摩阻 s_d 增大，均可使水泵流量减少。

联立求解式（4-40）和式（4-44）得事故时的水泵输水量表达式：

$$Q_a = \sqrt{\frac{H_b - H_0}{s + s_p + s_d + \dfrac{1}{N}(s_1 - s_d)}} \tag{4-46}$$

由式（4-45）和式（4-46）得事故时和正常时的流量比例为：

$$\frac{Q_a}{Q} = \alpha = \sqrt{\frac{s + s_p + s_d}{s + s_p + s_d + \dfrac{1}{N}(s_1 - s_d)}} \tag{4-47}$$

按事故用水量为设计水量的 70%，即 $\alpha = 0.7$ 的要求，所需分段数等于：

$$N = \frac{(s_1 - s_d)\alpha^2}{(s + s_p + s_d)(1 - \alpha^2)} = \frac{0.96(s_1 - s_d)}{s + s_p + s_d} \tag{4-48}$$

【例 4-11】某城市从取水泵站到水厂敷设 2 条内衬水泥砂浆的铸铁输水管，每条输水管长度为 12400m，管径分别为 $d_1 = 250$mm，摩阻 $s_1 = 29884 \text{s}^2/\text{m}^5$，$d_2 = 300$mm，摩阻 $s_2 = 11284 \text{s}^2/\text{m}^5$，如图 4-38 所示。水泵静扬程 40m，水泵特性曲线方程：$H_p = 141.3 - 2600Q^2$。泵站内管线的摩阻 $s_p = 210 \text{s}^2/\text{m}^5$。假定 DN 300mm 输水管线的管段损坏，试求事故流量为 70% 设计水量时的分段数。

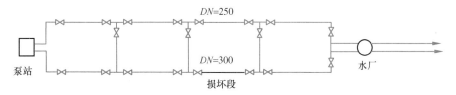

图 4-38　输水管分段数计算

【解】2 条输水管的当量摩阻为：

$$s_d = \frac{s_1 s_2}{(\sqrt{s_1} + \sqrt{s_2})^2} = \frac{29884 \times 11284}{(\sqrt{29884} + \sqrt{11284})^2} = 4329.06 \text{s}^2/\text{m}^5$$

所需要的分段数为：

$$N = \frac{(s_1 - s_d)\alpha^2}{(s + s_p + s_d)(1 - \alpha^2)} = \frac{0.96 \times (29884 - 4329.06)}{2600 + 210 + 4329.06} = 3.44$$

拟分成 4 段，即 $N = 4$，得一段损坏事故时流量等于：

$$Q_a = \sqrt{\frac{H_b - H_0}{s + s_p + s_d + \dfrac{1}{N}(s_1 - s_d)}}$$

$$= \sqrt{\frac{141.3 - 40.0}{2600 + 210 + 4329.06 + \frac{1}{4}(29884 - 4329.06)}}$$

$$= \sqrt{\frac{101.3}{13527.8}} = 0.0865 \text{m}^3/\text{s}$$

正常工作时流量等于：

$$Q = \sqrt{\frac{H_b - H_0}{s + s_p + s_d}} = \sqrt{\frac{141.3 - 40}{2600 + 210 + 4329.06}} = 0.1191 \text{m}^3/\text{s}$$

输水管分成 4 段后一段损坏事故时流量和正常工作时的流量比为：$\alpha = \dfrac{0.0865}{0.1191} = 0.726$。

4.3 给水管道设计图绘制

给水管网设计通常分初步设计、技术设计和施工图设计三个阶段，对一些简单的工程项目可仅作初步设计，以工程估算代替工程概算，经有关部门同意后可直接进行施工图设计。复杂的工程项目，应在初步设计的基础上进行技术设计，将初步设计付诸到技术角度实施，然后再进行施工图设计。施工图设计应全面贯彻设计意图，在批准的技术设计的基础上，对工程项目的各单位工程进行设计，并绘制图纸，做出详细的工料分析、编制工程量清单和招标控制价等。有些不太复杂的工程项目，可以将初步设计和技术设计合并，构成扩大初步设计，在批准的扩大初步设计的基础上再进行施工图设计。给水管道的设计图件包括平面图、纵断面图和大样图等。

4.3.1 平面图

平面图包括给水管网的平面图和输水管道的带状平面图，通常采用 1：500～1：1000 的比例绘制，图上应有地形、地物、地貌、原有建筑物和构筑物、拟建给水管道位置和管径、图例、材料表、施工说明等内容。输水管道带状平面图的宽度应根据标明管道相对位置的需要而定，一般在 30～100m 范围内。由于带状平面图是截取地形图的一部分，因此图上的地物、地貌的标注方法应与相同比例的地形图一致，并按管道图的有关要求在图上标明以下内容：

（1）现状道路或规划道路中心线及折点坐标；

（2）管道代号、管道与道路中心线或永久性地物间的相对距离、间距、节点号、管道转弯处坐标及管道中心线的方位角、穿越障碍物的坐标等；

（3）与本管道相交或相近平行的其他管道的状况及相对关系；

（4）管道设计参数，如管段长度、管径、设计流量、水头损失等；

（5）主要材料明细表及设计说明。

对于小型或较简单的工程项目主要材料明细表及施工图说明常附在平面图上，对于大、中型或较复杂的工程，常需单独编制整个工程的综合材料表及总说明，放在施工图的前部，作为图纸首页。

图 4-39（a）为一管道带状平面图，图 4-39（b）为节点大样图。

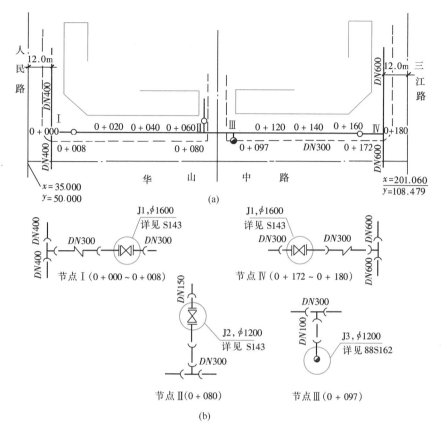

图 4-39　管道带状平面图和节点大样图

（a）带状平面图；（b）节点大样图

4.3.2　纵剖面图

管道纵断面图是反映管道沿途埋设情况的主要技术资料之一，如图 4-40 所示。一般给水管道均需绘制纵断面图，只有在地势平坦、交叉少且管道很短时，才允许不画纵断面图，但必须在管线平面图上标注各节点及管线交叉处的管道标高，以便组织施工。

绘制管道纵断面图时，以水平距离为横轴，以高程为纵轴。一般横轴比例与平面图一致，纵轴比例常为横轴的 5～20 倍，常采用 1∶50～1∶100。图中设计地面标高用细实线，原地面标高用细虚线绘出，并在纵断面图下面的图标栏内，将有关数据逐项填入：第一栏从左向右按比例标注各节点里程桩的位置和编号；第二栏为地面标高，若设计地面与原地面不同可将此栏分两行分别填写；第三栏为设计管中心标高；第四栏为管道坡向、坡度和水平距离；第五栏为管道直径及管材；第六栏为地段名称。若管线全部采用统一的基础形式，可在说明中注明；若基础不完全相同，应将基础形式与采用的标准图号等分别注明在该地段管道断面图上。

纵断面图中的管线用粗单实线绘出。与本管道交叉的地下管线、沟槽等应按比例绘出截面位置，并注明管线代号、管径、交叉管管底或管顶标高、交叉处本管道的标高及距节点或井的距离等。

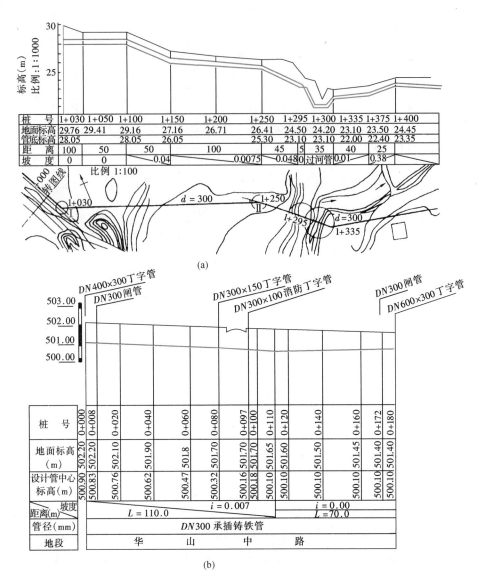

图 4-40　管道纵断面图

（a）输水管平面及纵断面图；（b）配水干管纵断面图

4.3.3　大样图

在施工图中，应绘制大样图。大样图可分为管件组合的节点大样图、附属构筑物（各种井类、支墩等）的施工大样图、特殊管段（穿越河谷、铁路、公路等）的布置大样图。

给水管网中，管线相交点称为节点。在节点上设有三通、四通、弯头、渐缩管、闸门、消火栓、短管等管道配件和附件。

给水管网设计时，选定管线的管径和管材后，应进行管网节点大样图设计，使各节点的配件、附件布置紧凑合理，以减小阀门井尺寸。管网节点设计完成后，应将设计结果绘制成节点大样图，同时应画出井的外形并注明井的平面尺寸和井号及索引详图号。

井的大小和形状应尽量统一，形式不宜过多。在节点大样图上应用标准符号绘出节点上的配件、附件，如消火栓、弯管、渐缩管、阀门等。特殊的配件也应在图中注明，以便编制材料表和加工订货。

节点大样图不按比例绘制，其大小根据节点上配件和附件的多少以及节点构造的复杂程度而定。但管线的方向和相对位置应与管网总平面图一致。节点大样图一般附注在带状平面图上（图 4-39b）或将带状平面图上相应节点放大标注配件和附件的组合情况，一般不另设节点大样图。图的大小根据节点构造的复杂程度而定。图 4-41 为节点大样图示例。

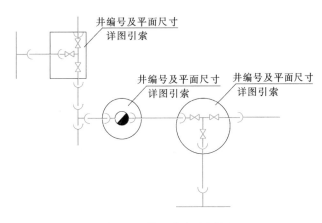

图 4-41　管网节点大样图

思 考 题 与 习 题

1. 管网图应如何设置节点？

2. 什么是基环、大环和虚环？

3. 为什么要进行管网图形的简化？怎样进行管网图形的简化？

4. 什么叫比流量？比流量是否随用水量的变化而变化？

5. 什么叫长度比流量、面积比流量？怎样计算？各有什么优缺点及适用条件？

6. 什么是沿线流量、集中流量？

7. 什么是节点流量？它是否存在？为什么能用来进行管网计算？

8. 推求折算系数 α 的条件是什么？α 值一般在什么范围？实践中常取多少？

9. 为什么管网计算须先求出节点流量？怎样计算节点流量？

10. 为什么要分配流量？流量分配要考虑哪些要求？枝状管网和环状管网流量分配有何异同？

11. 什么是供水分界线？单水源管网与多水源管网的流量分配有什么区别？

12. 什么是经济流速？影响经济流速的主要因素有哪些？设计时能否任意套用？

13. 枝状管网计算时，干管和支管如何划分？两者确定管径的方法有何不同？

14. 平均经济流速值一般是多少？依据经济流速初选管径时，还应注意哪些问题？为什么？

15. 什么是节点流量平衡条件？什么是闭合环路内水头损失平衡条件？为何环状管网计算须同时满足这两个条件？

16. 什么是闭合差 Δh，闭合差大小及正负各说明什么问题？

17. 什么是管网平差？为什么要进行管网平差？

18. 什么是校正流量 Δq？Δq 和 Δh 有什么关系？怎样计算？如何求得修正后的管段流量？

19. 为什么环状管网计算时，任一环路内各管段增减校正流量 Δq 后，并不影响节点流量平衡条件？

20. 大环闭合差与构成大环的各基环闭合差之间有什么关系？

21. 应用单环平差法进行管网平差时，怎样选择单环进行平差以加速收敛？

22. 哈代—克罗斯法和大环平差法各有什么优缺点？

23. 绘制管网等水压线图有什么意义？应怎样绘制？

24. 多水源管网水力计算和单水源管网计算时各应满足什么要求？

25. 重力供水是否属于起点水压已知的供水系统？其水力计算与水泵加压供水系统有何差异？

26. 在压力输水系统平行管线中间设置的连接管有何作用？连接管数应由什么来决定？

27. 给水管道定线时应考虑哪些因素？

28. 在给水管道设计过程中，为简化计算进行了哪些假定？

29. 给水管道平面图、纵断面图及大样图应表述什么内容？绘制时应注意哪些问题？

30. 某城镇近期管网规划拟采用枝状给水管网，管网布置如图 4-42 所示。已知该城镇最高时设计用水量为 396m³/h，其中大用户集中流量为 30L/s，分别于 5、7 点各取出一半；各管段长度为：$L_{1\sim2}=L_{1\sim3}=L_{4\sim7}=800m$，$L_{0\sim1}=L_{1\sim4}=1200m$，$L_{4\sim6}=L_{4\sim5}=900m$；其中 0～1 管段为输水管，4～5 管段为单侧配水，其余管线均为双侧配水。试确定管网各管段的设计流量。

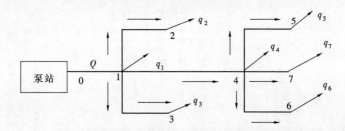

图 4-42　某城镇给水管网布置

31. 在习题 30 的基础上，假定各节点要求的自由水压不低于 28mH₂O，节点 1～7 的地面标高分别为 50.250m、51.000m、51.052m、53.218m、54.323m、54.200m、54.800m，泵站吸水池的最低水位为 47.800m，泵站内吸水管路、压水管路的水头损失分别为 1.00m，同一时间出现的火灾次数为一次，一次灭火用水量为 10L/s。试进行该枝状管网的水力计算，求出最高用水时所需的水泵扬程，并进行消防校核。

32. 某城镇最高时设计用水量为 3852m³/h，给水管网布置和其他已知条件见节点流量计算例题和图 4-9，各节点的自由水压要求不低于 24mH₂O，送水泵站地面标高为 108.0m，1～7 节点的地面标高分别为：108.9m、112.4m、118.2m、105.5m、109.2m、113.4m、112.5m。吸水池最低水位标高 106m，泵站内吸无水管理水头损失为 1.0m。(1) 试初选管网管径，计算在预分配流量下各管段的水头损失，进行最高时管网平差求出各管段的真实流量；(2) 选择水泵型号与台数；(3) 进行事故校核。

33. 如图 4-43 所示的管网，为使闭合差的收敛速度最快，应采用哪一种平差方法，说明理由。

34. 绘出环状管网例题的等自由水压线。

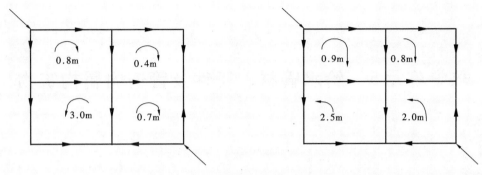

图 4-43　环状管网闭合差计算图

35.某城市从取水泵站到水厂敷设两条内衬水泥砂浆的铸铁输水管，每条输水管长度为 12400m，管径均为 $d=300mm$，摩阻 $s=11284s^2/m^5$，如图 4-44 所示。水泵静扬程 40m，水泵特性曲线方程：$H_p=141.3-2600Q^2$。泵站内管线的摩阻 $s_p=270s^2/m^5$。假定其中一段输水管线的管段损坏，试求事故流量为 70％设计水量时的分段数。

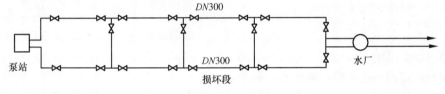

图 4-44　输水管分段数计算

36.如图 4-45 所示的管网，试进行管网节点大样图的设计，并列出主要材料明细表。

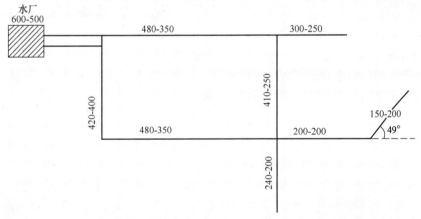

图 4-45　管网节点示意图

注：管段长度（m）-管径（mm）

教学单元 5 给水管材、管件及管道附属构筑物

5-1 教学单元5
导读

5.1 给水管材

输、配水管网一般由给水管道、管件和附件组成，其造价占整个给水工程投资的 50%～80%，是给水系统的重要组成部分。为满足给水系统的功能要求，给水管材必须满足下列条件：

(1) 有足够的强度，以承受各种内、外荷载；

(2) 应严密不漏水，它是保证管网有效而经济工作的重要条件。若管线的水密性差而经常漏水，会增加管理费用、浪费水资源、增加供水成本，管网漏水严重时会冲刷地层而出现地基沉陷、道路塌方等严重事故；

(3) 管道内壁应光滑以减小水头损失；

(4) 价格低廉，使用寿命长，并且有较强的防止水和土壤侵蚀的能力；

(5) 施工简便，工作可靠。

常用的给水管道材料有铸铁管、球墨铸铁管、钢管、钢筋混凝土管、塑料管、预应力钢筒混凝土管、玻璃纤维复合管等。

1. 铸铁管

铸铁管在城市给水管道工程中应用较早、较广，是传统的给水管材。铸铁管与钢管相比，具有抗腐蚀性能较好、经久耐用、价格低等优点；但铸铁管质脆、不耐振动和弯折、工作压力较低、重量大（一般为同规格钢管重量的 1.5～2.5 倍）且易发生接口漏水、水管断裂和爆管等事故，给生产和生活带来很大的不便与损失。铸铁管的性能虽相对较差，但在一般情况下均能满足供水的要求。

我国生产的铸铁管有砂型离心铸造管和连续铸造管两种，其规格及性能见国家标准《连续铸铁管》GB/T 3422—2008。根据材质的不同可分为灰口铸铁管和球墨铸铁管。

铸铁管的管口有承插式和法兰式两种形式，如图 5-1、图 5-2 所示。管道接口应严密不漏水，承插铸铁管有刚性接口、柔性接口等形式，在管线有可能发生不均匀沉陷时宜采用柔性接口。安装时将插口插入承口内，两口之间的环形空隙用接口材料填实。接口材料分两层，内层常用油麻丝或胶圈，外层可用石棉水泥、自应力水泥砂浆、青铅、膨胀水泥砂浆等材料。采用橡胶圈柔性接口时，无须填打石棉水泥等接口材料，因而减轻了劳动强度，并加快施工进度，应用广泛。

法兰接口接头紧密，检修方便。但施工要求较高，接口管必须严格对准，为使接口不漏水，在两法兰盘之间嵌以 3～5mm 厚的橡胶垫片，再用螺栓紧固。由于螺栓易锈蚀，因此不适用于市政埋地管线，一般用于水塔进出水管、泵房、净水厂、车间内部等

与设备明装或地沟内的管线。

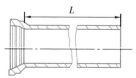

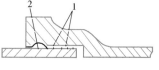

5-2 承插式铸
铁管示意图

图 5-1　承插式接头

1—麻丝；2—膨胀性填料等

图 5-2　法兰式接头

1—螺栓；2—垫片

2. 球墨铸铁管

5-3 法兰式接头
示意图

球墨铸铁管与铸铁管相比，最大的优点是抗弯折能力强，而且强度大、重量较轻、抗腐蚀性能远高于钢管、管网漏损率低，是理想的市政给水管材。目前我国多数城市，已用球墨铸铁管替代了灰口铸铁管。

我国生产的球墨铸铁管管径在 80~2000mm，有效长度为 4~6m，其抗压能力在 3MPa 以上。球墨铸铁管有 T 形滑入式胶圈柔性接口和法兰接口两种形式，如图 5-3、图 5-4 所示，接口施工安装方便，施工速度快，接口的水密性好，能较好地适应地基变形，抗震效果较好。

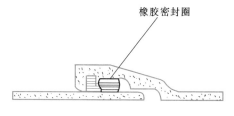

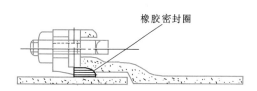

图 5-3　T 形滑入式接口

图 5-4　法兰式接口

3. 钢管

钢管有焊接钢管和无缝钢管两种。焊接钢管又分直缝钢管和螺旋卷焊钢管。钢管的特点是耐高压、耐振动、重量较轻、管节长度大、接口方便，但承受外荷载的稳定性差、耐腐蚀性能差，管壁内外均需有防腐措施，并且造价较高。在市政给水管网中，通常只在管径大、水压高以及因地质、地形条件限制或穿越铁路、河谷和地震地区时使用。

钢管用焊接或法兰接口，小管径时可用丝扣连接。所用配件可用钢板卷焊而成，或直接用标准铸铁配件连接。

普通钢管的工作压力不超过 1.0MPa，加强型钢管的工作压力可达 1.5MPa，高压管常采用无缝钢管。目前室外给水工程中，钢管管径在 100~2200mm，单节管长 4~10m。

4. 预应力和自应力钢筋混凝土管

配有纵向和环向缠绕预应力钢筋的混凝土管，称为预应力钢筋混凝土管。其管径一般为 400~2000mm，单节管长 5m，工作压力可达 0.4~1.2MPa。

用自应力水泥制成的钢筋混凝土管,称为自应力钢筋混凝土管。自应力水泥由矾土水泥、石膏、高强度等级水泥(一般为 52.5 级)配制而成,在一定条件下,产生晶体转变,水泥自身体积膨胀(比一般膨胀水泥大 4~6 倍)。膨胀时,带着钢筋一起膨胀,张拉钢筋使之产生自应力。其管径一般为 100~800mm,管长 3~4m,工作压力可达 0.4~1.0MPa。

预应力和自应力钢筋混凝土管均具有良好的抗渗性和抗裂性,不需内外防腐,施工安装方便,输水能力强,价格便宜;但自重大、管件少、质地脆,装卸和搬运时严禁抛掷和碰撞。施工时管沟底必须平整,覆土必须夯实,不适用于地下情况复杂、土壤敷设条件差、施工期紧张的交通要道处。自应力钢筋混凝土管后期会发生膨胀,使管材疏松,很少用于重要的管道。

预应力和自应力钢筋混凝土管均为承插式接头,以圆形断面的橡胶圈为接口材料,转弯和管径变化处采用特制的铸铁或钢板配件。在市政给水工程中,预应力和自应力钢筋混凝土管一般用作输水管道。

5. 钢筒混凝土管

钢筒混凝土管(PCCP 管)是由钢板、钢丝和混凝土构成的复合管材,有内衬式和埋置式两种形式。内衬式预应力钢筒混凝土管(PCCP-L)是在钢筒内衬混凝土后,在钢筒外缠绕预应力钢丝,再敷设砂浆保护层;埋置式预应力钢筒混凝土管(PCCP-E),是将钢筒埋置在混凝土里面,然后在混凝土管芯上缠绕预应力钢丝,再敷设砂浆保护层。管道两端管口分别焊有钢制的承口圈和插口圈,采用密封橡胶圈接口。

PCCP 管兼有钢管和混凝土管的抗爆、抗渗和抗腐蚀性的优点,钢材用量约为铸铁管的 1/3,使用寿命可达 50 年以上,管道综合造价较低,价格与普通铸铁管相近,是一种极有应用前途的管材。我国目前生产的管径为 600~3400mm,管长 5m,工作压力 0.4~2.0MPa,常作为输水管材。

6. 化学建材管

(1) 塑料管

塑料管有多种,常用的塑料管有硬聚氯乙烯管(PVC-U)、聚乙烯管(PE)、聚丙烯管(PP)等。其中 PVC-U 管的力学性能和阻燃性能好、价格较低,因此应用较广。塑料管已在天津、沈阳、济南、青岛、成都、南通、苏州等 30 多个大中城市应用。

塑料管具有强度高、表面光滑、不易结垢、水力性能较好、耐腐蚀、重量轻、加工及接口方便、施工费用低等优点,但质脆、膨胀系数较大、易老化。用作长距离输水管道时,需考虑温度补偿措施,例如伸缩节和活络接口。

塑料管的水力性能好,由于管壁光滑,在相同流量和水头损失情况下,塑料管的管径可比铸铁管小。塑料管相对密度在 1.40 左右,比铸铁管轻。塑料管可采用橡胶圈柔性承插接口,抗震性和水密性较好,不易漏水,既提高了施工效率,又可降低施工费用。塑料管在城市供水工程中,应用前景广阔。

硬聚氯乙烯管(PVC-U)是一种新型管材,其工作压力宜低于 2.0MPa,用户用水管的常用管径为 $DN25$ 和 $DN50$,小区内和市政给水常用管径为 $DN100$~$DN200$,管径一般不大于 $DN400$。管道接口在无水情况下可用胶粘剂粘接,也可用橡胶圈柔性接口。硬聚氯乙烯管在运输和堆放过程中，应防止剧烈碰撞和阳光曝晒，以防其变形和加速老化。

（2）玻璃纤维复合管

玻璃纤维复合管（GRP）是一种新型优质管材，按制管工艺分离心浇铸玻璃纤维增强树脂砂浆复合管（HOBAS）和玻璃纤维缠绕夹砂复合管两大类。HOBAS管的主要特点是：管材密度为 $1.65\sim1.95t/m^3$、重量轻（在同等条件下约为钢管的 1/4、预应力钢筋混凝土管的 1/10～1/5）、施工运输方便、耐腐蚀性好（不需做防腐及内衬）、使用寿命长达 50 年以上、维护费用低；内壁光滑（n 值为 0.008～0.009）且不结垢，管材及接口不渗漏、不破裂、供水安全可靠、施工方便；在管径相同条件下，其综合造价介于钢管和球墨铸铁管之间，一般在强腐蚀性土壤处采用。

（3）孔网钢带塑料复合管

孔网钢带塑料复合管是以冷轧多孔钢带焊接钢管为增强体，多孔管壁内外双面复合热塑性高密度聚乙烯形成的复合管。由于多孔壁钢管被包覆在热塑性塑料中，两种材料共同受力，其构造形式和受力情况更为合理。常用管径为 50～600mm，一般用电热熔方法接口，适合作室外给水管材。

综上所述，给水管材的种类较多，选用条件取决于承受的水压、输送的水量、外部荷载、地质条件、供应情况、价格等因素。根据各种管材的特性，其大致适用条件如下：

1）长距离大水量输水系统，若压力较低可选用预应力钢筋混凝土管；若压力较高可采用预应力钢筒混凝土管或玻璃纤维复合管；

2）城市输配水管道系统，可采用球墨铸铁管或玻璃纤维复合管；

3）建筑小区及街坊内部应优先考虑硬聚氯乙烯管（PVC-U）或铸铁管；

4）穿越障碍物等特殊地段时，可考虑采用钢管。

5.2　给水管件与附件

在给水管网中，为便于给水管道的连接和分支，需采用各种管道零件，这些用于管道连接的配件简称管件，如三通、弯管、短管等。为便于管道的维护管理和正常运行，在管道上还需附带一些配件，这些附带的配件称为附件，如阀门、消火栓等。管件和附件的选用应综合考虑管网的工作压力、外部荷载、土质情况、施工维护、供水可靠性要求、使用年限、价格及管材供应情况等因素，做到既方便安装使用，又经济合理。因此，给水工程技术人员必须掌握管件和附件的基本知识。

5.2.1　给水管件

在管线转弯、分支、直径变化处及连接其他需要安装附件处，需加装一定规格的标准配件，以保证管道及附件的合理衔接。常用的给水铸铁管管件见表 5-1 所示。

钢管安装多采用钢板焊接而成的管件，其尺寸可查给排水设计手册或标准图集。非金属管如石棉水泥管和预应力混凝土管采用特制的铸铁管件或钢制管件。塑料管管件由厂家配套供应或现场焊制。

常用给水铸铁管管件（GB/T 3420）　　　　表 5-1

序　号	名　　称	符　号	公称直径 DN（mm）
1	承盘短管		75～1500
2	插盘短管		75～1500
3	套　管		75～1500
4	90°双盘弯管		75～1000
5	45°双承短管		75～1000
6	90°双承弯管		75～1500
7	45°双承弯管		75～1500
8	22¼°双承弯管		75～1500
9	11¼°双承弯管		75～1500
10	90°承插弯管		75～700
11	45°承插弯管		75～700
12	22½°承插弯管		75～700
13	11¼°承插弯管		75～700
14	乙字管		75～500
15	全承丁字管		75～1500
16	三盘丁字管		75～1000
17	双承丁字管		75～1500

5-4 承盘短管示意图

5-5 插盘短管示意图

5-6 90°双盘弯头示意图

5-7 90°双承弯头示意图

5-8 全承丁字管示意图

5-9 三盘丁字管示意图

续表

序　号	名　　称	符　　号	公称直径 DN（mm）
18	承插单盘排气丁字管		150～1500
19	承插泄水丁字管		700～1500
20	全承十字管		200～1500
21	承插渐缩管		75～1500
22	插承渐缩管		75～1500

5-10 承插渐缩管示意图

5.2.2　给水管道附件

为保证给水管网正常运行，给水管道上必须设置各种必要的附件。管网的附件主要有调节流量用的阀门、供应消防用水的消火栓，其他还有控制水流方向的单向阀、安装在管线高处的排气阀和安装在管线低处的泄水阀等。

1. 阀门

阀门是用来调节管道内水量和水压的重要设备，一般安装在管线分支处、穿越障碍物处以及长距离管线上每隔一定距离处。因阀门的阻力大且价格昂贵，设计时应在保证供水安全、经济适用的前提下，尽可能减少阀门的数量。

配水干管上阀门的间距一般为 400～1000m，且不应超过 3 条配水支管；管线分支节点处，在支线和主线节点下游均应设置阀门以便尽可能缩小事故时断水的范围。配水支管上的阀门间距不应隔断 5 个以上消火栓。承接消火栓的支管上也要设置阀门。

阀门的规格应与管道的直径相同。但当管径较大，相应阀门价格较高时，为降低造价，可安装 0.8 倍管道直径的阀门。

市政给水管道上采用的阀门有闸阀和蝶阀两种。

（1）闸阀

闸阀是给水管道上使用最广泛的阀门，通过阀腔内闸板的上下移动来控制或截断水流。根据阀腔内闸板的形式可将闸阀分为楔式和平行式两种；根据闸阀使用时阀杆是否上下移动可将闸阀分为明杆和暗杆两种。明杆式闸阀的阀杆随闸板的启闭而升降，因此易于从阀杆位置的高低掌握阀门启闭程度，适用于明装或阀门井内的管道；暗杆式闸阀的闸板在阀杆前进方向留一个圆形的螺孔，当闸阀开启时，阀杆螺丝进入闸板内而提起闸板，阀杆不外露，有利于保护阀杆，适用于安装和操作的位置受到限制的地方，否则当阀门开启时因阀杆上升而妨碍工作。闸阀构造如图 5-5 所示。

大口径的阀门，在手工开启或关闭时，劳动强度大。所以直径较大的阀门有齿轮传动装置，并在闸板两侧接旁通阀，以减小水压差，便于开启。开启阀门时，先开旁通阀，关闭阀门时，则后关旁通阀。或采用电动阀门以便于启闭。在压力较高的管道上，应缓慢关闭阀门，以免出现水锤现象使水管损坏。

闸阀一般为法兰式，施工安装时通过法兰管件与管道相连接。

（2）蝶阀

蝶阀的作用和阀门相同，但结构简单、尺寸小、重量轻、开启方便，旋转 90°即可全开或全关，价格与闸阀接近，目前应用较广。

蝶阀是通过阀腔内的阀板在阀杆作用下旋转来控制或通断水流的。按照连接形式的不同，分为对夹式和法兰式。按照驱动方式不同分手动、电动、气动等。对夹式蝶阀构造如图 5-6 所示。蝶阀宽度一般较阀门小，但闸板全开时将占据上下游管道的位置，因此不能紧贴楔式和平行式阀门旁安装。由于密封结构和材料的限制，蝶阀只用在中、低压管道上（例如水处理构筑物的连接管道）。

5-11 法兰式暗杆楔式闸阀示意图

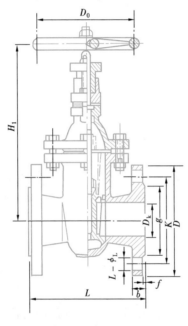
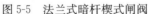
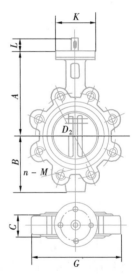

图 5-5　法兰式暗杆楔式闸阀　　图 5-6　对夹式蝶阀

2. 止回阀

止回阀也称为单向阀，主要用来限制水流朝一个方向流动。止回阀的闸板上方根部安装在一个铰轴上，闸板可绕铰轴转动，水流正向流动时顶推开闸板过水，反向流动时闸板靠重力和水流作用而自动关闭断水，一般有旋启式止回阀和缓闭式止回阀，旋启式止回阀如图 5-7 所示。

止回阀一般安装在水压大于 196kPa 的水泵压水管上，防止因突然停电或其他事故时水流倒流而损坏水泵设备。

在直径较大的管线上，例如工业企业的冷却水系统中，常用多瓣阀门的单向阀，由于几个阀瓣不同时闭合，所以能有效减轻水锤所产生的危害。

3. 消火栓

消火栓分地上式和地下式两种，均设置在给水管网的管线上，可直接从分配管接出，

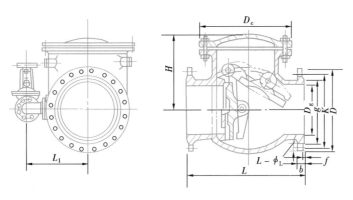

5-12 旋启式
止回阀示意图

图 5-7 旋启式止回阀

也可从配水干管上接出支管后再接消火栓，并在支管上安装阀门，以便检修。每个消火栓的流量为 $10\sim15\mathrm{L/s}$。

地上式消火栓一般设在道路两侧消防车便于驶近的地方，并涂以红色标识。适用于冬季冰冻不严重地区，或不影响城市交通和市容的地方，如图 5-8 所示。

地下式消火栓适用于冬季气温低、冰冻严重的地区，必须安装在消火栓井内，甚至有时还需增加保温措施。地下式消火栓不影响市容和交通，但使用不如地上式方便，如图 5-9 所示。

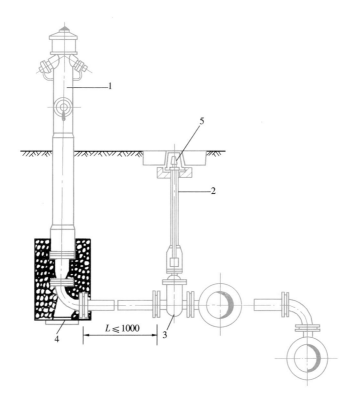

5-13 地上式
消火栓示意图

图 5-8 地上式消火栓

1—SS100 地上式消火栓；2—阀杆；3—阀门；4—弯头支座；5—阀门套筒

室外消火栓安装参见标准图集 13S201。

5-14 地下式
消火栓示意图

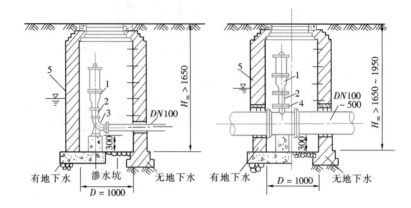

图 5-9　地下式消火栓

1—SX100 消火栓；2—短管；3—弯头支座；4—消火栓三通；5—圆形阀门井

4. 排气阀

管道在长距离输水时经常会积存空气，这既减小了管道的过水断面积，又增大了水流阻力，同时还会产生气蚀作用，因此应及时地将管道中的气体排除掉。排气阀就是用来排除管道中气体的设备，一般安装在管线的隆起部位，平时用以排除管内积存的空气，而在管道检修、放空时进入空气，保持排水通畅；同时在产生水锤时可使空气自动进入，避免产生负压。

排气阀分单口和双口两种。单口排气阀用在直径小于 400mm 的管道上，排气阀直径 16～25mm。双口排气阀直径 50～200mm，装在大于或等于 400mm 的管道上，排气阀口径与管道直径之比一般为 1：12～1：8。图 5-10（a）所示为单口排气阀。阀壳内设有铜网，铜网里装一空心玻璃球。当水管内无气体时，浮球上浮封住排气口。随着气量的增加，空气升入排气阀上部聚积，使阀内水位下降，浮球靠自重随之下降而离开排气口，空气则由排气口排出。

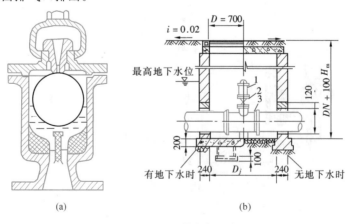

图 5-10　排气阀

（a）阀门构造；（b）安装方式（排气阀井）

1—排气阀；2—阀门；3—排气丁字管

排气阀必须垂直安装在水平管线上，如图 5-10（b）所示。可单独放在阀门井内，也可与其他管道配件合用一个阀门井。排气阀须定期检修、经常维护，使排气灵活。在冰冻地区应有适当的保温措施。

5. 泄水阀

在管线低处和两阀门之间的低处应安装泄水阀，它与排水管相连接，用来在检修时放空管内存水或平时用来排除管内的沉淀物。泄水阀和排水管的直径由放空时间决定，放空时间可按一定工作水头下孔口出流公式计算。由管线放出的水可直接排入水体或沟管，或排入泄水井内，再用水泵排除。为加速排水，可根据需要同时安装进气管或进气阀。

5.3　给水管道附属构筑物

1. 阀门井

管网中的各种附件一般应安装在阀门井内，如图 5-11 所示。为了减小阀门井的尺寸，降低造价，配件和附件应尽量布置紧凑。阀门井的平面尺寸取决于管道直径以及附件的种类和数量，应满足阀门操作及拆装管道阀件所需的最小尺寸。井的深度由管道埋设深度确定，但井底到管道承口或法兰盘底的距离至少应为 0.1m，法兰盘和井壁的距离宜大于 0.15m，从承口外缘到井壁的距离应在 0.3m 以上，以便于接口施工。

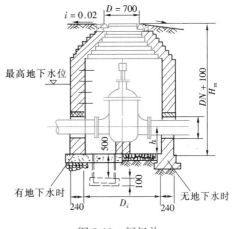

图 5-11　阀门井

阀门井一般用砖砌，也可用石砌或钢筋混凝土建造。

阀门井的形式，可根据所安装的阀件类型、大小和路面材料来选择。阀门井参见给水排水标准图集 S143、S144。位于地下水位较高处的阀门井，井底和井壁应不透水，在管道穿越井壁处应保持足够的水密性。阀门井应有抗浮稳定性。

2. 排气阀门井

排气阀放在阀门井中构成排气阀门井，其构造与阀门井相同，如图 5-12 所示。排气阀门井参见标准图集 S146。

3. 泄水阀井

泄水阀放置在阀门井中构成泄水阀井，当由于地形因素排水管不能直接将水排走时，还应建造一个与阀门井相连的湿井。当需要泄水时，由排水管将水排入湿井再用水泵排走，如图 5-13 所示。泄水阀井构造与阀门井相同。

4. 支墩

承插式接口的给水管线，在弯管处、三通处及管道末端盖板以及缩管处，都会产生拉力，当拉力较大时，会引起承插接头松动甚至脱节，而使管线漏水，因此在这些部

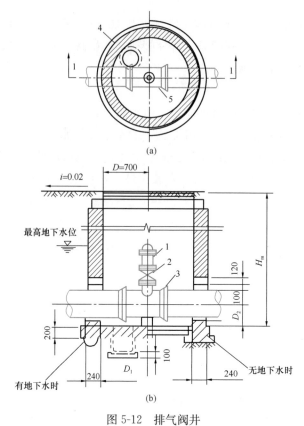

图 5-12　排气阀井

(a) 平面图；(b) 1-1 剖面图

1—排气阀；2—阀门；3—排气丁字管；4—集水坑（DN200 混凝土管）；5—支墩

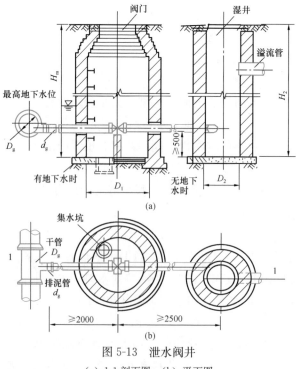

图 5-13　泄水阀井

(a) 1-1 剖面图；(b) 平面图

位必须设置支墩以承受拉力和防止事故。但当管径小于 300mm 或管道转弯角度小于 10°，且试验压力不超过 980kPa 时，因接口本身足以承受拉力，可不设支墩。

　　在管道水平转弯处设侧面支墩，如图 5-14 所示；在垂直向下转弯处设弯管支墩，如图 5-15 所示；在垂直向上转弯处用拉筋将弯管和支墩连成一个整体，如图 5-16 所示。给水管道支墩设置参见给水排水标准图集 05S502。

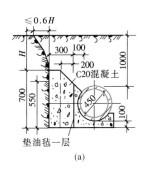
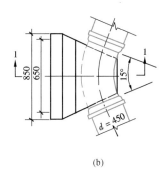

(a)　　　　　　　　　　　　　　　(b)

图 5-14　水平方向弯管支墩
(a) 1-1 剖面图；(b) 平面图

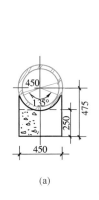
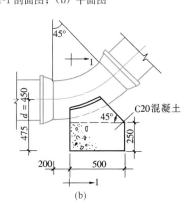

(a)　　　　　　　　　　　　　　　(b)

图 5-15　垂直向下弯管支墩
(a) 1-1 剖面图；(b) 平面图

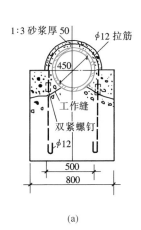
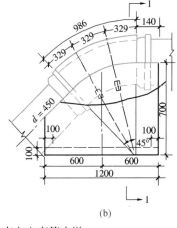

(a)　　　　　　　　　　　　　　　(b)

图 5-16　垂直向上弯管支墩
(a) 1-1 剖面图；(b) 平面图

思 考 题 与 习 题

1. 常用的给水管材有哪些？各有何优缺点？

2. 目前国内市政给水管道常采用哪种管材？

3. 市政给水管道在连接时如何合理地选择管件？

4. 阀门的种类有哪些？

5. 在给水管网节点详图绘制时，为什么要统计管件？

6. 消火栓的作用有哪些？怎样与给水管道连接？

7. 消火栓上为什么有两种规格的栓口？

8. 怎样确定阀门井的尺寸？

9. 支墩的设置条件有哪些？

5-15 教学单元5
参考答案

教学单元 6　城市排水管道系统

6-1 教学单元6
导读

6.1　排　水　制　度

给水处理厂内符合用户要求的水，经输配水管道系统送到用户，在用户使用过程中受到不同程度的污染，改变了原有的物理性质或化学成分，这些被污染的水称为污水或废水。根据来源不同，可将污（废）水分为综合生活污水、工业废水和雨水三类。

综合生活污水是指居民在日常生活和公共建筑中产生的污水，主要来自住宅、机关、学校、医院、商场等处。这类污水中含有大量的无机物、有机物和病原微生物，如碳水化合物、蛋白质、脂肪、氨氮、洗涤剂、粪便中的病原微生物等，对人类和环境的危害严重，是污水处理的主要对象。

工业废水是指工业企业在生产过程中所排出的废水，主要来自车间、厂矿及工厂内的生活间，包括伴随产品的生产过程产生的生产污水或生产废水及工人在生产过程中产生的生活污水和下班后产生的淋浴污水。

生产污水是指在生产过程中受到严重污染的水，它对人类和环境的危害严重，是污水处理的主要对象。生产废水是指在生产过程中受到轻度污染的水，经简单处理后可再利用。

雨水是指在地面上产生径流的雨水和冰雪融化水。这类水径流量大而急，若不及时排出，往往积水成灾，阻碍交通，甚至会造成生命财产损失，尤其是山洪水危害更甚。初期径流雨水中含有大量的污染物质，有条件的地方应对其进行无害处理后再排放。目前，我国已提出海绵城市的建设，应尽量采取措施对雨水进行渗透、截流，以减少径流雨水的排放和涵养地下水。

以上污（废）水必须进行有组织的输送和排放，否则将会给城市带来巨大的危害，也有悖于生态文明城市的建设理念。

在一个地区内收集和输送污（废）水的方式，称为排水制度，也称为排水体制。它有合流制和分流制两种基本形式。

6.1.1　合流制

合流制是指用同一种管道系统收集和输送综合生活污水、工业废水和雨水的排水方式。根据污水汇集后处置方式的不同，合流制可分为直排式、截流式和完全式三种形式。

1. 直排式合流制

管道的布置就近坡向水体，分若干排出口，管渠中的污水未经处理直接排入水体，如图 6-1 所示。

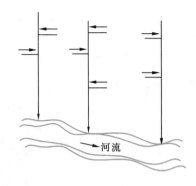

图 6-1 直排式合流制

在我国城市发展建设的初期，城市人口少，工业不发达，产生的综合生活污水和工业废水量少，且污染物质简单，直接排入水体后对环境的影响还不明显。所以，许多老城区的排水系统大多采用直排式合流制。但随着城市化建设的飞速发展，城市人口数量激增，加之工业化进程的不断加快，城市污水不但数量增加，而且污染物质日趋复杂，造成的水体污染日益严重，直排式合流制目前已不宜采用。

2. 完全合流制

为改变直排式合流制对污水不进行处理的缺点，可在直排式合流制的基础上，沿河岸边设置截流管道，将合流管道中的综合生活污水、工业废水和雨水全部截流到污水处理厂进行处理，构成完全合流制，如图 6-2 所示。

完全合流制解决了直排式合流制不对污水进行处理的问题，对保护环境非常有利，但污水处理厂建设工程量大，污水处理构筑物容积大，污水处理厂投资大且未充分发挥投资效益；由于雨水的偶然性，使晴天和雨天处理构筑物中有机物的浓度变化大，增加了污水处理厂的运行管理难度。通常情况下，在全年降雨量比较少的干旱地区可以采用。

3. 截流式合流制

为克服直排式合流制和完全合流制的缺点，可在沿河岸边铺设一条截流干管，在截流干管和合流管道的适当位置上设置溢流井，并在截流干管的下游设置污水处理厂，构成截流式合流制，如图 6-3 所示。

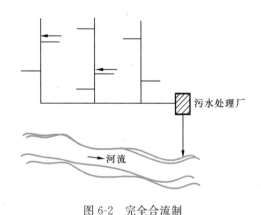

图 6-2 完全合流制

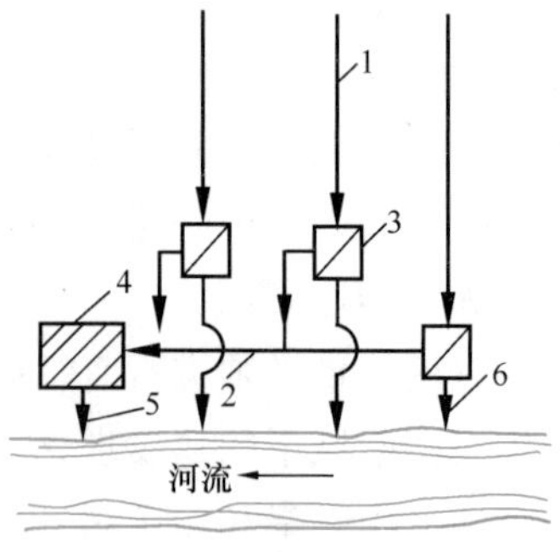

图 6-3 截流式合流制
1—合流干管；2—截流干管；3—溢流井；
4—污水处理厂；5—出水口；6—溢流出水口

晴天时，综合生活污水和工业废水被截流干管截流到污水处理厂进行处理后排放，从而减轻了对受纳水体的污染。雨天时，综合生活污水、工业废水和初期径流雨水被截流干管截流，送到污水处理厂进行处理后排放。当综合生活污水量、工业废水量和径流雨水量的和超过了截流管道的截流能力后，多余的水再溢流排放。可见，截流式合流制只克服了直排式合流制和完全合流制的部分缺点，仍存在着对受纳水体造成周期性污染的不足。目前，对老城区合流制的改造通常采用这种方式。

6.1.2　分流制

分流制是指用不同的管道分别收集和输送综合生活污水、工业废水和雨水的排水方式。排除综合生活污水和工业废水的系统称为污水排水系统；排除雨水的系统称为雨水排水系统。根据雨水排除方式的不同，分流制分为不完全分流制和完全分流制两种形式。

1. 不完全分流制

不完全分流制是指在排水区域内只修建完整的污水排水系统，雨水靠道路边沟、天然渠道进行排放；或只修建一部分雨水排水系统，如图 6-4 所示。

不完全分流制适用于城市建设的初期，由于资金的短缺，可先解决污水的排放问题。待城市进一步发展后，再修建雨水排水系统，将不完全分流制改造成完全分流制。

2. 完全分流制

在排水区域内同时修建完整的污水排水系统和雨水排水系统，综合生活污水和工业废水被输送至污水处理厂进行处理后排放，雨水则就近排入受纳水体，如图 6-5 所示。

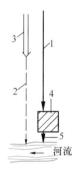
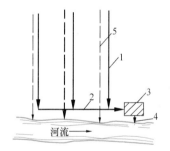

图 6-4　不完全分流制

1—污水管道；2—雨水管渠；

3—原有渠道；4—污水处理厂；

5—出水口

图 6-5　完全分流制

1—污水干管；2—污水主干管；

3—污水处理厂；4—出水口；

5—雨水干管

完全分流制满足环境保护的要求，是推广使用的一种方式，也有利于进行海绵城市的建设，但其初期投资较大。

6.1.3　排水制度的选择

排水制度的选择，应根据城市和工业企业规划、当地降雨情况、排放标准、原有排水设施、污水处理和利用情况、地形和水体等条件，在满足环境保护要求的前提下，通过技术经济比较，综合考虑而定。一般情况下，新建的城市和城市的新建区宜采用分流制和不完全分流制；老城区的合流制宜改造成截流式合流制；在干旱和少雨地区也可采用完全合流制。

6.2 排水管道系统

6.2.1 排水系统

排水系统是指收集、输送、处理、利用污水和雨水的工程设施以一定的方式组合而成的总体。在城市中，排水系统的平面布置，随着城市地形、城市规划、污水处理厂位置、河流位置及水流情况、污水种类和污染程度等因素而定。在这些影响因素中，地形是最关键的因素，按城市地形考虑可有 6 种布置形式，如图 6-6 所示。

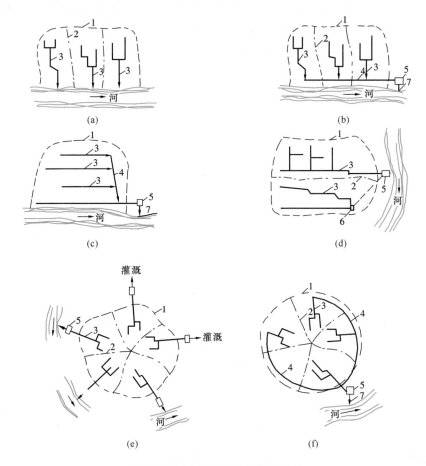

图 6-6　排水管道系统的布置形式

（a）正交式；（b）截流式；（c）平行式；（d）分区式；（e）分散式；（f）环绕式

1—城市边界；2—排水流域分界线；3—干管；4—主干管；5—污水处理厂；6—污水泵站；7—出水口

在地势向水体适当倾斜的地区，可采用正交式布置，使各排水流域的干管与水体垂直相交，这样可使干管的长度短、管径小、排水迅速、造价低。但污水未经处理就直接排放，容易造成受纳水体的污染。因此正交式布置仅适用于雨水管道系统，如图 6-6（a）所示。

在正交式布置的基础上，若沿水体岸边敷设主干管，将各流域干管的污水截流送至污水处理厂，就形成了截流式布置。截流式布置减轻了水体的污染，保护和改善了环境，适用于分流制中的污水管道系统，如图 6-6（b）所示。

在地势向水体有较大倾斜的地区，可采用平行式布置，使排水流域的干管与水体或等高线基本平行，主干管与水体或等高线成一定斜角敷设，如图 6-6（c）所示。这样可避免干管坡度和管内水流速度过大，使干管受到严重的冲刷。

在地势高差相差很大的地区，可采用分区式布置，如图 6-6（d）所示。即在高地区和低地区分别敷设独立的管道系统，高地区的污水靠重力直接流入污水处理厂，而低地区的污水则靠泵站提升至高地区的污水处理厂。也可将污水处理厂建在低处，低地区的污水靠重力直接流入污水处理厂，而高地区的污水则跌水至低地区的污水处理厂。其优点是充分利用地形，节省电力。

当城市中央地势高，地势向周围倾斜，或城市周围有河流时，可采用分散式布置，如图 6-6（e）所示。即各排水流域具有独立的排水系统，其干管呈辐射状分布。其优点是干管长度短，管径小，埋深浅，但需建造多个污水处理厂。因此，适宜排除雨水。

在分散式布置的基础上，敷设截流主干管，将各排水流域的污水截流至污水处理厂进行处理，便形成了环绕式布置，它是分散式发展的结果，适用于建造大型污水处理厂的城市，如图 6-6（f）所示。

在进行城市排水系统的布置时，要妥善处理好工业废水能否直接排入城市排水系统与城市综合生活污水一并排除和处理的问题。

当工业企业位于市内或近郊时，如果工业废水的水质符合《污水综合排放标准》GB 8978 的规定，具体而言就是工业废水不阻塞、不损坏排水管渠；不产生易燃、易爆和有害气体；不传播致病病菌和病原体；不危害养护工作人员；不妨碍污水的生物处理和污泥的厌氧消化；不影响处理后的出水和污泥的排放利用，就可直接排入城市排水管道与城市综合生活污水一并排除和处理。如果工业废水的水质不符合上述两标准的规定，就应在工业企业内部进行预处理，处理到其水质符合上述两标准的规定时，才可排入城市排水管道与城市综合生活污水一并排除和处理。

当工业企业位于城市远郊时，符合上述两标准的工业废水，是直接排入城市排水管道与城市综合生活污水一并排除和处理还是单独设置排水系统，应通过技术经济比较确定。不符合上述两标准规定的工业废水，应在工业企业内部进行预处理，处理到其水质符合上述两标准的规定时，再通过技术经济比较确定其排除方式。

有些情况下，可以将两个或两个以上城镇地区的污水统一排除和处理，这样构成的排水系统称为区域排水系统，如图 6-7 所示。这种系统是以一个大型区域污水处理厂替代许多分散的小型污水处理厂，这样既能降低污水处理厂的基建和运行管理费用，也能可靠地防止工业和人口稠密地区的地表水污染，有利于改善和保护环境。

在区域排水系统中，应按照地理位置、自然资源和社会经济发展情况划定区域，以便在一个更大的范围内，运用系统工程的理论和方法，统筹安排经济、社会和环境的发展关系。

6.2.2　排水管道系统

排水系统通常由排水管道系统和污水处理系统组成。排水管道系统的作用是将污（废）水收集、输送到污水处理厂经处理后排放，通常由管道、检查井、泵站等设施组

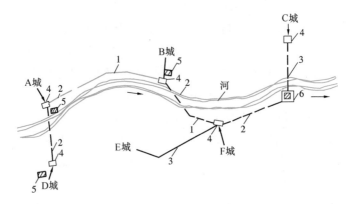

图 6-7　区域排水系统平面示意

1—区域主干管；2—压力管道；3—新建城市污水干管；

4—泵站；5—废除的城镇污水处理厂；6—区域污水处理厂

成。在分流制排水系统中包括污水管道系统和雨水管道系统；在合流制排水系统中只有合流制管道系统。

污水管道系统是收集、输送综合生活污水和工业废水的管道及其附属构筑物；雨水管道系统是收集、输送、排放径流雨水的管道及其附属构筑物；合流制管道系统是收集、输送综合生活污水、工业废水和径流雨水的管道及其附属构筑物。污水处理系统的作用是对污水进行处理和利用，包括格栅、沉砂池、沉淀池、曝气池、二沉池等处理构筑物。

1. 污水管道系统的组成

城市污水管道系统包括小区污水管道系统和市政污水管道系统两部分。

小区污水管道系统主要是收集小区内各建筑物排除的污水，并将其输送到市政污水管道系统中。一般由接户管、小区支管、小区干管、小区主干管和检查井、泵站等附属构筑物组成，如图 6-8 所示。

接户管承接某一建筑物出户管排出的污水，并将其输送到小区支管；小区支管承接若干接户管的污水，并将其输送到小区干管；小区干管承接若干个小区支管的污水，并将其输送到小区主干管；小区主干管承接若干个小区干管的污水，并将其输送到市政污水管道系统中。

市政污水管道系统主要承接城市内各小区的污水，并将其输送到污水处理系统，经处理后再排放利用。一般由支管、干管、主干管和检查井、泵站、出水口及事故排出口等附属构筑物组成，如图 6-9 所示。

支管承接若干小区主干管的污水，

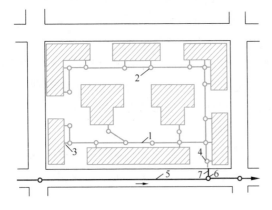

图 6-8　小区污水管道系统

1—小区污水管道；2—检查井；3—出户管；4—控制井；

5—市政污水管道；6—市政污水检查井；7—连接管

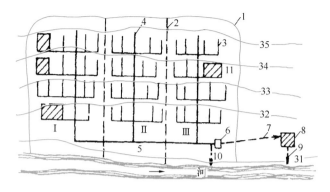

图 6-9　市政污水管道系统

Ⅰ、Ⅱ、Ⅲ—排水流域

1—城市边界；2—排水流域分界线；3—支管；4—干管；

5—主干管；6—总泵站；7—压力管道；8—城市污水处理厂；

9—出水口；10—事故排出口；11—工厂

并将其输送到干管中；干管承接若干支管中的污水，并将其输送到主干管中；主干管承接若干干管中的污水，并将其输送到城市污水处理厂进行处理。

2. 雨水管道系统的组成

降落在屋面上的雨水由天沟和雨水斗收集，通过落水管输送到地面，与降落在地面上的雨水一起形成地表径流，然后通过雨水口收集流入小区的雨水管道系统，经过小区的雨水管道系统流入市政雨水管道系统，然后通过出水口排放。因此雨水管道系统包括小区雨水管道系统和市政雨水管道系统两部分，如图 6-10 所示。

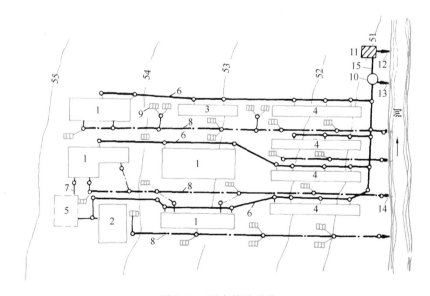

图 6-10　雨水管道系统

1、2、3、4、5—建筑物；6—生活污水管道；7—生产污水管道；8—生产废水与

雨水管道；9—雨水口；10—污水泵站；11—废水处理站；12—出水口；

13—事故排出口；14—雨水出水口；15—压力管道

小区雨水管道系统是收集、输送小区地表径流的管道及其附属构筑物，包括雨水口、小区雨水支管、小区雨水干管、雨水检查井等。

市政雨水管道系统是收集小区和城市道路路面上的地表径流的管道及其附属构筑物。包括雨水支管、雨水干管和雨水口、检查井、雨水泵站、出水口等附属构筑物。

雨水支管承接若干小区雨水干管中的雨水和所在道路的地表径流，并将其输送到雨水干管；雨水干管承接若干雨水支管中的雨水和所在道路的地表径流，并将其就近排放。

3. 合流制管道系统的组成

合流管道系统是收集输送城市综合生活污水、工业废水和雨水的管道及其附属构筑物，包括小区合流管道系统和市政合流管道系统两部分，由污水管道系统和雨水口构成。雨水经雨水口进入合流管道，与污水混合后一同经市政合流支管、合流干管、截流主干管进入污水处理厂，或通过溢流井溢流排放。

6.2.3 排水管道系统的布置

排水管道系统的布置，是指在地形图上确定排水管道系统各组成部分的位置，其中最关键的就是进行排水管道的定线。

在进行排水管道布置时，为使排水管道的管径不至于过大并满足布置原则的要求，通常首先确定排水区界，然后将整个排水区界再划分为若干个排水流域，在每个排水流域内单独进行管道的定线。

排水区界是城市排水系统设置的界限，应根据城市规划确定，一般情况下，凡是卫生设备设置完善的建筑区都应布置排水管道。

在排水区界内，根据地形将其划分为若干个排水流域。在地形起伏和丘陵地区，应按地形分水线划分排水流域，由分水线围成的区域即为一个排水流域。在地形平坦无显著分水线的地区，应按面积的大小划分排水流域，使管道在最大合理埋深的情况下，让绝大部分污水自流排出。有些情况下，如城市被河流分隔，也可以根据城市的自然地形划分排水流域。

图 6-11 为某市排水流域的划分。该市被河流划分为 4 部分，根据自然地形也划分为 4 个排水流域。每个流域内有一条或若干条干管，Ⅰ、Ⅲ 两流域形成河北排水区，Ⅱ、Ⅳ 两流域形成河南排水区，两排水区的污水分别进入各区的污水处理厂，经处理后排入河流。

在划定的排水流域地形图上，确定排水管道的位置和走向称为排水管道的定线。定线时应遵循的原则是：尽可能在管线较短和埋深较浅的情况下，让最大区域的污水能自流排出。排水管道的定线包括污水管道、雨水管道和合流管道的定线，具体定线方法详见 7.1 节。

排水管道应尽量布置在人行道、绿化带或慢车道下。当道路红线宽度大于 40m 时，应双侧布置，这样可减少过街管道，便于施工和养护管理。

为了保证排水管道在敷设和检修时互不影响、管道损坏时不影响附近建（构）筑物、不污染生活饮用水，排水管道与其他管线和建（构）筑物间应有一定的水平距离和垂直距离，其最小净距见表 6-1。

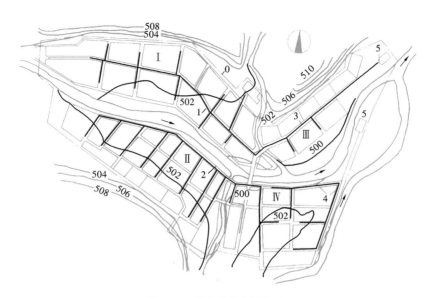

图 6-11　某市排水流域划分

0—排水区界；Ⅰ、Ⅱ、Ⅲ、Ⅳ—排水流域编号；1、2、3、4—各排水流域干管；

5—污水处理厂

排水管道与其他地下管线（构筑物）的最小净距（m）　　　　表 6-1

名　　称			水平净距	垂直净距
建筑物			见注 3	—
给水管	$d\leqslant200mm$		1.0	0.4
	$d>200mm$		1.5	
排水管			—	0.15
再生水管			0.5	0.4
燃气管	低压	$p\leqslant0.05MPa$	1.0	0.15
	中压	$0.05MPa<p\leqslant0.4MPa$	1.2	0.15
	高压	$0.4MPa<p\leqslant0.8MPa$	1.5	0.15
		$0.8MPa<p\leqslant1.6MPa$	2.0	0.15
热力管线			1.5	0.15
电力管线			0.5	0.5
电信管线			1.0	直埋 0.5
				管块 0.15
乔木			1.5	—
地上柱杆	通信照明及小于 10kV		0.5	—
	高压铁塔基础边		1.5	—
道路侧石边缘			1.5	—
铁路钢轨（或坡脚）			5.0	轨底 1.2
电车（轨底）			2.0	1.0
架空管架基础			2.0	—

名　　称	水平净距	垂直净距
油管	1.5	0.25
压缩空气管	1.5	0.15
氧气管	1.5	0.25
乙炔管	1.5	0.25
电车电缆	—	0.5
明渠渠底	—	0.5
涵洞基础底	—	0.15

注：1. 表列数字除注明者外，水平净距均指外壁净距，垂直净距指下面管道的外顶与上面管道基础底间的净距；

2. 采取充分措施（如结构措施）后，表列数字可以减小；

3. 与建筑物水平净距：管道埋深浅于建筑物基础时，一般不小于 2.5m；管道埋深深于建筑物基础时，按计算确定，但不小于 3.0m。

思 考 题 与 习 题

1. 什么是排水制度？如何选择排水制度？

2. 截流式合流制有哪些优缺点？

3. 目前在城市的新建区应采用哪种排水制度？

4. 什么是排水系统？从地形的角度而言有哪些布置形式？

5. 在不同的排水制度中，排水管道系统的组成有何不同？

6. 怎样进行排水管道的布置？其原则是什么？

6-2 教学单元6
参考答案

教学单元 7　污水管道系统的设计计算

7-1 教学单元7 导读

在规划和设计城市排水系统时，首先要根据当地的具体条件选择城市排水系统的体制。当排水体制确定为分流制时，就要分别进行污水管道系统和雨水管渠系统的规划设计。

污水管道系统是收集和输送城市污水的管道及其附属构筑物。它的设计依据是批准的城市规划和排水系统专项规划。设计的主要内容是：污水管道系统的定线、污水设计流量计算、污水管道的水力计算，从而确定污水管道的管径、设计坡度和埋设深度；确定污水管道在道路横断面上的具体位置；污水提升泵站的位置与设计；绘制污水管道的平面图、纵剖面图及附属构筑物详图。

设计人员掌握了完整可靠的资料后，应根据工程的要求和特点，对工程中一些原则性的和涉及面较广的问题（如排水体制、泵站和污水处理厂的位置、管道的位置等）提出不同的解决方法，从而构成不同的设计方案。这些方案都要满足工程要求、环境保护要求、规范要求和国家的政策法规要求，但在技术上应是互相补充或互相对立的。因此，必须结合国家的方针、政策、规范和法规对这些设计方案进行深入细致的利弊分析和影响分析，并进行技术经济比较，从而确定一个技术上先进可行、经济上合理的最佳方案。该最佳方案即为污水管道的设计方案。

总之，污水管道系统设计前的资料调查和方案制定是一个非常重要的工作，彼此之间相互联系、相互影响、相互制约，对每一个设计人员来说，都不得轻视或省略，否则将会造成经济损失。

7.1　污水管道的定线与设计管段的划分

7.1.1　污水管道的定线

污水管道设计时，首先要在平面地形图上确定排水区界、划分排水流域，然后在每一个排水流域内单独进行定线。污水管道定线时一般按主干管、干管、支管的顺序进行。其方法是首先确定污水处理厂或出水口的位置，然后再依次确定主干管、干管和支管的位置。定线的依据是城市排水工程专项规划。

污水处理厂一般布置在城市夏季主导风向的下风向、城市水体的下游、并与城市或农村居民点至少有 500m 的卫生防护距离，此外还要考虑地质条件从而确定污水处理厂的位置。

污水主干管一般布置在排水流域内较低的地带，沿集水线敷设，以便干管的污水能自流接入并及时输送到污水处理厂。

污水干管一般沿城市的主要道路布置，通常敷设在污水量较大、地下管线较少一侧

123

的道路下。

污水支管一般布置在城市的次要道路下，当小区污水通过小区主干管集中排出时，应敷设在小区较低处的道路下，构成低边式布置；当小区面积较大且地形平坦时，应敷设在小区四周的道路下，构成围坊式布置；有些情况下，也可使某一小区的污水管道穿过另一小区，并与被穿小区的污水管道相连接，构成穿坊式。支管的布置形式如图7-1所示。

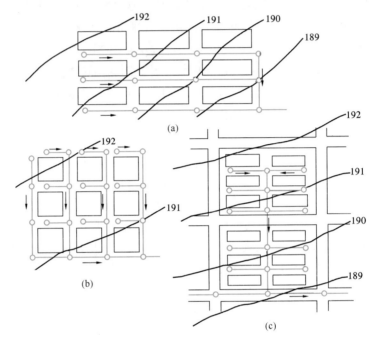

图7-1 污水支管的平面布置

(a) 低边式；(b) 围坊式；(c) 穿坊式

一般情况下，支管多采用围坊式或低边式布置，只有在受条件限制万不得已时，才考虑穿坊式布置。

在污水管道系统上，为了便于管道的连接，通常在管径改变、敷设坡度改变、管道转向、支管接入、管道交汇的地方设置检查井。因此，在污水管道定线的同时应将这些检查井设定完毕。

7.1.2 设计管段的划分

定线完成后，为便于进行管道系统的水力计算，还需在管网平面布置图上根据定线情况划分设计管段，确定设计管段的起止点，进而为进行设计管段的水力计算奠定基础。

在管网定线图上，对于两个检查井之间的连续管段，如果采用的设计流量不变，且采用同样的管径和坡度，则这样的连续管段就称为设计管段。设计管段两端的检查井称为设计管段的起止检查井（简称起止点）。但在实际划分设计管段时，由于在直线管段上，为了满足清通养护污水管道的需要，还需每隔一定的距离设置一个检查井。这样，实际在管网平面布置图上设置的检查井就很多。为了简化计算，不需要把每个检查井都作为设计管段的起止点，估计可以采用同样管径和坡度的连续管段，就可以划作一个设计管段。根据管道平面布置图，凡有集中流量流入，有旁侧管接入的检查井均可作为设计管段的起止点。对设计管段两端的起止检查井依次编上号码，如图 7-2 所示。然后即可计算每一设计管段的设计流量，进而进行水力计算。

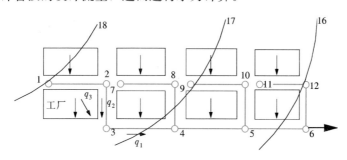

图 7-2　设计管段的划分

7.2　设计管段的设计流量确定

7.2.1　污水管道系统设计流量的确定

污水管道系统的设计是否合理，关键在于能否正确合理地确定污水管道系统的设计流量。污水管道系统的设计流量是污水管道及其附属构筑物能保证通过的最大流量。通常以最大日最大时流量作为污水管道系统的设计流量。它包括综合生活污水设计流量和工业废水设计流量两大部分。综合生活污水包括居民生活污水和公共设施排水两部分。居民生活污水是指居民日常生活中洗涤、冲洗厕所、洗澡等产生的污水。公共设施排水是指娱乐场所、宾馆、浴室、商业网点、学校和机关办公室等地方产生的污水。工业废水是指工业企业在生产的过程中所产生的废水，它包括生产污（废）水、职工生活污水和淋浴污水三部分。如果工业废水的水质满足（或经过处理后满足）《污水综合排放标准》GB 8978 的要求，则可直接就近排入城市污水管道系统，与综合生活污水一起输送到污水处理厂进行处理后排放或再利用。综合生活污水和工业废水的设计流量，应分别进行计算。

1. 综合生活污水设计流量 Q_1 的计算

综合生活污水来自居住区和公共建筑，它通常按式（7-1）计算：

$$Q_1 = \frac{n \cdot N \cdot K_z}{24 \times 3600} \tag{7-1}$$

式中　Q_1——综合生活污水设计流量，L/s；

　　　n——综合生活污水量定额，L/(cap·d)；

　　　N——设计人口数，cap；

　　　K_z——综合生活污水量总变化系数。

（1）综合生活污水量定额

综合生活污水量定额，是指在污水管道系统设计时所采用的每人每天所排出的平均污水量。它与综合用水定额、居住区给水排水系统的完善程度、气候、居住条件、生活

125

习惯、生活水平及其他地方条件等许多因素有关。

在城市中,居民用过的水绝大部分都排入污水管道,但这并不等于说污水量就等于给水量。通常综合生活污水量为同一周期综合给水量的 80%~90%,在热天,干旱地区可能小于 80%。这是因为冲洗街道和绿化用水等排入雨水管道而不排入污水管道,加之给水管道的渗漏等,造成污水量小于给水量。在某些情况下,实际排入污水管道的污水量,由于地下水的渗入和雨水经检查井口流入,还可能会大于给水量。所以在确定综合生活污水量定额时,应调查收集当地居住区实际排水量的资料,然后根据该地区给水设计所采用的综合用水量定额,确定综合生活污水量定额。在没有实测的综合排水量资料时,可按相似地区的综合排水量资料确定。若这些资料都不易取得,则根据《室外排水设计标准》GB 50014—2021 的规定,按综合用水定额确定综合污水定额。对给水排水系统完善的地区可按综合用水定额的 90% 计,一般地区可按综合用水定额的80% 计。

(2) 设计人口数

设计人口数是指污水排水系统设计期限终期的规划人口数。它是根据城市总体规划确定的,在数值上等于人口密度与居住区面积的乘积。即:

$$N = \rho \cdot F \tag{7-2}$$

式中 N——设计人口数,cap;

ρ——人口密度,cap/hm²;

F——居住区面积,hm²;

cap——"人"的计量单位。

人口密度表示人口的分布情况,是指单位面积上居住的人口数,以 cap/hm² 表示。它有总人口密度和街坊人口密度两种形式。总人口密度所用的面积包括街道、公园、运动场、水体等处的面积,而街坊人口密度所用的面积只是街坊内的建筑用地面积。在规划或初步设计时,采用总人口密度,而在技术设计或施工图设计时,则采用街坊人口密度。人口密度由各地规划部门确定。

设计人口数也可根据城市人口增长率按复利法推算,但实际工程中使用不多。

(3) 综合生活污水量总变化系数

由于综合生活污水量定额是平均值,因而根据设计人口数和综合生活污水量定额计算所得到的是污水平均日流量。而实际上流入污水管道的污水量时刻都在变化。夏季与冬季不同,一天中白天和晚上也不相同,白天各小时的污水量也有很大差异。一般说来,综合生活污水量在凌晨几个小时最小,上午 6~8 时和下午 5~8 时最大。就是在1h 内,污水量也是有变化的,但这个变化较小,通常假定 1h 内流入污水管道的污水是均匀不变的。这种假定,一般不会影响污水管道系统设计和运转的合理性。

综合生活污水量的变化程度通常用变化系数表示。变化系数分为日变化系数、时变化系数和总变化系数三种。

一年中最大日污水量与平均日污水量的比值称为日变化系数(K_d);

最大日最大时污水量与最大日平均时污水量的比值称为时变化系数(K_h);

最大日最大时污水量与平均日平均时污水量的比值称为总变化系数(K_z)。

显然，按上述定义有：

$$K_z = K_d \cdot K_h \tag{7-3}$$

通常，污水管道的设计管径要根据最大日最大时综合污水流量确定，这就需要求出总变化系数。然而，一般城市中都缺乏有关日变化系数和时变化系数的资料，直接采用式（7-3）求总变化系数难度较大。实际上，污水流量的变化随着人口数和综合污水量定额的变化而变化。若综合污水量定额一定，流量的变化幅度随人口数的增加而减小；若人口数一定，流量的变化幅度随污水量定额的增加而减小。即总变化系数随污水平均流量的大小而不同。平均流量越大，则总变化系数越小。《室外排水设计标准》GB 50014—2021 中规定了总变化系数与平均流量之间的变化关系，见表7-1，设计时如无实际测定资料可直接采用表7-1中规定的数值。

综合生活污水量变化系数　　　　　　　　　表 7-1

污水平均日流量（L/s）	5	15	40	70	100	200	500	≥1000
变化系数 K_z	2.7	2.4	2.1	2.0	1.9	1.8	1.6	1.5

注：1. 当污水平均日流量为中间数值时，总变化系数用内插法求得；

2. 当有实际综合生活污水量变化资料时，可按实际数据采用。

我国在多年观测资料的基础上，经过综合分析归纳，总结出了总变化系数与平均流量之间的关系式，即：

$$K_z = \frac{2.7}{Q^{0.11}} \tag{7-4}$$

式中　Q——污水平均日流量，L/s。

当 $Q \le 5L/s$ 时，$K_z = 2.3$；当 $Q \ge 1000L/s$ 时，$K_z = 1.3$。

设计时也可采用式（7-4）直接计算总变化系数，但比较麻烦。

2. 工业废水设计流量的计算

（1）生产污（废）水设计流量 Q_2 的计算

生产污（废）水是指在生产的过程中，伴随着生产产品的出现而产生的废水，一般按式（7-5）进行计算：

$$Q_2 = \frac{m \times M \times K_z}{3600T} \tag{7-5}$$

式中　Q_2——生产污（废）水设计流量，L/s；

　　　　m——生产过程中每单位产品的废水量定额，L/单位产品；

　　　　M——产品的平均日产量，单位产品/d；

　　　　T——每日生产时数，h；

　　　　K_z——总变化系数。

生产（污）废水量定额是指生产单位产品或加工单位数量原料所排出的平均废水量。它是通过实测现有车间的废水量而求得，在设计新建工业企业的排水系统时，可参考与其生产工艺相似的已有工业企业的排水资料来确定。若生产废水量定额不易取得，则可用生产用水量定额（生产单位产品的平均用水量）为依据估计废水量定额。各工业企业的废水量标准差别较大，即使生产同一产品，若生产设备或生产工艺不同，其废水

127

量定额也可能不同。若生产中采用循环给水系统，其废水量比采用直流给水系统时会明显降低。因此，生产废水量定额取决于产品种类、生产工艺、单位产品用水量以及给水方式等因素。

在不同的工业企业中，生产废水的排出情况差别较大，有些生产废水是均匀排出的，而有些则不均匀排出，甚至个别车间的生产废水可能在短时间内一次排放。因而生产废水量的变化取决于工业企业的性质、生产工艺和其他具体情况。一般情况下，生产废水量的日变化不大，其日变化系数可取为1；而时变化系数则可通过实测废水量最大一天的各小时流量进行计算确定。

某些企业生产废水量的时变化系数大致为：冶金工业1.0～1.1；化工工业1.3～1.5；纺织工业1.5～2.0；食品工业1.5～2.0；皮革工业1.5～2.0；造纸工业1.3～1.8。设计时可参考使用。

(2) 工业企业生活污水和淋浴污水设计流量 Q_3 的计算

工业企业的生活污水和淋浴污水主要来自生产区的食堂、卫生间、浴室等。其设计流量的大小与工业企业的性质、污染程度、卫生要求等有关。一般按式（7-6）进行计算：

$$Q_3 = \frac{A_1 B_1 K_1 + A_2 B_2 K_2}{3600T} + \frac{C_1 D_1 + C_2 D_2}{3600} \tag{7-6}$$

式中　Q_3——工业企业生活污水和淋浴污水设计流量，L/s；

A_1——一般车间最大班职工人数，cap；

B_1——一般车间职工生活污水定额，以25L/(cap·班) 计；

K_1——一般车间生活污水量时变化系数，以3.0计；

A_2——热车间和污染严重车间最大班职工人数，cap；

B_2——热车间和污染严重车间职工生活污水量定额，以35L/(cap·班) 计；

K_2——热车间和污染严重车间生活污水量时变化系数，以2.5计；

C_1——一般车间最大班使用淋浴的职工人数，cap；

D_1——一般车间的淋浴污水量定额，以40L/(cap·班) 计；

C_2——热车间和污染严重车间最大班使用淋浴的职工人数，cap；

D_2——热车间和污染严重车间的淋浴污水量定额，以60L/(cap·班) 计；

T——每工作班工作时数，h。

淋浴时间按60min计。

因此，城市污水管道系统的设计总流量为：

$$Q = Q_1 + Q_2 + Q_3 \tag{7-7}$$

以上计算方法，是假定排出的各种污（废）水都在同一时间内出现最大流量，这在污水管道设计中是合理的。但在污水泵站和污水处理厂设计中，如采用此法计算污水设计流量将造成巨大浪费。因为各种污水最大时流量同时发生的可能性很小，并且各种污水在汇合时能相互调节，因而可使流量高峰值降低。因此，在确定泵站和污水处理厂的设计流量时，应以各种污水混合后的最大时流量作为设计流量，才是经济合理的。

【例7-1】河北省某中等城市一屠宰厂每天宰杀活牲畜260t，废水量定额为10m³/t，生产废水的总变化系数为 1.8，三班制生产，每班 8h。最大班职工人数 800cap，其中在污染严重车间工作的职工占总人数的 40%，使用淋浴人数按该车间人数的 85% 计；其余 60% 的职工在一般车间工作，使用淋浴人数按 30% 计。工厂居住区面积为 10hm²，人口密度为 600cap/hm²。各种污水由管道汇集输送到厂区污水处理站，经处理后排入城市污水管道，试计算该屠宰厂的污水设计总流量。

【解】该屠宰厂的污水包括居民生活污水、生产污（废）水、工业企业生活污水和淋浴污水三种，因该厂区公共设施情况未给出，故按综合生活污水计算。

（1）综合生活污水设计流量计算

查综合生活用水定额，河北位于第二分区，中等城市的平均日综合用水定额为 110～180L/(cap·d)，取 165L/(cap·d)。假定该厂区给水排水系统比较完善，则综合生活污水定额为 165×90%＝148.5L/(cap·d)，取为 150L/(cap·d)。

居住区人口数为 600×10＝6000cap。

则综合生活污水平均流量为：$\dfrac{150 \times 6000}{24 \times 3600} = 10.4 \text{L/s}$。

用内插法查总变化系数表，得 $K_z = 2.54$。

于是综合生活污水设计流量为 $Q_1 = 10.4 \times 2.54 = 26.42 \text{L/s}$。

（2）生产污（废）水设计流量计算

由题意知，生产废水量定额为 10m³/t，生产废水的总变化系数为 1.8，产品日产量为 260t，每天三班生产。故生产废水设计流量为：

$$Q_2 = \frac{m \times M \times K_z}{3600T} = \frac{10 \times 260 \times 1.8}{24 \times 3600} = 0.0542 \text{m}^3/\text{s} = 54.2 \text{L/s}$$

（3）工业企业生活污水和淋浴污水设计流量计算

由题意知：一般车间最大班职工人数为 800×60%＝480 人，使用淋浴的人数为 480×30%＝144 人；污染严重车间最大班职工人数为 800×40%＝320 人，使用淋浴的人数为 320×85%＝272 人。

所以工业企业生活污水和淋浴污水设计流量为：

$$Q_3 = \frac{A_1 B_1 K_1 + A_2 B_2 K_2}{3600T} + \frac{C_1 D_1 + C_2 D_2}{3600}$$

$$= \frac{480 \times 25 \times 3 + 320 \times 35 \times 2.5}{3600 \times 8} + \frac{144 \times 40 + 272 \times 60}{3600}$$

$$= 8.35 \text{L/s}$$

该厂区污水设计总流量为：$Q_1 + Q_2 + Q_3 = 26.42 + 54.2 + 8.35 = 88.97 \text{L/s}$

在计算城市污水管道系统的污水设计总流量时，由于城市排水区界内的汇水面积较大，因此需按各排水流域分别计算，将各排水流域同类性质的污水列表进行计算，最后再汇总得出污水管道系统的设计总流量。

在实际工作中，由于城市工业企业的种类繁多，为防止计算差错可把城市的各类污水分类列表进行计算，某城镇污水管道系统设计总流量的计算见表 7-2～表 7-5。

城镇综合生活污水设计流量计算表　　　表 7-2

居住区名称	排水流域编号	居住区面积 (hm²)	人口密度 (cap/hm²)	居民人数 (cap)	综合污水量定额 [L/(cap·d)]	平均污水量			总变化系数 K_z	设计流量	
						(m³/d)	(m³/h)	(L/s)		(m³/h)	(L/s)
1	2	3	4	5	6	7	8	9	10	11	12
商业区	Ⅰ	60	500	30000	160	4800	200	55.6	1.74	348	96.74
文卫区	Ⅱ	40	400	16000	180	2880	120	33.3	1.81	217.2	60.27
工业区	Ⅲ	50	450	22500	160	3600	150	41.7	1.78	267	74.23
合计	—	150	—	68500	—	11280	470	130.6	1.57 ①	737.9 ②	205.04 ②

注：① 中的总变化系数是根据合计平均流量查出的。

　　② 中的数字是合计平均流量与相对应的总变化系数的乘积。

各工业企业生活污水和淋浴污水设计流量计算表　　　表 7-3

车间名称	车间性质	班数	每班工作时数 (h)	生活污水				淋浴污水			合计设计流量 (L/s)
				最大班职工人数 (cap)	污水量定额 [L/(cap·d)]	时变化系数	设计流量 (L/s)	最大班使用淋浴的职工人数 (cap)	污水量定额 [L/(cap·d)]	设计流量 (L/s)	
1	2	3	4	5	6	7	8	9	10	11	12
酿酒厂	污染	3	8	156	35	2.5	0.47	109	60	1.82	2.29
	一般	3	8	108	25	3.0	0.28	38	40	0.42	0.70
肉类加工厂	污染	3	8	168	35	2.5	0.51	116	60	8.8	2.49
	一般	3	8	92	25	3.0	0.24	35	40	2.27	0.63
造纸厂	污染	3	8	150	35	2.5	0.46	105	60	1.75	2.21
	一般	3	8	145	25	3.0	0.38	50	40	0.56	0.94
皮革厂	污染	3	8	274	35	2.5	0.83	156	60	2.6	3.43
	一般	3	8	324	25	3.0	0.84	80	40	0.89	1.64
印染厂	污染	3	8	450	35	2.5	1.37	315	60	5.25	6.62
	一般	3	8	470	25	3.0	1.22	188	40	2.09	3.31
总计							6.6			17.7	24.3

各工业企业生产污（废）水设计流量计算表　　　表 7-4

工业企业名称	班数	各班时数 (h)	产品名称	日产量 (t)	生产污（废）水定额 (m³/t)	平均流量			总变化系数 K_z	设计流量	
						(m³/d)	(m³/h)	(L/s)		(m³/h)	(L/s)
1	2	3	4	5	6	7	8	9	10	11	12
酿酒厂	3	8	酒	15	18.6	279	11.63	3.23	3.0	34.89	9.69
肉类加工厂	3	8	牲畜	162	15	2430	101.25	28.13	1.7	172.13	47.82

工业企业名称	班数	各班时数 (h)	产品名称	日产量 (t)	生产污（废）水定额 (m³/t)	平均流量			总变化系数 K_z	设计流量	
						(m³/d)	(m³/h)	(L/s)		(m³/h)	(L/s)
1	2	3	4	5	6	7	8	9	10	11	12
造纸厂	3	8	白纸	12	150	1800	75	20.83	1.45	108.75	30.20
皮革厂	3	8	皮革	34	75	2550	106.25	29.51	1.4	148.75	41.31
印染厂	3	8	布	36	150	5400	225	62.5	1.42	319.5	88.75
合计						12459	519.13	144.2		784.02	217.77

城镇污水设计总流量统计表　　　　　　　　　　　　表 7-5

排水工程对象	综合生活污水设计流量 (L/s)	工业企业生活污水和淋浴污水设计流量 (L/s)	工业废水设计流量 (L/s)	城镇污水设计总流量 (L/s)
居住区和公共建筑	205.04			
工业企业		24.3		447.11
工业企业			217.77	

7.2.2　设计管段的设计流量确定

如图 7-2 所示，每一设计管段的污水设计流量可能包括以下三种流量。

1. 本段流量 q_1

所谓本段流量即本段综合生活污水设计流量，是指从本管段沿线两侧街坊流来的综合生活污水量。对于某一设计管段而言，综合生活污水量是沿管线长度变化的，即从设计管段起点为零逐渐增加到终点达到最大。为了方便计算，通常假定本段流量在设计管段起点检查井集中进入设计管段，它的大小等于本设计管段服务面积上的全部综合生活污水量。实际设计时，通常按比流量计算综合生活污水量。所谓比流量是指从单位面积上排出的平均日综合生活污水量，以 L/(s·hm²) 表示，它是根据人口密度和综合生活污水定额等因素定出的一个单位居住面积上排出的综合生活污水流量的一个综合性标准。因此，本段综合生活污水设计流量按式（7-8）计算：

$$q_1 = F \cdot q_s \cdot K_z \qquad (7-8)$$

式中　q_1——设计管段的本段综合生活污水设计流量，L/s；

　　　F——设计管段服务的街坊面积，hm²；

　　　K_z——综合生活污水量总变化系数；

　　　q_s——综合生活污水比流量，L/(s·hm²)。

综合生活污水比流量按式（7-9）计算：

$$q_s = \frac{n \cdot \rho}{24 \times 3600} \qquad (7-9)$$

式中　n——综合生活污水定额，L/(cap·d)；

　　　ρ——人口密度，cap/hm²。

2. 转输流量 q_2

转输流量是指从上游管段和旁侧管段流来的综合生活污水平均流量。它对某一设计管段而言，其值是不发生变化的，但不同的设计管段，可能会有不同的转输流量，从设计管段的起点检查井进入设计管段。

3. 集中流量 q_3

集中流量是指从工业企业流来的工业废水量，包括生产污（废）水、职工生活污水和淋浴污水三部分，分别按式（7-5）、式（7-6）计算。对某一设计管段而言，集中流量也不发生变化，也从设计管段的起点检查井进入设计管段。

设计管段的设计流量是上述本段流量、转输流量和集中流量三者之和，实际计算时应根据管网布置的具体情况确定每一设计管段的设计流量。在图 7-2 中，设计管段 1~2 只收集本管段两侧的沿线流量，故设计管段 1~2 的设计流量只有本段流量 q_1。设计管段 2~3 除收集本管段两侧的沿线流量外，还要接收上游 1~2 管段流来的污水量，所以设计管段 2~3 的设计流量包括它的本段流量 q_1 和上游 1~2 管段的转输流量 q_2 两部分。对于设计管段 3~4 而言，除收集本段两侧的沿线流量外，还要接收上游 2~3 管段转输流来的污水量以及由工厂流来的集中流量，所以设计管段 3~4 的设计流量包括本段流量 q_1 和上游 2~3 管段的转输流量 q_2 以及工厂集中流量 q_3 三部分。

由此可见，确定设计管段的设计流量是一个非常繁杂的工作，不同的设计管段有不同的设计流量。而设计管段的设计流量既是污水管道水力计算的基础，又决定着污水管道设计的合理性。因此，要认真仔细地进行设计管段的设计流量计算。

7.3 污水管道的水力计算

7.3.1 污水管道中污水流动的特点

在污水管道中，污水由支管流入干管，再由干管流入主干管，最后由主干管流入污水处理厂，经处理后排放或再利用。管道的管径由小到大，分布类似河流，呈树枝状。但其与给水管网的枝状网截然不同，一般情况下，具有如下特点：

（1）污水在管道内依靠管道两端的水面高差从高处流向低处，是不承受压力的，即为重力流。

（2）污水中含有一定数量的悬浮物，它们有的漂浮于水面，有的悬浮于水中，有的则沉积在管底内壁上，这与清水的流动有所差别。但污水中的水分一般在 99% 以上，所含悬浮物很少，因此，可认为污水的流动仍遵循一般流体流动的规律，工程设计时仍按水力学公式计算。

（3）污水在管道中的流速随时都在变化，但在直线管段上，当流量没有很大变化又无沉淀物时，可认为污水的流动接近均匀流。设计时对每一设计管段都按均匀流公式进行计算。

7.3.2 污水管渠的断面形式

排水管渠的断面形式必须满足静力学、水力学以及经济上和养护管理方面的要求。在静力学方面，管道应具有较大的稳定性，在承受各种荷载时是稳定和坚固的；在水力学方面，应具有最大的排水能力，并在一定的流速下不产生沉淀物；在经济方面，应使其造价最低；在养护管理方面，应便于冲洗和清通，不造成悬浮物的沉淀淤积。

城市排水工程中，常用的管渠断面形式有圆形、半椭圆形、马蹄形、矩形、梯形和蛋形等，如图 7-3 所示。

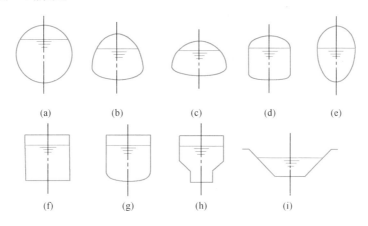

图 7-3　常用管渠断面形式

(a) 圆形；(b) 半椭圆形；(c) 马蹄形；(d) 拱顶矩形；(e) 蛋形；(f) 矩形；
(g) 弧形底流槽的矩形；(h) 矩形底流槽的矩形；(i) 梯形

圆形断面具有较好的水力条件，受力条件好，对外力的抵抗能力强，且便于制造、运输、施工和养护管理，在排水管网工程中使用广泛。但受制造条件的限制，管径不宜过大，一般不超过 2000mm。

半椭圆形断面可以较好地分配管壁压力，因而可以减小管壁厚度，在土压力和活荷载较大时，不但可以获得较大的稳定性，而且还可以减小管道自重。当管道直径大于 2m 时，采用此种断面较为合适。

马蹄形断面的高度小于宽度，在地质条件较差或地形平坦需减小管道埋深时，可采用此种断面形式。

蛋形断面的底部较小，在输送小流量时，仍可维持较大的流速，从而减少沉淀淤积，在合流制管道中使用较多。但其养护管理比较困难，尤其是疏通清淤工作难度大，加之制作、运输不方便。因此，理论上虽然其水力条件较好，但实际应用不多，随着管道制造技术的不断提高，有望在工程中得以大量使用。

矩形断面构造简单，施工方便，可以用多种材料砌筑或现浇建造，在排水工程中使用较多。一般情况下用于排放输送大流量的排水渠道工程，在郊区和城乡使用较多，如用于城市内部需加盖板以保护城市环境。

拱顶矩形断面也适用于排水渠道工程，在雨水渠道或合流渠道中，拱顶可容纳部分未预见的雨水量或混合污水量，从而可减少城市内涝的概率或降低城市内涝的危害程度。

弧形（或矩形）底流槽的矩形断面，适用于合流制排水渠道工程，当输送旱流流量时，由于过水断面积的减小，可为维持较大的流速，从而减少沉淀淤积。

梯形断面适用于排水渠道工程，其构造简单，施工、维护方便，在排水明渠工程中使用较多。

排水管渠断面形式的选择，必须在保证能够排泄设计流量的前提下，满足结构稳定性、减少沉淀淤积、便于施工和养护管理的要求，同时要尽量降低工程造价。

7.3.3 污水管道水力计算参数

由水力计算公式可知，设计流量与设计流速和过水断面积有关，而流速则与管壁粗糙系数、水力半径和水力坡度有关。为保证污水管道的正常运行，《室外排水设计标准》GB 50014—2021 中对这些因素综合考虑，提出了如下的计算控制参数，在污水管道设计计算时，必须予以遵守。

1. 设计充满度

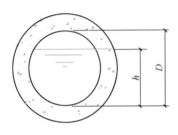

图 7-4 充满度示意

在设计流量下，污水在管道中的水深 h 与管道内径 D 的比值（h/D）称为设计充满度，它表示污水在管道中的充满程度，如图 7-4 所示。对于渠道而言，设计充满度为水深 h 与渠道高度 H 的比值（h/H）。

当 $h/D=1$ 时称为满流；$h/D<1$ 时称为非满流。《室外排水设计标准》GB 50014—2021 规定，污水管道按非满流进行设计，其最大设计充满度的规定见表 7-6。

最大设计充满度　　　　　　表 7-6

管径 D 或渠高 H（mm）	最大设计充满度（h/D）或（h/H）
200～300	0.55
350～450	0.65
500～900	0.70
≥1000	0.75

注：在计算污水管道充满度时，不包括短时间内突然增加的污水量，但当管径小于或等于 300mm 时，应按满流复核。

这样规定的原因是：

（1）为未预见水量预留容纳空间。前已述及污水流量时刻都在变化，很难精确计算，而且雨水可能通过检查井井盖上的孔口流入，地下水也可能通过管道接口渗入污水管道。因此，实际进入污水管道的流量有时可能大于设计流量，需要预留一部分管道空间断面，为未预见水量的介入留出一定的空间，避免污水溢出影响环境卫生，同时使渗入的地下水能够顺利流泄。

（2）及时排放管内气体。污水管道内沉积的污泥可能分解析出一些有害气体（如 CH_4、H_2S 等）。此外，工业废水中如含有汽油、苯、石油等易燃液体时，可能产生爆炸性气体。故需留出适当的空间，以利管道的通风，及时排出有害气体及易燃、易爆气体，避免其在管道内大量聚集，以减轻爆炸隐患。

（3）便于管道的清通和养护管理。污水管道在输送污水的过程中，由于实际流速不可能总达到设计流速、人员使用不规范等原因，经常会出现沉淀淤积现象，这就需要养护工人进行清淤。在非满流状态下，清淤和养护管理比满流时容易进行。

表 7-6 所列的最大设计充满度是设计污水管道时所采用的充满度的最大限值，在进行污水管道的水力计算时，所选用的充满度不应大于表 7-6 中规定的数值。但为了节约

投资，合理地利用管道断面，选用的设计充满度也不应过小。为此，在设计过程中还应考虑最小设计充满度作为设计充满度的下限值。根据经验各种管径的最小设计充满度不宜小于 0.25。一般情况下设计充满度最好不小于 0.5，对于管径较大的管道设计充满度以接近最大限值为好。

2. 设计流速

设计流速是指污水管渠在设计充满度条件下，排泄设计流量时的平均流速。设计流速过小，污水流动缓慢，其中的悬浮物则易于沉淀淤积；反之，污水流速过高，虽然悬浮物不宜沉淀淤积，但可能会对管壁产生冲刷，甚至损坏管道使其寿命降低。为了防止管道内产生沉淀淤积或管壁遭受冲刷，《室外排水设计标准》GB 50014—2021 规定了污水管道的最小设计流速和最大设计流速。污水管道的设计流速应在最小设计流速和最大设计流速范围内。

最小设计流速是保证管道内不致发生沉淀淤积的流速。污水管道在设计充满度下的最小设计流速为 0.6m/s。含有金属、矿物固体或重油杂质的生产污水管道，其最小设计流速宜适当加大，其值应根据经验或经过调查研究综合考虑确定。

最大设计流速是保证管道不被冲刷损坏的流速。该值与管道材料有关，通常金属管道的最大设计流速为 10m/s，非金属管道的最大设计流速为 5m/s。

在污水管道系统的上游管段，特别是起点检查井附近的污水管道，有时其流速在采用最小管径的情况下都不能满足最小流速的要求。此时应对其增设冲洗井定期冲洗污水管道，以免堵塞；或加强养护管理，尽量减少其沉淀淤积的可能性。

3. 最小设计坡度

在均匀流情况下，水力坡度等于水面坡度，即管底坡度。管渠的流速和水力坡度间存在一定的关系。相应于最小设计流速的坡度就是最小设计坡度，即是保证管道不发生沉淀淤积时的坡度。

在污水管道系统设计时，通常使管道敷设坡度与地面坡度一致，这对降低管道系统的埋深和造价非常有利。但相应于管道敷设坡度的污水流速应等于或大于最小设计流速，这在地势平坦地区或管道逆坡敷设时尤为重要。为此，应规定污水管道的最小设计坡度，只要其敷设坡度不小于最小设计坡度，则管道内就不会产生沉淀淤积。

因为 $v^2 = R^{\frac{4}{3}} \cdot I$，所以设计坡度与 $R^{\frac{4}{3}}$ 成反比，而水力半径 R 又是过水断面面积与湿周的比值，因此在给定设计充满度条件下，管径越大，相应的最小设计坡度则越小。所以只需规定最小管径的最小设计坡度即可。《室外排水设计标准》GB 50014—2021 规定：污水管管径为 300mm 时，塑料管的最小设计坡度为 0.002，其他管最小设计坡度为 0.003。

实际工程中，充满度随时在变化，这样同一直径的管道因充满度不同，则应有不同的最小设计坡度。上述规定的最小设计坡度数值是设计充满度 $h/D = 0.5$（即半满流）时的最小设计坡度。

4. 最小管径

一般在污水管道系统的上游部分，污水设计流量很小，若根据设计流量计算，则管径会很小。根据养护经验证明，管径过小极易堵塞，从而增加管道清通次数，并给用户带来不便。此外，采用较大的管径则可选用较小的设计坡度，从而使管道埋深减小，降低工程造价。因此，为了养护工作的方便，常规定一个允许的最小管径。《室外排水设计标准》GB 50014—2021规定：污水管道的最小管径为300mm。

在污水管道的设计过程中，若某设计管段的设计流量小于其在最小管径、最小设计流速和最大设计充满度条件下管道通过的流量，则这样的管段称为不计算管段。设计时不再进行水力计算，直接采用最小管径即可。此时管道的设计坡度取与最小设计管径相应的最小设计坡度，管道的设计流速取最小设计流速、管道的设计充满度取半充满，即$h/D=0.5$。

7.3.4 污水管道的埋设深度

管道埋设深度包含覆土厚度和埋设深度两个含义，覆土厚度是指管道外壁顶部到地面的距离，埋设深度是指管道内壁底部到地面的距离，如图7-5所示。

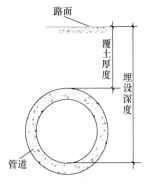

图7-5 管道覆土厚度和
埋设深度示意

覆土厚度和埋设深度的大小都能说明管道的竖向位置，但从实际工程的角度考虑，二者应该相互协调，不能片面强调某一参数的意义。综合考虑覆土厚度和埋设深度的实质在于：为了降低造价，缩短工期，管道在地面下的竖向位置即埋设深度要求越小越好，但管道的埋设深度不能过小，即其覆土厚度应有一个最小的限值，该最小限值称为最小覆土厚度。它是为满足如下技术要求而提出的：

1. 防止冰冻膨胀而损坏管道

为防止冬季土壤冰冻损坏管道或管内污水冰冻造成淤堵，管道埋深越深越好，一般应将污水管道埋设在当地土壤冰冻线以下。但实际生活中，综合生活污水的温度较高，即使在冬天水温也不会低于4℃；很多工业废水的温度也比较高；此外，污水管道按一定的坡度敷设，管内污水经常保持一定的流量，以一定的流速不断流动。因此，污水在管道内是不会冰冻的，管道周围的土壤也不会冰冻。所以，不必把整个污水管道都埋设在土壤冰冻线以下。但如果将管道全部埋设在土壤冰冻线以上，则因土壤冰冻膨胀可能损坏管道基础，从而损坏管道。

冰冻层内污水管道的埋设深度，应根据流量、水温、水流情况和敷设位置等因素确定，一般应符合下列规定：

(1) 无保温措施的生活污水管道或水温与生活污水接近的工业废水管道，管底可埋设在冰冻线以上0.15m。

(2) 有保温措施或水温较高的管道，管底在冰冻线以上的距离可以加大，其数值应根据该地区或条件相似地区的经验确定。

2. 防止管壁因地面荷载而破坏

埋设在地面下的污水管道承受着覆盖在其上的土壤静荷载和地面上车辆运行造成的动荷载。为防止管壁在这些动、静荷载作用下破坏，除提高管材强度外，重要的措施就是保证管道有一定的覆土厚度。这一覆土厚度取决于管材强度、地面荷载大小以及荷载的传递方式等因素。《室外排水设计标准》GB 50014—2021规定，在车行道下，污水管道的最小覆土厚度不宜小于0.7m；在人行道下，污水管道的最小覆土厚度为0.6m。在绿化带下污水管道若能满足衔接的要求又无动荷载的影响，其最小覆土厚度值可适当减少。

3. 满足街坊污水连接管衔接的要求

城市住宅和公共建筑内产生的污水要顺畅地排入街道污水管道，就必须保证市政污水管道起点的埋深大于或等于街坊（或小区）污水干管终点的埋深，而街坊（或小区）污水支管起点的埋深又必须大于或等于建筑物污水出户管的埋深。从建筑安装技术角度考虑，要使建筑物首层卫生器具内的污水能够顺利排出，其出户管的最小埋深一般采用 $0.5\sim0.6$m，所以街坊污水支管起点最小埋深至少应为 $0.6\sim0.7$m。根据街坊（或小区）污水支管起点的最小埋深数值，即可推求出市政污水支管起点的最小埋深，如图 7-6 所示。

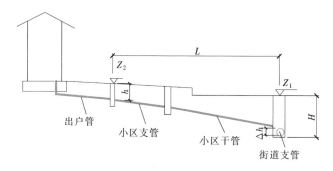

图 7-6　街坊污水支管最小埋深示意图

市政污水支管起端的最小埋深可按式（7-10）计算。

$$H = h + I \cdot L + Z_1 - Z_2 + \Delta h \tag{7-10}$$

式中　H——市政污水支管起点的最小埋深，m；

　　　h——小区污水支管起点的最小埋深，m；

　　　I——小区污水干管和支管的坡度；

　　　L——小区污水干管和支管的总长度，m；

　　　Z_1——市政污水支管起点检查井处地面标高，m；

　　　Z_2——小区污水支管起点检查井处地面标高，m；

　　　Δh——街坊干管与市政污水支管的管内底标高差，m。

对每一个具体管道而言，考虑上述 3 个不同的技术要求，可以得到 3 个不同的最小埋设深度或最小覆土厚度值。其中的最大值即为该管道的允许最小埋设深度或最小覆土厚度。

除考虑管道起端的最小埋设深度外，还应考虑最大埋设深度问题。由于污水管道是重力流，当管道敷设坡度大于地面坡度时，管道的埋设深度就会越来越大，尤其是在地形平坦地区管道埋设深度增大更为突出。管道埋设深度越大，则其施工难度就越大、工程造价也就越高。管道埋设深度允许的最大限值称为最大允许埋深（简称最大埋深），其值应根据技术经济指标、施工地带的地形地质条件和施工方法等因素确定。一般情况下，在干燥土壤中不超过 $7\sim8$m；在多水、流砂、石灰岩地层中不超过 5m。当管道的埋设深度超过最大埋深时，应考虑在适当的地点设置中途提升泵站，以提高下游管道的管位，减少下游管道的埋设深度。

7.3.5　污水管道的衔接

在污水管道系统中，为了满足管道衔接和养护管理的要求，通常在管径、坡度、高程、方向发生变化及支管接入的地方设置检查井。在检查井中必须考虑上、下游管道在衔接时的高程关系。这种高程关系要求管道衔接时，必须遵循以下两个原则：

（1）尽可能提高下游管道的高程，以减小下游管道的埋深，降低造价；

（2）禁止在上游管段中形成回水而造成上游管段产生沉淀淤积。

为满足上述原则要求，污水管道通常有水平面接和管顶平接两种衔接方法，如图 7-7 所示。

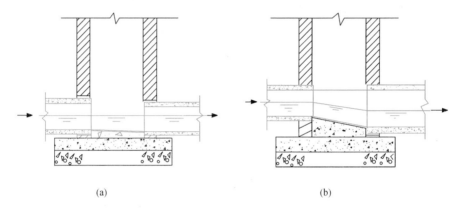

(a)　　　　　　　　　　　　　　　　(b)

图 7-7　污水管道衔接方式
（a）水面平接；（b）管顶平接

水面平接是指在水力计算中，使污水管道上游管段终端和下游管段起端在设计充满度条件下的水面相平，即上游管段终端与下游管段起端的水面标高相同。一般用于上下游管径相同的污水管道的衔接。由于上游管段中的水面变化较大，水面平接时在上游管段内的实际水面标高可能低于下游管段的实际水面标高，因此，在上游管段中容易形成回水而造成沉淀淤积。

管顶平接是指在水力计算中，使上游管段终端和下游管段起端的管内顶标高相同。一般用于上下游管径不同的污水管道的衔接。采用管顶平接，可以避免在上游管段中产生回水，但下游管段的埋设深度将会增加。这对于城市地形比较平坦的地区或埋设深度较大的管道，有时可能是不适宜的。

无论采用哪种衔接方法，在设计时必须保证下游管段起端的水面和管内底标高都不得高于上游管段终端的水面和管内底标高。

7.3.6　控制点的确定和泵站的设置地点

控制点是指在污水排水区域内，对管道系统的埋深起控制作用的点。一般而言，每条管道的起点都是这条管道的控制点。这些控制点中离污水处理厂最远、最低的点，通常是整个管道系统的控制点，它的埋深决定了整个管道系统的埋深。有些情况下，具有相当深度的工厂排出口也可能成为管道系统的控制点。

控制点确定后，应合理确定控制点管道的埋深。一方面要根据城市的竖向规划，保证排水区域内的污水都能够自流排出，并考虑发展在埋深上适当留有余地；另一方面不能因照顾个别控制点而增加整个管道系统的埋深。

在排水管道系统中，当管道的埋深超过最大埋深时，应设置中途提升泵站来提高下游管道的管位。在个别控制点处，应设置局部泵站将地势低处的污水抽升到较高地区的管道中。在污水主干管的终端，应设置总泵站将污水抽升到处理构筑物中。上述泵站设置的具体位置，应综合考虑环境卫生、地质、供电和施工条件等因素，并征询有关部门的意见确定。

7.3.7　污水管道水力计算的方法

设计管段的设计流量确定后，即可从上游管段开始，在水力计算参数的控制下，进行各设计管段的水力计算。在污水管道的水力计算中，污水流量通常是已知数值，而需要确定管道的直径和坡度。所确定的管道断面尺寸，必须在规定的设计充满度和设计流速条件下，能够排泄设计流量。管道敷设坡度的确定，应充分考虑地形条件，参照地面坡度和最小设计坡度确定。一方面要使管道坡度尽可能与地面坡度平行一致，以减小管道埋设深度；另一方面也必须满足设计流速的要求，使污水在管道内不发生沉淀淤积和对管壁不造成冲刷。在污水管道设计中，设计流速起着关键作用，是确定管道设计坡度的重要控制参数。在具体水力计算中，对每一管道而言，有管径 D、粗糙系数 n、充满度 h/D、水力坡度 I、流量 Q、流速 v 这 6 个水力参数，而只有流量 Q 为已知数，直接采用水力计算的基本公式计算极其复杂。为了简化计算，通常把上述各水力参数之间的水力关系绘制成水力计算图（附录 7-1），通过查水力计算图确定未知的水力参数。对每一张图而言，D 和 n 为已知数。它有 4 组线，其中横线代表管道敷设坡度 I，竖线代表管段设计流量 Q，从左下方向右上方倾斜的斜线代表设计充满度 h/D，从左上方向右下方倾斜的斜线代表设计流速 v。通过水力计算图，在 Q、I、h/D、v 这 4 个水力参数中，只要知道 2 个，就可以查出另外 2 个。现举例说明该水力计算图的用法。

【例 7-2】已知 $n=0.014$、$D=300$mm、$I=0.004$、$Q=30$L/s，求 v 和 h/D。

【解】采用 $D=300$mm 的水力计算图（见附录 7-1 中的附图 3）。先在纵轴上找到代表 $I=0.004$ 的横线，再从横轴上找到代表 $Q=30$L/s 的竖线；两条线相交得一点。这一点落在代表设计流速 v 为 0.8m/s 与 0.85m/s 的两斜线之间，按内插法计算 $v=0.82$m/s；同时该点还落在设计充满度 $h/D=0.5$ 与 $h/D=0.55$ 的两斜线之间，按内插法计算 $h/D=0.52$。

【例 7-3】已知 $n=0.014$、$D=400$mm、$Q=41$L/s、$v=0.90$m/s，求 I 和 h/D。

【解】采用 $D=400$mm 的计算图（见附录 7-1 中的附图 5）。在图上找到代表 $Q=41$L/s 的竖线和代表 $v=0.90$m/s 的斜线，这两线的交点落在代表 $I=0.0043$ 的横线上，即 $I=0.0043$；同时还落在代表 $h/D=0.35$ 与 $h/D=0.40$ 的两条斜线之间，按内插法计算 $h/D=0.39$。

【例 7-4】已知 $n=0.014$、$Q=32$L/s、$D=300$mm、$h/D=0.60$，求 v 和 I。

【解】采用 $D=300$mm 的计算图（见附录 7-1 中的附图 3）。在图上找到代表 $Q=32$L/s 的竖线和代表 $h/D=0.60$ 的斜线，两线的交点落在代表 $I=0.0028$ 的横线上，即 $I=0.0028$；同时还落在代表 $v=0.70$m/s 与 0.75m/s 的两条斜线之间，按内插法计算 $v=0.73$m/s。

实际工程设计时，通常只知道设计管段的设计流量，此时可参考设计管段经过地段的地面坡度进行确定，以地面坡度作为管道的敷设坡度；如果根据地面坡度不能确定合适的管径，则可自己假定管道的敷设坡度确定管径。

7.3.8 污水管道的水力计算步骤

污水管道的设计方法与水力计算步骤，通过以下例题进行介绍。

【例 7-5】图 7-8 为河南省某中小城市一个建筑小区的平面图。小区街坊人口密度为 350cap/hm²。工厂的工业废水（包括从各车间排出的生活污水和淋浴污水）设计流量为 29L/s。工业废水经过局部处理后与生活污水一起由污水管道全部送至城市污水处理厂经处理后再排放。工厂工业废水排出口的埋深为 2m，试进行该小区污水管道系统的设计。

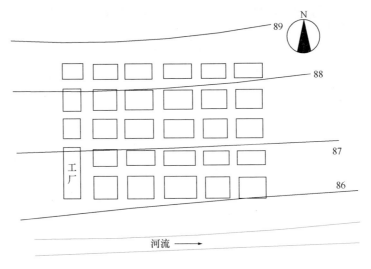

图 7-8　某建筑小区平面图

设计方法和步骤如下：

1. 污水管道定线

由街坊平面图可知该建筑小区的边界为排水区界。该排水区界围成的小区面积不大，虽该排水区界内地势北高南低，但坡度较小，无明显的分水线，故在该排水区界内划分为一个排水流域。在该排水流域内依据顺坡排水的原则将小区支管布置在街坊地势较低的一侧；干管基本上与等高线垂直；主干管布置在小区南面靠近河岸的地势较低处，基本上与等高线平行。整个建筑小区污水管道系统呈截流式布置，如图 7-9 所示。

2. 街坊编号并计算其面积

将建筑小区内各街坊编上号码，并将各街坊的平面范围按比例计算出街坊面积，将面积值列入表 7-7 中，并用箭头标出各街坊污水排出的方向。

各街坊面积汇总表　　　　　　　　　　　　　　　表 7-7

街坊编号	1	2	3	4	5	6	7	8	9	10	11
街坊面积(hm²)	1.21	1.70	2.08	1.98	2.20	2.20	1.43	2.21	1.96	2.04	2.40
街坊编号	12	13	14	15	16	17	18	19	20	21	22
街坊面积(hm²)	2.40	1.21	2.28	1.45	1.70	2.00	1.80	1.66	1.23	1.53	1.71
街坊编号	23	24	25	26	27	28					
街坊面积(hm²)	1.80	2.20	1.38	2.04	2.04	2.40					

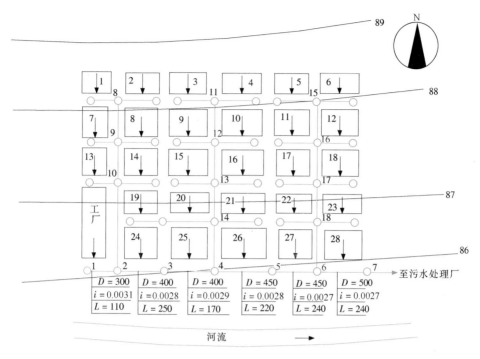

图 7-9　某建筑小区污水管道平面布置图（初步设计）

3. 划分设计管段，计算设计流量

根据设计管段的定义、划分方法和定线情况，将各干管和主干管中有本段流量进入的点（一般定为街坊两端）、有集中流量进入及有旁侧支管接入的点，作为设计管段的起止点并将该点的检查井编上号码，如图 7-9 所示。

各设计管段的设计流量应列表进行计算。在初步设计中，只计算干管和主干管的设计流量；在技术设计和施工图设计中，要计算所有管段的设计流量。本设计为初步设计，故只计算干管和主干管的设计流量，计算方法、步骤和结果见表 7-8。

污水干管和主干管设计流量计算表 　表 7-8

管段编号	居住区生活污水量（或综合生活污水量）								集中流量 q_3		设计流量（L/s）
	本段流量 q_1			转输流量 q_2（L/s）	合计平均流量（L/s）	总变化系数 K_z	生活污水设计流量（L/s）	本　段（L/s）	转输（L/s）	
	街坊编号	街坊面积（hm²）	比流量 q_s L/（s·hm²）	流量 q_1（L/s）							
1	2	3	4	5	6	7	8	9	10	11	12
1~2	—	—	—	—	—	—	—	—	29.00	—	29.00
8~9	—	—	—	—	1.18	1.18	2.7	3.19	—	—	3.19
9~10	—	—	—	—	2.65	2.65	2.7	7.16	—	—	7.16
10~2	—	—	—	—	4.07	4.07	2.7	10.99	—	—	10.99
2~3	24	2.20	0.405	0.89	4.07	4.96	2.7	13.39	—	29.00	42.39
3~4	25	1.38	0.405	0.56	4.96	5.52	2.68	14.79	—	29.00	43.79
11~12	—	—	—	—	1.64	1.64	2.7	4.43	—	—	4.43
12~13	—	—	—	—	3.26	3.26	2.7	8.80	—	—	8.80

管段编号	居住区生活污水量(或综合生活污水量)				转输流量 q_2 (L/s)	合计平均流量 (L/s)	总变化系数 K_z	生活污水设计流量 (L/s)	集中流量 q_3		设计流量 (L/s)
	本段流量 q_1										
	街坊编号	街坊面积 (hm²)	比流量 q_s L/ (s·hm²)	流量 q_1 (L/s)					本段 (L/s)	转输 (L/s)	
1	2	3	4	5	6	7	8	9	10	11	12
13~14	—	—	—	—	4.54	4.54	2.7	12.26	—	—	12.26
14~4	—	—	—	—	6.33	6.33	2.66	16.84	—	—	16.84
4~5	26	2.04	0.405	0.83	11.85	12.68	2.47	31.32	—	29.00	60.32
5~6	27	2.04	0.405	0.83	12.68	13.51	2.44	32.96	—	29.00	61.96
15~16	—	—	—	—	1.78	1.78	2.7	4.81	—	—	4.81
16~17	—	—	—	—	3.73	3.73	2.7	10.07	—	—	10.07
17~18	—	—	—	—	5.27	5.27	2.69	14.18	—	—	14.18
18~6	—	—	—	—	6.69	6.69	2.65	17.73	—	—	17.73
6~7	28	2.40	0.405	0.97	20.20	21.17	2.33	49.33	—	29.00	78.33

本例为河南省某 I 型小城市的建筑小区,居住区人口密度为 350cap/hm²,查综合生活用水量定额可知,其平均综合生活用水量定额为 70~180L/(cap·d),取平均综合生活用水量定额为 125L/(cap·d)。假定该建筑小区的给水排水系统的完善程度为一般地区,则综合生活污水量定额取综合生活用水量定额的 80%。于是综合生活污水量定额为 125×80%=100L/(cap·d),则生活污水比流量为:

$$q_s = \frac{100 \times 350}{86400} = 0.405 \text{L/(s·hm}^2)$$

工厂排出的工业废水作为集中流量,在检查井 1 处进入污水管道,相应的设计流量分别为 29L/s。

如图 7-9 和表 7-8 所示,设计管段 1~2 为主干管的起始管段,只有集中流量(工厂经局部处理后排出的工业废水)29L/s 流入,故其设计流量为 29L/s。设计管段 2~3 除转输管段 1~2 的集中流量 29L/s 外,还有本段流量 q_1 和转输流量 q_2 流入。该管段接纳街坊 24 的污水,其街坊面积为 2.20hm²(表 7-7),故本段平均流量为 $q_1 = q_s \cdot F = 0.405 \times 2.20 = 0.89$L/s;该管段的转输流量是从旁侧管段8~9~10~2 流来的生活污水平均流量,其值为:$q_2 = q_s \cdot F = 0.405 \times (1.21 + 1.70 + 1.43 + 2.21 + 1.21 + 2.28) = 4.07$L/s。设计管段 2~3 的合计平均流量为 $q_1 + q_2 = 0.89 + 4.07 = 4.96$L/s,查表 7-1,得 $K_z = 2.3$,故该管段的综合生活污水设计流量为 $Q_1 = 4.96 \times 2.3 = 11.41$L/s,总设计流量为综合生活污水设计流量与集中流量之和,即:$Q = 11.41 + 29 = 40.41$L/s。

其余各管道设计流量的计算方法与上述方法相同。

4. 水力计算

各设计管段的设计流量确定后,即可从上游管段开始依次进行各设计管段的水力计算。本例题为初步设计,只进行污水干管和主干管的水力计算,计算结果见表 7-9、表 7-10。在技术设计或施工图设计阶段,所有管段都要进行水力计算,并复核管内底高程是否满足要求。

污水干管水力计算表 表7-9

管段编号	管段长度 L (m)	设计流量 Q (L/s)	管道直径 D (mm)	设计坡度 I (‰)	设计流速 v (m/s)	设计充满度 h/D	设计充满度 h (m)	降落量 $I \cdot L$ (m)
1	2	3	4	5	6	7	8	9
8～9	170	3.19	300	3.0	0.60	0.50	0.150	0.51
9～10	160	7.16	300	3.0	0.60	0.50	0.150	0.48
10～2	320	10.99	300	3.0	0.60	0.50	0.150	0.96
11～12	170	4.43	300	3.0	0.60	0.50	0.150	0.51
12～13	160	8.80	300	3.0	0.60	0.50	0.150	0.48
13～14	160	12.26	300	3.0	0.60	0.50	0.150	0.48
14～4	160	16.84	300	3.0	0.60	0.50	0.150	0.48
15～16	170	4.81	300	3.0	0.60	0.50	0.150	0.51
16～17	160	10.07	300	3.0	0.60	0.50	0.150	0.48
17～18	160	14.18	300	3.0	0.60	0.50	0.150	0.48
18～6	160	17.73	300	3.0	0.60	0.50	0.150	0.48

管段编号	标 高 (m) 地 面 上端	标 高 (m) 地 面 下端	标 高 (m) 水 面 上端	标 高 (m) 水 面 下端	标 高 (m) 管 内 底 上端	标 高 (m) 管 内 底 下端	埋设深度 (m) 上端	埋设深度 (m) 下端
10	11	12	13	14	15	16	17	
8～9	88.10	87.60	86.750	86.240	86.600	86.090	1.500	1.510
9～10	87.60	87.15	86.240	85.760	86.090	85.610	1.510	1.540
10～2	87.15	86.10	85.760	84.800	85.610	84.650	1.540	1.450
11～12	88.10	87.55	86.750	86.240	86.600	86.090	1.500	1.460
12～13	87.55	87.10	86.240	85.760	86.090	85.610	1.460	1.490
13～14	87.10	86.60	85.760	85.280	85.610	85.130	1.490	1.470
14～4	86.60	86.00	85.280	84.800	85.130	84.650	1.470	1.350
15～16	88.00	87.50	86.650	86.140	86.500	85.990	1.500	1.510
16～17	87.50	87.05	86.140	85.660	85.990	85.510	1.510	1.540
17～18	87.05	86.65	85.660	85.180	85.510	85.030	1.540	1.620
18～6	86.65	85.80	85.180	84.700	85.030	84.550	1.620	1.250

污水主干管水力计算表 表7-10

管段编号	管段长度 L (m)	设计流量 Q (L/s)	管道直径 D (mm)	设计坡度 I (‰)	设计流速 v (m/s)	设计充满度 h/D	设计充满度 h (m)	降落量 $I \cdot L$ (m)
1	2	3	4	5	6	7	8	9
1～2	110	29.00	300	3.1	0.75	0.54	0.162	0.341
2～3	250	42.39	400	2.8	0.79	0.46	0.184	0.700
3～4	170	43.79	400	2.9	0.80	0.46	0.184	0.493
4～5	220	60.32	450	2.8	0.84	0.48	0.216	0.616
5～6	240	61.96	450	2.7	0.84	0.48	0.216	0.648
6～7	240	78.33	500	2.7	0.89	0.46	0.230	0.648

续表

管段编号	标　高（m）						埋设深度（m）	
	地　面		水　面		管　内　底			
	上　端	下　端	上　端	下　端	上　端	下　端	上　端	下　端
	10	11	12	13	14	15	16	17
1～2	86.20	86.10	84.362	84.021	84.200	83.859	2.000	2.241
2～3	86.10	86.05	83.943	83.243	83.759	83.059	2.341	2.991
3～4	86.05	86.00	83.243	82.750	83.059	82.566	2.991	3.434
4～5	86.00	85.90	82.732	82.116	82.516	81.900	3.484	4.000
5～6	85.90	85.80	82.116	81.468	81.900	81.252	4.000	4.548
6～7	85.80	85.70	81.432	80.784	81.202	80.554	4.598	5.146

水力计算步骤如下：

先进行污水干管的水力计算，在污水干管水力计算的基础上再进行污水主干管的水力计算。

（1）污水干管的水力计算

1）将设计管段编号填入表7-9中第1项，从污水管道平面布置图上按比例量出污水干管每一设计管段的长度，填入表7-9中第2项。

2）将污水干管各设计管段的设计流量填入表7-9中第3项。设计管段起止点检查井处的地面标高填入表7-9中第10、11项。各检查井处的地面标高根据地形图上的等高线标高值，按内插法计算求得。

3）计算每一设计管段的地面坡度，作为确定管道坡度时的参考值。例如，设计管段8～9的地面坡度为：$\dfrac{88.1-87.6}{170}=0.0029$。

4）根据设计管段8～9的设计流量，参照地面坡度估算管径，根据估算的管径查水力计算图得出设计流速、设计充满度和管道的设计坡度。

本例设计管段8～9的设计流量为2.71L/s，而《室外排水设计标准》GB 50014—2021规定城市街道下污水管道的最小管径为300mm，它在最小设计流速和最大设计充满度条件下的设计流量为23.5L/s。所以本管段为不计算管段，不再进行水力计算，直接采用最小管径300mm、与最小管径相应的最小设计坡度0.003、最小设计流速0.6m/s、设计充满度$\dfrac{h}{D}=0.5$。

其他各设计管段的计算方法与此相同。

5）根据设计管段的管径和设计充满度计算设计管段的水深。如设计管段8～9的水深为$\dfrac{h}{D}\cdot D=0.5\times300=150mm=0.15$m，将其填入表7-9中第8项。

6）根据设计管段的长度和管道设计坡度计算管段标高降落量。如设计管段8-9的标高降落量为$I\cdot L=0.003\times170=0.51$m，将其填入表7-10中第9项。

7）求设计管段上、下端的管内底标高和埋设深度。首先要确定管道系统的控制点。

本例中各条干管的起点都是该条管道的控制点，假定各条干管起点的埋设深度均为 1.5m。

于是 8～9 管段 8 点的埋设深度为 1.5m，将其填入表 7-9 中第 16 项。

8 点的管内底标高等于 8 点的地面标高减 8 点的埋设深度，即：$88.10-1.5=86.60$m，将其填入表 7-9 中第 14 项。

9 点的管内底标高等于 8 点的管内底标高减 8～9 管段的标高降落量，即：$86.60-0.51=86.09$m，将其填入表 7-9 中第 15 项。

9 点的埋设深度等于 9 点的地面标高减 9 点的管内底标高，即：$87.60-86.09=1.51$m，将其填入表 7-9 中第 17 项。

8）求设计管段上、下端的水面标高。管段上、下端的水面标高等于相应点的管内底标高加水深。如管段 8～9 中 8 点的水面标高为 $86.60+0.15=86.75$m，将其填入表 7-9 中第 12 项。

9 点的水面标高为 $86.09+0.15=86.24$m，将其填入表 7-9 中第 13 项。

9 点的水面标高也可用 8 点的水面标高减 8～9 管段的标高降落量，即：$86.75-0.51=86.24$m。

其余各管段的计算方法与此相同。

在进行设计管段上下端管内底标高、水面标高的计算时，要注意管道在检查井处的衔接方法，管道衔接方法不同则其计算方法也不同。

本例中各干管的管径均相同，上下游管道在检查井处均采用水面平接的方法衔接。如设计管段 8～9 与 9～10 的管径相同，在 9 号检查井处采用水面平接的方法衔接，即 8～9 管段终点（9 点）的水面标高与 9～10 管段起点（9 点）的水面标高相同。计算时先计算上游管段终点的水面标高，然后将此水面标高作为下游管段起点的水面标高。8～9 管段 9 点的水面标高为 86.24，则 9～10 管段 9 点的水面标高为 86.24。根据 9 点的水面标高再计算 9 点的管内底标高。其余以此类推。

（2）进行主干管的水力计算

1）从污水管道平面布置图上按比例量出污水主干管每一设计管段的长度，填入表 7-10 中第 2 项，将设计管段编号填入表 7-10 中第 1 项。

2）将污水主干管各设计管段的设计流量填入表 7-10 中第 3 项。设计管段起止点检查井处的地面标高填入表 7-10 中第 10、11 项。各检查井处的地面标高根据地形图上的等高线标高值，按内插法计算求得。

3）计算每一设计管段的地面坡度，作为确定管道坡度时的参考值。例如，管段 1～2 的地面坡度为：$\dfrac{86.2-86.1}{110}=0.0009$。

4）根据设计管段 1～2 的设计流量，参照地面坡度估算管径，根据估算的管径查水力计算图得出设计流速、设计充满度和管道的设计坡度。

本例中设计管段 1～2 的设计流量为 29.00L/s，而《室外排水设计标准》GB 50014—2021 规定城市街道下污水管道的最小管径为 300mm，它在最小设计流速和最大设计充满度条件下的设计流量为 23.5L/s。所以本管段应进行水力计算，通过水力计算确定管径、设计坡度、设计流速和设计充满度。

设计流量 Q 为 29.00L/s，若采用最小管径 $D=200$mm，当设计坡度达到 0.020 时，其设计充满度 $h/D=0.62$，超过了最大设计充满度的要求，故不采用。放大管径，采用 $D=250$mm 的管径，在最大充满度为 $h/D=0.60$ 时，坡度为 0.0067，比本管段的地面坡度大得太多。为了使管道的埋设深度不致增加过多，宜采用较小坡度，故需继续放大管径。采用 $D=300$mm 的管道，查水力计算图，当 $Q=29.00$L/s 时，$v=0.75$m/s，$h/D=0.54$，$I=0.0031$，均符合控制参数的规定，故采用此管道。将确定的管径、坡度、流速和充满度 4 个数据分别填入表 7-10 中第 4、5、6、7 项。

其余各设计管段的管径、坡度、流速和充满度的计算方法同上。

5）根据管径和充满度求设计管段内的水深。如管段1~2的水深为 $h=\dfrac{h}{D}\times D=0.54\times300=162$mm $=0.162$m，填入表 7-10 中第 8 项。

6）根据设计管段长度和管道的设计坡度求设计管段的标高降落量。如管段 1~2 的标高降落量为 $I\cdot L=0.0031\times110=0.341$m，填入表 7-10 中第 9 项。

7）求设计管段上、下端的管内底标高和埋设深度。首先要确定管网系统的控制点。本例中离污水处理厂最远点的有干管起点 8、11、15 三点及工厂工业废水排出口 1 点，这些点都可能成为管道系统的控制点。8、11、15 三点的埋设深度假定为 1.50m，由此计算出干管与主干管交汇点处的最大埋设深度为 1.45m。而工厂工业废水排出口的埋设深度为 2.0m，整个管网上又无个别低洼点，故 8、11、15 三点的埋设深度不能控制整个主干管的埋设深度。对主干管埋设深度起决定作用的是 1 点，它是整个管网系统的控制点。控制点确定后，还需确定控制点的埋设深度，然后才能进行管道系统埋设深度的计算。

1 点是主干管的起始点，它的埋设深度受工厂排出口埋深的控制，应大于或等于工厂工业废水排出口埋设深度，由此可以确定控制点（1 点）的埋设深度，假定 1 点的埋设深度为 2.00m，将该值填入表 7-10 中第 16 项。

1 点的管内底标高等于 1 点的地面标高减 1 点的埋深，为 $86.20-2.00=84.20$m，填入表 7-10 中第 14 项。

2 点的管内底标高等于 1 点的管内底标高减管段 1~2 的标高降落量，为 $84.20-0.341=83.859$m，填入表 7-10 中第 15 项。

2 点的埋设深度等于 2 点的地面标高减 2 点的管内底标高为 $86.10-83.859=2.241$m，填入表 7-10 中第 17 项。

8）求设计管段上、下端的水面标高。管段上下端的水面标高等于相应点的管内底标高加水深。

如管段 1~2 中 1 点的水面标高为 $84.20+0.162=84.362$m，填入表 7-10 中第 12 项。

2 点的水面标高为 $83.892+0.162=84.021$m，填入表 7-10 中第 13 项。

根据管段在检查井处采用的衔接方法，可确定下游管段的管内底标高。

例如，管段 1~2 与 2~3 的管径不同，采用管顶平接。即管段 1~2 与 2~3 在 2 点处的管顶标高应相同。在管段 1~2 中，2 点的管顶标高为 83.859＋0.3＝84.159m，于是管段 2~3 中 2 点的管顶标高也为 84.159m，2 点的管内底标高为 84.159－0.4＝83.759m。其中 0.3、0.4 分别为管段 1~2、2~3 的设计管径，单位以 m 计。

求出 2 点的管内底标高后，按照前面讲的方法即可求出 3 点的管内底标高和 2、3 两点的水面标高及埋设深度。

又如管段 2~3 与 3~4 管径相同，采用水面平接。即管段 2~3 与 3~4 在 3 点处的水面标高应相同。先计算管段 2~3 中 3 点的水面标高，于是便得到了管段 3~4 中 3 点的水面标高，然后用管段 3~4 中 3 点的水面标高减去管段 3~4 的降落量，便可求得 4 点的水面标高。用 3、4 两点的水面标高减去管段 3~4 中的水深便得出相应点的管内底标高，进一步可求出 3、4 点的埋设深度。

其他各管段的计算方法与此相同。

在进行管道水力计算时，应注意下列问题：

（1）必须进行深入细致的研究，慎重地确定管道系统的控制点。这些控制点经常位于设计区域的最远或最低处，它们的埋设深度控制该设计区域内污水管道的最小埋深。各条管道的起点、低洼地区的个别街坊和污水出口较深的工业企业或公共建筑都是控制点的研究对象。

（2）必须细致研究管道敷设坡度与管线经过地段的地面坡度之间的关系，使确定的管道敷设坡度，在满足最小设计流速要求的前提下，既不使管道的埋深过大，又便于旁侧支管顺畅接入。

（3）在水力计算自上游管段依次向下游管段进行时，随着设计流量的逐段增加，设计流速也应相应增加。如流量保持不变，流速也不应减小。只有当坡度大的管道接到坡度小的管道时，如下游管段的流速已大于 lm/s（陶土管）或 1.2m/s（混凝土、钢筋混凝土管），设计流速才允许减小。设计流量逐段增加，设计管径也应逐段增大；如设计流量变化不大，设计管径也不能减小；但当坡度小的管道接到坡度大的管道时，管径可以减小，但缩小的范围不得超过 50~100mm，同时不得小于最小管径的要求。

（4）在地面坡度太大的地区，为了减小管内水流速度，防止管壁遭受冲刷，管道坡度往往需要小于地面坡度。这就有可能使下游管段的覆土厚度无法满足最小限值的要求，甚至超出地面，因此应在适当的位置处设置跌水井，管段之间采用跌水井衔接。在旁侧支管与干管的交汇处，若旁侧支管的管内底标高比干管的管内底标高大得太多，此时为保证干管有良好的水力条件，应在旁侧支管上先设跌水井，然后再与干管相接。反之，则需在干管上先设跌水井，使干管的埋深增大后，旁侧支管再接入。跌水井的构造详见教学单元 9。

（5）水流通过检查井时，常引起局部水头损失。为了尽量降低这项损失，检查井底部在直线管段上要严格采用直线，在管道转弯处要采用匀称的曲线。通常直线检查井可不考虑局部水头损失。

（6）在旁侧支管与干管的连接点上，要保证干管的已定埋深允许旁侧支管接入。同时，为避免旁侧支管和干管产生逆水和回水，旁侧支管中的设计流速不应大于干管中的设计流速。

（7）为保证水力计算结果的正确可靠，同时便于参照地面坡度确定管道坡度和检查管道间衔接的标高是否合适等，在水力计算的同时应尽量绘制管道的纵剖面草图。在草图上标出所需要的各个标高，以使管道水力计算正确、衔接合理。

（8）初步设计时，只进行主要干管和主干管的水力计算。技术设计和施工图设计时，要进行所有管段的水力计算。

5. 绘制管道的平面图和纵剖面图

水力计算完成后，将求得的管径、坡度和管段长度标注在图 7-9 上，该图即是本例题的管道平面图。

将水力计算的全部数据标注在管道的纵剖面图上。本例题主干管的纵剖面图如图 7-10 所示。

污水管道平面图和纵剖面图的绘制方法，详见 7.4 节。

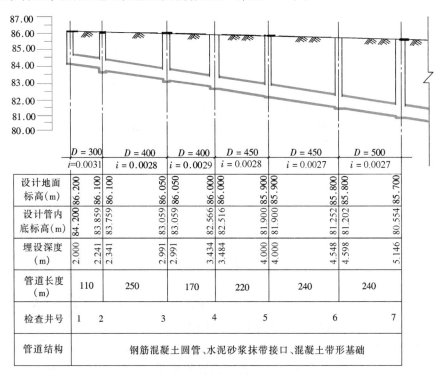

	$D=300$ $i=0.0031$	$D=400$ $i=0.0028$		$D=400$ $i=0.0029$		$D=450$ $i=0.0028$		$D=450$ $i=0.0027$		$D=500$ $i=0.0027$	
设计地面标高(m)	86.200	86.100	86.100	86.050	86.050	86.000	86.000	85.900	85.900	85.800	85.800	85.700
设计管内底标高(m)	84.200	83.859	83.759	83.059	83.059	82.566	82.516	81.900	81.900	81.252	81.202	80.554	80.554
埋设深度(m)	2.000	2.241	2.341	2.991	2.991	3.434	3.484	4.000	4.000	4.548	4.598	5.146
管道长度(m)	110	250		170		220		240		240		
检查井号	1	2		3		4		5		6		7
管道结构	钢筋混凝土圆管、水泥砂浆抹带接口、混凝土带形基础											

图 7-10　污水主干管纵剖面图

7.4　排水管道工程图

污水管道的平面图和纵剖面图，是污水管道设计的主要图纸。根据设计阶段的不同，图纸上的内容和表现的深度也不相同。

7.4.1　管道平面图的绘制

初步设计阶段的管道平面图就是管道的总体布置图。在平面图上应有地形、地物、风玫瑰或指北针等，并标出干管和主干管的位置。已有和设计的污水管道用粗

（0.9mm）单实线表示，其他均用细（0.3mm）单实线表示。在管线上画出设计管段起止点的检查井并编上号码，标出各设计管段的服务面积和可能设置的泵站或其他附属构筑物的位置，以及污水处理厂和出水口的位置。每一设计管段都应注明管段长度、设计管径和设计坡度。图纸的比例尺通常采用 1：5000～1：10000。此外，图上应有管道的主要工程项目表、图例和必要的工程说明。

技术设计或施工图设计阶段的管道平面图，要包括详细的资料。除反映初步设计的要求外，还要标明检查井的准确位置及与其他地下管线或构筑物交叉点的具体位置、高程；建筑小区污水干管或工厂废水排出管接入城市污水支管、干管或主干管的位置和标高；图例、工程项目表和施工说明。比例尺通常采用 1：1000～1：5000。

7.4.2 管道纵剖面图的绘制

管道纵剖面图反映管道沿线高程位置，它是和平面图相对应的。

初步设计阶段一般不绘制管道的纵剖面图，有特殊要求时可绘制。

技术设计或施工图设计阶段要绘制管道的纵剖面图。图上用细（0.3mm）单实线表示原地面高程线和设计地面高程线，用粗（0.9mm）双实线表示管道高程线，用细（0.3mm）双竖线表示检查井。检查井的大小在纵剖面图中应示意画出。纵剖面图中应标出沿线旁侧支管接入处的位置、管径、标高；与其他地下管线、构筑物或障碍物交叉点的位置和高程；沿线地质钻孔位置和地质情况等。在剖面图下方用细（0.3mm）实线画一个表格，表中注明检查井编号、管段长度、设计管径、设计坡度、地面标高、管内底标高、埋设深度、管道材料、接口形式、基础类型等。有时也将设计流量、设计流速和设计充满度等数据注明。采用的比例尺，一般横向比例与平面图一致；纵向比例为 1：50～1：200，并与平面图的比例相适应，确保纵剖面图纵、横两个方向的比例相协调。

施工图设计阶段，除绘制管道的平、纵剖面图外，还应绘制管道附属构筑物的详图和管道交叉点特殊处理的详图。附属构筑物的详图可参照《给水排水标准图集》中的标准图，结合本工程的实际情况绘制。

为便于平面图与纵剖面图对照查阅，通常将平面图和纵剖面图绘制在同一张图纸上。

思 考 题 与 习 题

1. 什么是综合生活污水定额？它们受哪些因素的影响？其值应如何确定？

2. 什么是污水量的日变化、时变化、总变化系数？生活污水量总变化系数为什么随污水平均日流量的增大而减小？其值应如何确定？

3. 如何计算城市污水的设计总流量？它有何优缺点？

4. 污水管道定线的原则和方法各是什么？

5. 污水管道水力计算的目的是什么？在水力计算中为什么采用均匀流公式？

6. 污水管道水力计算中，对设计充满度、设计流速、最小管径和最小设计坡度是如何规定的？为什么要这样规定？

7. 试述污水管道埋设深度的两个含义。在设计时为什么要限定最小覆土厚度和最大埋设深度？

8. 在进行污水管道的衔接时，应遵循什么原则？衔接的方法有哪些？各怎样衔接？

9. 什么是污水管道系统的控制点？如何确定控制点的位置和埋设深度？

10. 什么是设计管段？怎样划分设计管段？怎样确定每一设计管段的设计流量？

11. 污水管道水力计算的方法和步骤是什么？计算时应注意哪些问题？

12. 怎样绘制污水管道的平、纵剖面图？

13. 污水管道设计时，如两条管道出现交叉，应如何解决？

14. 某肉类联合加工厂每天宰杀活牲畜 258t，废水量标准为 8.2m³/t，总变化系数为 1.8，三班制生产，每班 8h。最大班职工人数 860 人，其中在高温及严重污染车间工作的职工占总数的 40%，使用淋浴人数按 85% 计；其余 60% 的职工在一般车间工作，使用淋浴人数按 30% 计。工厂居住区面积为 9.5ha，人口密度为 580cap/hm²，居住区生活污水量定额为 160L/(cap·d)，各种污水由管道汇集后送至厂区污水处理站进行处理，试计算该厂区的污水设计总流量。

15. 图7-11为某街坊污水干管平面图。图上注明各污水排出口的位置、设计流量以及各设计管段的长度和检查井处的地面标高。排出口 1 的管内底标高为 218.4m，其余各污水排出口的埋深均小于 1.6m。该地区土壤无冰冻。要求列表进行干管的水力计算，并将计算结果标注在平面图上。

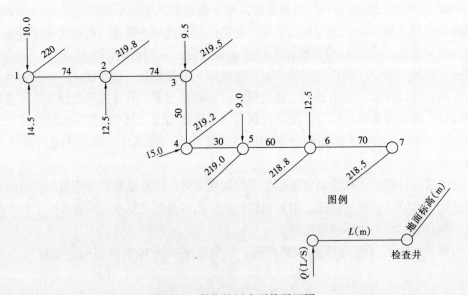

图 7-11　某街坊污水干管平面图

16. 某市一个建筑小区的平面布置如图 7-12 所示。该建筑小区的人口密度为 400cap/hm²，综合污水量定额为 140L/(cap·d)，工厂的生活污水设计流量为 8.24L/s，淋浴污水设计流量为 6.84L/s，生产污水设计流量为 26.4L/s。工厂排出口接管点处的地面标高为 34.0m，管内底标高为 32.0m。该城市夏季主导风向为西北风，土壤最大冰冻深度为 0.75m，河流的最高水位标高为 28.0m。试根据上述条件确定如下内容：

(1) 进行该小区污水管道系统的定线，并确定污水处理厂的位置；

(2) 进行从工厂接管点至污水处理厂各管段的水力计算；

(3) 按适当比例在 2 号图纸上绘制管道的平面图和主干管的纵剖面图。

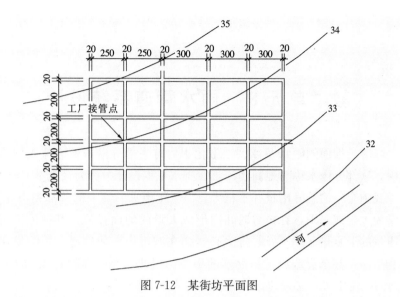

图 7-12　某街坊平面图

教学单元 8　雨水管道系统设计

8-1　教学单元8导读

降落到地面的雨水及冰、雪融化水，有一部分沿着地表流入雨水管道和水体中，这部分雨水称为地面径流，在排水工程设计中称为径流量。

我国全年的总降雨量并不很大，但全年雨水的绝大部分都集中在夏季降落，且常为大雨或暴雨，在极短时间内形成大量的地面径流，其径流量可达生活污水流量的上百倍，如不及时排除必然会在城市内形成内涝，影响城市居民的生产和生活，甚至会造成生命财产的损失。因此，为了排除会产生严重危害的某一场大暴雨的径流雨水，必须建设具有相应排水能力的雨水排水系统，完善城市功能。由于我国地域辽阔，气候复杂多样，各地年平均降雨量差异很大，如南方多雨，年平均降雨量可高达 1600mm；北方则干旱少雨，西北内陆个别地区年平均降雨量不足 200mm。因此，在设计城市雨水管道时，必须根据各个不同地区降雨的规律和特点，合理地计算雨水径流量。

雨水管道系统的任务是及时地汇集并排除暴雨所形成的地面径流，以保证城市人民生命安全和工农业生产的正常进行。

雨水管道系统是由雨水口、连接管、雨水管道、检查井、出水口等构筑物组成的一整套工程设施，如图 8-1 所示。

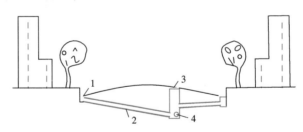

图 8-1　雨水管道系统组成示意图
1—雨水口；2—连接管；3—检查井；4—雨水管道

8.1　雨 量 分 析

降雨是一种自然过程，其发生的时间及降雨量的大小都具有一定的随机性，如何描述某一场降雨是雨水管道设计的基础。在水文学中，通常采用以下参数描述降雨的特征。

1. 降雨量

降雨量是指降落到降雨面积上的雨水深度或体积，通常指降雨的绝对量。用 H 表示，计量单位为 mm 或（L/hm^2）。

在分析降雨量时，很少以一场雨作为研究对象，而是对多场降雨进行分析研究，掌握降雨的规律及特征。常用的降雨量数据统计计量单位有：

（1）年平均降雨量：指多年观测的各年降雨量的平均值，计量单位为"mm"；

（2）月平均降雨量：指多年观测的各月降雨量的平均值，计量单位为"mm"；

（3）最大日降雨量：指多年观测的各年中降雨量最大一日的降雨量，计量单位为"mm"。

降雨量可用专用的雨量计测得，它是一种用于测量降雨量的仪器，一般是记录每场雨的累积降雨量（mm）和降雨时间（min）之间的对应关系。以降雨时间为横坐标和以累积降雨量为纵坐标绘制的曲线称为降雨量累积曲线。

我国是世界上最早使用雨量计的国家，早在 500 多年前的明朝永乐年间就有了雨量计，并供全国各地使用。图 8-2 显示的是自记雨量计的内部构造，图 8-3 为自记雨量计的部分记录内容。

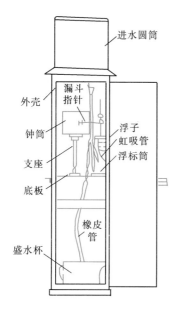

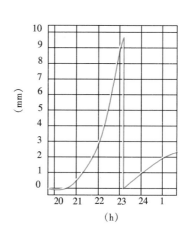

图 8-2　自记雨量计内部构造　　　　图 8-3　自记雨量计记录内容

2. 降雨历时

降雨历时是指一次连续降雨所经历的时间，可指一场雨的全部降雨时间，也可指其中个别的连续降雨时段。用 t 表示，计量单位为"min"或"h"。

3. 降雨面积和汇水面积

降雨面积是指降雨所笼罩的面积，即接受雨水的地面面积；汇水面积是降雨面积的一部分，通常指雨水管道汇集和排除径流雨水的面积，用 F 表示，计量单位为公顷（hm^2）。

实际降雨时，任何一场暴雨在整个降雨面积上的降雨量分布并不均匀，且没有规律性。在城市雨水管道系统设计中，设计管道的汇水面积一般较小，通常小于 $100km^2$，属于小汇水面积，而且大多数情况下，汇水面积上最远点的集水时间不超过 60～

120min。因此，城市雨水管道系统属于小汇水面积上的排水构筑物。对于小汇水面积上的排水构筑物，可以忽略降雨的不均匀性，认为降雨在整个汇水面积内是均匀分布的。

4. 暴雨强度

暴雨强度是指某一连续降雨时段内的平均降雨量，即单位时间内的平均降雨深度，用 i 表示，计量单位为"mm/min"或"mm/h"。按式（8-1）进行计算。

$$i = \frac{H}{t} \tag{8-1}$$

式中　　i——暴雨强度，mm/min；

　　　　H——降雨量，mm；

　　　　t——降雨历时，min 或 h。

暴雨强度，是描述降雨特征的重要指标。暴雨强度越大，雨势越猛。对于降雨历时短，暴雨强度大的降雨，一般称为暴雨。中国气象学上规定，24 小时降雨量为 50mm或以上的强降雨称为"暴雨"。在工程设计中暴雨强度常用单位时间内单位面积上的降雨体积 q 表示，计量单位为 L/(s·hm²)。在实际计算中，是将以降雨深度表示的暴雨强度 i 折算为以体积表示的暴雨强度 q。它是指降雨历时为 t 的降雨深度 H 的雨量，在 1hm² 面积上，每秒钟平均的雨水体积。换算过程为：

$$q = \frac{10000 \times 1000i}{1000 \times 60} = 167i \tag{8-2}$$

式中　　q——暴雨强度，L/(s·hm²)；

　　　　167——折算系数。

雨水管道设计的关键是找出降雨量最大的那个时段内的降雨量，据此推求最大的径流量。对于小汇水面积上的雨水排水管道的设计而言，由于降雨在整个汇水面积内是均匀分布的，因而采用自记雨量计所测得局部地点的降雨量数据可以近似代表整个汇水面积上的降雨量数据。也就是说在同一时刻汇水面积上各点的暴雨强度都相等，可以用自记雨量计记录所得的暴雨强度代表同一时刻整个汇水面积上各点的暴雨强度。因此，需要研究暴雨强度与降雨历时之间的关系。这个变化关系可以用暴雨强度公式来描述。由于全国各地区的地理位置、气候条件不同，因此各地的暴雨强度公式也不同，各地水文工作者根据当地的气候条件，采用一定的方法推求了当地的暴雨强度公式，我国若干城市的暴雨强度公式详见附表 8-1，实际工作中可以到当地水文部门咨询。工程上，我国暴雨强度公式的标准形式为：

$$q = \frac{167A_1 \cdot (1 + c \cdot \lg P)}{(t + b)^n} \tag{8-3}$$

式中　　　q——设计暴雨强度，L/(s·hm²)；

　　　　　P——设计重现期，a；

　　　　　t——设计降雨历时，min。

　A_1，c，b，n——地方参数，根据统计方法进行计算确定。

在各地推求的暴雨强度公式中，只有设计重现期 P 和设计降雨历时 t 两个未知数，该两参数确定后，暴雨强度也就随之确定了。

5. 暴雨强度重现期

暴雨强度重现期是指某种强度的降雨和大于该强度的降雨重复出现的时间间隔。用 P 表示，计量单位为年（a），可按式（8-4）进行计算：

$$P = \frac{N}{m} \tag{8-4}$$

式中　P —— 暴雨强度重现期，a；

　　　N —— 资料观测年限，a；

　　　m —— 资料观测年限内暴雨强度出现的次数。

8.2　雨水管道系统的设计

8.2.1　雨水管道系统定线

在划定排水流域的平面地形图上，确定雨水管道的位置和走向称为雨水管道的定线。定线的主要原则是尽可能在管线较短和埋深较小情况下，让最大区域的雨水能自流排出。管道定线是管道系统设计的重要环节，不论在整个城市或城市的局部地区，管道定线时都可能形成若干种不同的布置方案，应对不同方案进行技术经济比较，选择一个最优方案，根据最优方案进行后续设计工作。

由于收集的径流雨水不进入污水处理厂进行处理，而是根据城市具体条件就近排放，所以在雨水管道系统中雨水管道只有干管和支管。定线时应首先划分排水流域，在排水流域内确定出水口的位置，然后再确定干管和支管的位置。出水口的位置和数量要与受纳水体的管理部门协商确定。

定线时应充分考虑下列因素：

（1）充分利用地形，就近排入水体。雨水管道应尽量按自然地形坡度布置，以最短的距离靠重力流将雨水排入附近的水体中。一般情况下，当地形坡度较大时，雨水干管宜布置在地形较低处或溪谷线上，如图 8-4 所示；当地形平坦时，雨水干管宜布置在排水流域的中间，以便于支管的接入，尽量扩大重力流排除雨水的范围，如图 8-5 所示。当管道将雨水排入池塘或河流时，由于出水口的构造较简单，造价低，且就近排放，管

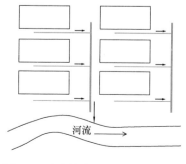

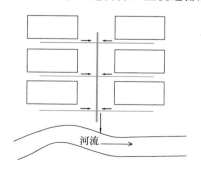

图 8-4　坡度较大时的雨水干管布置　　　　图 8-5　地形平坦时的雨水干管布置

线较短，管径也较小，因此，雨水干管宜采用分散出水口式的管道布置形式，这在技术和经济上都是合理的。但当受纳水体的水位变化较大，管道出水口高出正常水位较多时，出水口的构造复杂，造价高，此时宜采用集中出水口式的管道布置形式。当地形平坦或低洼地段地面平均标高低于河流的洪水位标高时，需将管道适当集中，在出水口前设雨水泵站，经提升后排入水体。此时，从整个管道系统上考虑，应尽可能减少泵站的服务区域，减少提升雨水量，从而节省泵站的造价和运行费用。

（2）根据城市排水工程专项规划布置雨水管道。通常应根据建筑物的分布、道路布置和小区的地形、出水口位置等布置雨水管道，使汇水面积上的雨水绝大部分都以最短的距离由道路低侧的雨水口进入雨水管道。雨水管道应平行道路敷设，宜布置在人行道或绿化带下，为避免积水时影响交通或维修时破坏路面，不宜将雨水管道布置在机动车道下。当道路红线宽度大于 40m 时，可考虑在道路两侧分别设置雨水管道。雨水干管的平面和竖向布置应考虑与其他地下管线、建筑物和构筑物的距离，雨水管道与其他地下管线、建筑物和构筑物的最小净距参照表 6-1 确定。在有池塘、坑洼的地方，可考虑对雨水进行调蓄，按海绵城市的理念进行雨水管道系统的设计。

（3）合理设置雨水口。雨水口是收集径流雨水的构筑物，应根据地形、地表覆盖情况和汇水面积的大小等条件综合考虑进行布置。一般在道路交叉口的汇水点、低洼处应设置雨水口，及时收集地表径流，避免路面积水过深而影响行人安全，尽量避免雨水漫过人行道。直线道路上雨水口的间距一般为 25～50m。

在平交道路交叉口处，雨水口应结合每条道路的坡向情况进行布置。若相邻道路坡度均指向交汇点时，转角处必须布置雨水口；若相邻道路坡度均离开交汇点时，则转角处不必布置雨水口；其他情况下，可将交汇点两相邻道路视为没有转角的直道，按直道上雨水口的布置间距布置雨水口，如图 8-6 所示。

（4）采用明渠或暗管应结合具体情况而定。在城市市区或工业企业内部，由于建筑密度高，交通流量大，一般采用暗管排除雨水；在地形平坦地区和埋设深度或出水口深度受限制的地区，采用盖板渠排除雨水相对经济可靠。在城市郊区，建筑密度较低，交通流量较小，可采用明渠排除雨水，以节省投资。但明渠容易淤积、堵塞，滋生蚊蝇，影响环境卫生，所以要注意日常维护管理。

当管道与明渠连接时，在管渠衔接点处应设置挡土的端墙，连接处的土明渠应加铺砌，铺砌高度不低于设计超高，铺砌长度自管道末端算起 3～10m，宜适当跌水，当跌水高差为 0.3～2m 时需作 45°斜坡，斜坡应加铺砌。当跌落差大于 2m 时，应按水工构筑物设计。

此外，在路面上应尽可能利用道路边沟排除雨水，这样，每条道路下的雨水干管的长度可减少 100～150m，这对降低整个雨水管道的造价，节约工程投资非常有利。

（5）设置排洪沟排除设计地区以外的雨洪水。对于傍山建设的城市、工业企业区和居住区，除在其内部设置雨水管道外，还应考虑在设计区域外围或超过设计区域一定范围设置排洪沟，以将洪水引入外围水体，防止暴雨期洪水泛滥，保证设计区域生命财产的安全。

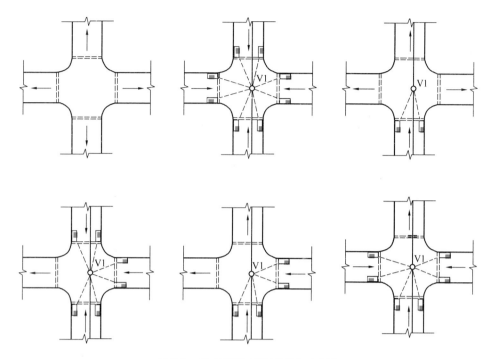

图 8-6　平交道路交叉口雨水口布置

8.2.2　雨水管道设计流量的确定

雨水管道的设计流量，是指汇水面积上产生的最大径流量。由于城市雨水管道系统是小汇水面积上的排水构筑物，因此可采用小汇水面积暴雨径流推理式，计算雨水管道的设计流量。通常按式（8-5）进行计算。

$$Q = \phi \cdot q \cdot F \tag{8-5}$$

式中　Q ——雨水设计流量，L/s；

　　　ϕ ——径流系数；

　　　q ——设计暴雨强度，L/(s·hm²)；

　　　F ——汇水面积，hm²。

1. 径流系数的确定

汇水面积上地表径流量与降雨量的比值称为径流系数，用符号 ϕ 表示，即：

$$\phi = \frac{径流量}{降雨量} \tag{8-6}$$

降落到地面上的雨水，经渗透、积存、植物吸收、蒸发后，多余的水则沿地面流动形成地表径流。沿地表径流的雨水量称为地表径流量。由于渗透、蒸发、植物吸收、洼地积存等原因，导致径流量永远小于降雨量。因此，径流系数的数值小于1。影响径流系数 ϕ 的因素很多，如汇水面积上地面覆盖情况、建筑物的密度与分布、地形、地貌、地面坡度、降雨强度、降雨历时等。其中最主要的影响因素是汇水面积上的地面种类和降雨雨型。目前，在设计计算中通常根据地面种类，依据《室外排水设计标准》GB 50014—2021确定径流系数值，见表8-1。

不同地面种类的径流系数 ψ 值 表 8-1

地面种类	径流系数 ψ 值
各种屋面、混凝土和沥青路面	0.85～0.95
大块石铺砌路面和沥青表面处理的碎石路面	0.55～0.65
级配碎石路面	0.40～0.50
干砌砖石和碎石路面	0.35～0.40
非铺砌土路面	0.25～0.35
公园或绿地	0.10～0.20

在实际设计计算中，在同一块汇水面积上，往往不是单一地面，而是有多种地面，此时需要计算整个汇水面积上的平均径流系数 ψ_{av} 值。平均径流系数 ψ_{av} 为汇水面积上的各类地面径流系数的加权平均值，即按式（8-7）计算。

$$\psi_{av} = \frac{\sum(F_i \cdot \psi_i)}{F} \tag{8-7}$$

式中 ψ_{av} —— 汇水面积上的平均径流系数；

F_i —— 汇水面积上各类地面的面积，hm^2；

ψ_i —— 相应于各类地面的径流系数；

F —— 全部汇水面积，hm^2。

【例 8-1】已知某居住区各类地面 F_i 及 ψ_i 值见表 8-2，试求该居住区平均径流系数 ψ_{av} 值。

某居住区平均径流系数计算表 表 8-2

地面种类	面积 F_i（hm^2）	采用 ψ 值
屋面	0.8	0.90
沥青道路及人行道	0.8	0.90
圆石路面	0.9	0.40
非铺砌土路面	0.9	0.30
绿地	1.6	0.15
合　计	5.0	0.462

【解】由表 8-2 求得 $F = \sum F_i = 5.0 hm^2$，则：

$$\psi_{av} = \frac{\sum(F_i \cdot \psi_i)}{F}$$

$$= \frac{1.6 \times 0.15 + 0.8 \times 0.9 + 0.8 \times 0.9 + 0.9 \times 0.3 + 0.9 \times 0.4}{5}$$

$$= 0.462$$

在实际工作中，计算平均径流系数时要分别确定总汇水面积上的地面种类及相应地面面积，计算工作量很大，甚至有时得不到准确数据。为方便计，在设计时可采用区域综合径流系数。一般城市建筑密集区的综合径流系数采用 0.60～0.70，建筑较密集区的综合径流系数采用 0.45～0.60，建筑稀疏区的综合径流系数采用 0.20～0.45。随着各地城市规模的不断扩大，不透水的面积亦迅速增加，在设计时综合径流系数可取较大值，我国部分城市采用的综合径流系数值见表 8-3。

国内部分城市采用的综合径流系数　　　　　　　　　表 8-3

城市	综合径流系数 ψ	城市	综合径流系数 ψ
上海	一般 0.50～0.60，最大 0.80，新建小区 0.40～0.44，某工业区 0.40～0.50	北京	建筑极稠密的中心区 0.70，建筑密集的商业、居住区 0.60，城郊一般规划区 0.55
无锡	一般 0.50，中心区 0.70～0.75	西安	城区 0.54，郊区 0.43～0.47
常州	0.55～0.60	齐齐哈尔	0.30～0.50
南京	0.50～0.70	佳木斯	0.30～0.45
杭州	小区 0.60	哈尔滨	0.35～0.45
宁波	0.50	吉林	0.45
长沙	0.60～0.90	营口	郊区 0.38，市区 0.45
重庆	一般 0.70，最大 0.85	白城	郊区 0.35，市区 0.38
沙市	0.60	四平	0.39
成都	0.60	通辽	0.38
广州	0.50～0.90	浑江	0.40
济南	0.60	唐山	0.50
天津	0.30～0.90	保定	0.50～0.70
兰州	0.60	昆明	0.60
贵阳	0.75	西宁	半建成区 0.30，基本建成区 0.50

2. 设计暴雨强度的确定

前已述及，在暴雨强度公式中，只要设计重现期 P 和设计降雨历时 t 两个参数确定了，暴雨强度也就随之确定了。那么，设计重现期和设计降雨历时如何确定呢？

（1）设计重现期 P 的确定

由暴雨强度公式 $q = \dfrac{167A_1 \cdot (1 + c \cdot \lg p)}{(t + b)^n}$ 可知，对应同一降雨历时，若重现期 P 越大，暴雨强度 q 则越大；反之，重现期 P 越小，暴雨强度 q 则越小。由雨水管道设计流量公式 $Q = \psi \cdot q \cdot F$ 可知，在径流系数 ψ 和汇水面积 F 一定的条件下，暴雨强度 q 越大，则雨水设计流量也越大。

可见，在设计计算中若采用较大的设计重现期，则计算的雨水设计流量就越大，雨水管道的设计断面也相应增大，排水通畅，管道对应汇水面积上积水的可能性将会减少，安全性高，但会增加工程的造价；反之，可降低工程造价，地面积水可能性大，可能发生排水不畅，甚至不能及时排除径流雨水，将会给生活、生产造成经济损失。

《室外排水设计标准》GB 50014 规定，雨水管道设计重现期应根据汇水地区性质、城镇类型、地形特点和气候条件等因素，经技术经济比较后，按表 8-4 确定。

雨水管道设计重现期（a） 表 8-4

城镇类型 城区类型	中心城区	非中心城区	中心城区的重要地区	中心城区地下通道和下沉式广场等
超大城市和特大城市	3～5	2～3	5～10	30～50
大城市	2～5	2～3	5～10	20～30
中等城市和小城市	2～3	2～3	3～5	10～20

注：1. 按表所列设计重现期设计暴雨强度公式时，均采用年最大法；

2. 雨水管道应按满管、重力流计算；

3. 超大城市指城区常住人口在 1000 万以上的城市；特大城市指城区常住人口在 500 万以上、1000 万以下的城市；大城市指城区常住人口在 100 万以上、500 万以下的城市；中等城市指城区常住人口在 50 万以上、100 万以下的城市；小城市指城区常住人口在 50 万以下的城市（以上包括本数、以下不包括本数）。

（2）设计降雨历时的确定

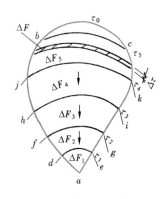

图 8-7　汇水面积径流过程

集水点同时能汇集多大面积上的雨水量，与降雨历时的长短有关，合理确定设计降雨历时，需了解降雨径流的成因。假定图 8-7 所示是一块扇形的汇水面积，其边界线由弧 ab、ac 和 bc 组成，降雨后地表径流均流向 a 点。a 点称为集水点（也叫集流点），如雨水口、管道上某一断面等都可作为集水点。雨水从汇水面积上任意一点流到集水点 a 的时间，称为该点的集水时间（也叫集流时间）。如果假定汇水面积内地面坡度均匀，则以 a 为圆心所划的圆弧线 de、$fg\cdots bc$ 称为等流时线，每条等流时线上各点的雨水流到 a 点的时间是相等的。它们分别是 τ_1、τ_2、$\tau_3\cdots\tau_0$，汇水面积上最远点的雨水流到集水点的时间称为该汇水面积的集水时间，用 τ_0 表示，可见汇水面积内该点的集水时间最长。

当降雨历时小于汇水面积上最远点的集水时间（即 $t<\tau_0$）时，a 点所汇集的雨水仅来自靠近 a 点的部分汇水面积上的径流雨水，这时离 a 点较远处的面积上的雨水仅流至途中，在没有到达 a 点时降雨就停止了，此时 a 点有一个流量值。随着降雨历时的不断延长，汇水面积也在不断增长，就会有越来越大面积上的径流雨水流到 a 点，当 $t=\tau_0$ 时，最早降落在汇水面积上最远点的雨水恰好与 t 时刻降落在 a 最近处的雨水同时在 a 点汇合，此时，全部汇水面积参与径流，集水点 a 处的流量值肯定大于 $t<\tau_0$ 时产生的流量值。当降雨继续进行即 $t>\tau_0$ 时，由于汇水面积不再增加，而暴雨强度随着降雨历时的增加却减小，所以集水点 a 处的流量值也比 $t=\tau_0$ 时小。在 $t<\tau_0$ 时，虽然暴雨强度比 $t=\tau_0$ 时大，但此时的汇水面积较小，因此集水点 a 处的流量也比 $t=\tau_0$ 时小。

通过以上分析可知，只有当 $t=\tau_0$ 时，汇水面积才能全部参与径流，集水点 a 处才产生最大流量，这称为极限强度法原理。根据该原理可知：以汇水面积上最远点的集水时间作为设计降雨历时，才能使全部汇水面积参与径流，也才能得到最大的雨水径流量。

对于雨水管道某一设计断面来说，设计降雨历时由地面集水时间 t_1 和管内流行时间 t_2 两部分组成。所以，设计降雨历时可用式（8-8）表达：

$$t = t_1 + t_2 \tag{8-8}$$

式中　t——设计降雨历时，min；

　　　t_1——地面集水时间，min；

　　　t_2——管内雨水流行时间，min。

1）地面雨水集水时间 t_1 的确定

地面雨水集水时间 t_1 是指雨水从汇水面积上最远点到第一个雨水口的地面流行时间。

在图 8-8 所示的雨水管道系统中，第一个雨水口（a 点）为集水点，汇水面积上最远点（A 点）的雨水流到 a 点的时间称为地面集水时间，它为径流雨水在屋面、天沟、落水管、地面四部分的流行时间之和。

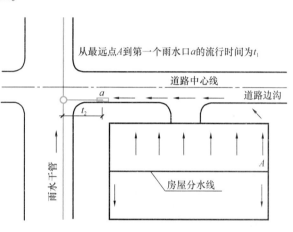

图 8-8　设计断面集水时间示意图

地面集水时间 t_1 的大小，主要受地形坡度、地面铺砌及地面植被情况、水流路程的长短、道路的纵坡和宽度等因素的影响，这些因素直接影响水流沿地面或边沟的流行速度。其中，雨水流程的长短和地面坡度的大小，是影响地面集水时间最主要的因素。此外，地面集水时间还与暴雨强度和雨型等因素有关，暴雨强度越大，水流速度也越大，地面集水时间就越小；暴雨强度先大后小与先小后大的雨型也会使地面集水时间不同。

在实际应用中，准确地确定 t_1 值难度较大。若 t_1 选择过大，将会造成排水不畅，致使管道上游地面经常积水；若 t_1 选择过小，又将增大雨水管道的断面尺寸，从而增加工程造价。故通常不予计算而是结合设计地区的具体情况采用经验数据。根据《室外排水设计标准》GB 50014—2021 规定：地面集水时间采用 5～15min。按经验，一般在汇水面积较小，地形较陡，建筑密度较大，雨水口分布较密的地区，宜采用较小的 t_1 值，可取 $t_1 = 5～8$min；而在汇水面积较大，地形较平坦，建筑密度较小，雨水口分布较疏的地区，宜采用较大的 t_1 值，可取 $t_1 = 10～15$min。起点检查井上游地面雨水流行距离以不超过 120～150m 为宜。

2）管内雨水流行时间 t_2 的确定

管内雨水流行时间 t_2 是指雨水在管内从第一个雨水口流到设计断面的时间。它与雨水在管内流经的距离及管内雨水的流行速度有关，可用式（8-9）计算。

$$t_2 = \Sigma \frac{L}{60v} \tag{8-9}$$

式中　t_2——管内雨水流行时间，min；

L——设计管段上游各设计管段的长度，m；

v——设计管段上游各设计管段满流时的设计流速，m/s；

60——单位换算系数。

3. 设计汇水面积的确定

确定设计汇水面积前，应根据管道定线情况合理划分汇水面积。设计汇水面积的划分，应结合实际地形条件、汇水面积的大小以及雨水管道定线等情况进行，要包括屋面、道路、绿地等面积，但不包括水体的面积。当地形坡度较大时，应按地面雨水径流的水流方向划分汇水面积；当地形平坦时，可按就近排入附近雨水管道的原则，将汇水面积按周围管道的布置情况用角分线法或对角线法划分为三角形或梯形等规则几何形体，再计算其面积并以 hm^2 为计量单位。

8.2.3 单位面积径流量的确定

在雨水管道设计流量的计算过程中，为方便计算，通常采用单位面积径流量法。单位面积径流量是指在 $1hm^2$ 汇水面积上产生的最大径流雨水设计流量，按式（8-10）进行计算。

$$q_0 = q \cdot \psi \tag{8-10}$$

式中　q_0——单位面积径流量，$L/(s \cdot hm^2)$；

q——设计暴雨强度，$L/(s \cdot hm^2)$；

ψ——径流系数。

单位面积径流量确定后，相应设计雨水流量为：$Q = q_0 \cdot F$。

8.2.4 设计管段的划分及其设计流量计算

雨水管道设计管段的划分方法与污水管道设计管段划分的方法相同，也是根据管道定线情况依据流量是否变化进行，不再重述。图 8-9 所示为某设计地区的一部分，Ⅰ、Ⅱ、Ⅲ、Ⅳ为相毗邻的四个街区。根据管道定线情况划分了 1～2、2～3、3～4、4～5 四个设计管段。

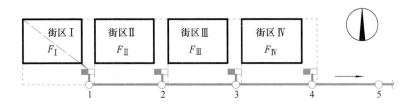

图 8-9　雨水管道设计管段流量计算示意图

在图 8-9 中，假定汇水面积 $F_Ⅰ = F_Ⅱ = F_Ⅲ = F_Ⅳ$，地面的径流系数为 ψ，设计重现期为 P，四个街区的地形均为北高南低，道路是西高东低，雨水管道沿道路中心线敷设，道路横断面呈中间高，两侧低的拱形。降雨时，降落在地面上的雨水顺着地形坡度流到道路两侧的边沟中，道路边沟的坡度和地形坡度相一致。雨水沿着道路的边沟流到雨水口经连接管、雨水检查井流入雨水管道。雨水从各块汇水面积上最远点分别流入雨水口所需的地面集水时间均为 t_1 min。那么设计管段 1～2、2～3、3～4、4～5 的雨水设计流量如何确定呢？

实际工程中，汇水面积上的径流雨水要通过设计管段上的若干个雨水口进入设计管段，为方便计算，假定汇水面积上的全部雨水都从设计管段的起点进入设计管段，起点断面为设计断面，在此前提下讨论设计管段的设计流量计算。

对于设计管段 1～2，根据上述假定和极限强度法原理可知：街区 I 的径流雨水（包括路面上的雨水），在 1 号检查井集中流入管段 1～2，1 号检查井为集水点；最大径流量出现在全面积参与径流时，此时的设计降雨历时为 $t=t_1$ min，汇水面积为 F_I，于是设计暴雨强度为：

$$q = \frac{167A_1 \cdot (1+c \cdot \lg p)}{(t+b)^n} = \frac{167A_1 \cdot (1+C \cdot \lg P)}{(t_1+b)^n}$$

单位面积径流量为：$q_0 = \psi \cdot q = \psi \cdot \dfrac{167A_1 \cdot (1+C \cdot \lg P)}{(t_1+b)^n}$

设计流量为：$Q_{1\sim2} = q_0 \cdot F_I$

对于设计管段 2～3，同理可知：街区 II 面积上的雨水并同街区 I 经管段 1～2 流来的雨水汇合后流入 2 号检查井，2 号检查井为集水点；最大径流量出现在全面积参与径流时，此时汇水面积上最远点的雨水流到 2 号检查井的时间为 $(t_1+t_{1\sim2})$min，其中 $t_{1\sim2}$ 为汇水面积 F_I 上的设计雨水在设计管段 1～2 中流行的时间，因此设计降雨历时为 $t=(t_1+t_{1\sim2})$min，汇水面积为 F_I+F_{II}，于是设计暴雨强度为：

$$q = \frac{167A_1 \cdot (1+c \cdot \lg p)}{(t+b)^n} = \frac{167A_1 \cdot (1+C \cdot \lg P)}{(t_1+t_{1\sim2}+b)^n}$$

单位面积径流量为：$q_0 = \psi \cdot q = \psi \cdot \dfrac{167A_1 \cdot (1+C \cdot \lg P)}{(t_1+t_{1\sim2}+b)^n}$

设计流量为：$Q_{2\sim3} = q_0 \cdot (F_I+F_{II})$

对于设计管段 3～4，同理可知：街区 III 面积上的雨水并同街区 I 和街区 II 经管段 1～2 和 2～3 流来的雨水汇合后流入 3 号检查井，3 号检查井为集水点；最大径流量出现在全面积参与径流时，此时汇水面积上最远点的雨水流到 3 号检查井的时间为 $(t_1+t_{1\sim2}+t_{2\sim3})$min，其中 $t_{1\sim2}$ 为汇水面积 F_I 上的雨水在设计管段 1～2 中流行的时间，$t_{2\sim3}$ 为汇水面积 F_I+F_{II} 上的设计雨水在设计管段 2～3 中流行的时间，因此设计降雨历时为 $t=(t_1+t_{1\sim2}+t_{2\sim3})$min，汇水面积为 $F_I+F_{II}+F_{III}$，于是设计暴雨强度为：

$$q = \frac{167A_1 \cdot (1+c \cdot \lg p)}{(t+b)^n} = \frac{167A_1 \cdot (1+C \cdot \lg P)}{(t_1+t_{1\sim2}+t_{2\sim3}+b)^n}$$

单位面积径流量为：$q_0 = \psi \cdot q = \psi \cdot \dfrac{167A_1 \cdot (1+C \cdot \lg P)}{(t_1+t_{1\sim2}+t_{2\sim3}+b)^n}$

设计流量为：$Q_{3\sim4} = q_0 \cdot (F_I+F_{II}+F_{III})$

同理，设计管段 4～5 的设计流量为：

$$Q_{4\sim5} = q_0 \cdot (F_I+F_{II}+F_{III}+F_{IV})$$

通过以上分析可知：各设计管段的雨水设计流量等于该管段所承担的全部汇水面积与设计暴雨强度和径流系数的乘积。各设计管段的设计暴雨强度是相应于该管段设计降雨历时的暴雨强度，因为各设计管段的设计降雨历时不同，所以各管段的设计暴雨强度亦不同。在使用计算公式 $Q = \psi \cdot q \cdot F$ 时，应注意到随着雨水管道计算断面（集水点）位置的不同，管道的汇水面积也不同，从汇水面积最远点流到不同计算断面处的集水时间（包括管道内雨水流行时间）也是不同的。因此，在计算暴雨强度时，不同的设计管段应采用不同的设计降雨历时 t。

此外还要注意，雨水管道的管段设计流量，是该管道起始检查井断面处的最大流量。在雨水管道设计中，应根据各设计管段的设计断面正确计算设计降雨历时，从而保证各管段的设计流量正确合理。

8.2.5 雨水管道水力计算

1. 水力计算控制参数

在雨水管道设计中，为保证雨水管道顺利排泄径流雨水量，避免雨水在管道内发生淤积和冲刷等现象，《室外排水设计标准》GB 50014—2021 对雨水管道水力计算的基本参数作了如下技术规定：

（1）设计充满度

雨水中主要含有泥砂等无机物质，不同于城市污水的性质，厌氧分解产生的有害气体较少，在无雨的时段即可顺利排放，而且在无雨季节即可进行管道清淤，为保证及时排放径流雨水，通常雨水管道按满流来设计，即充满度 $h/D = 1$。对于明渠超高不得小于 0.20m，街道边沟超高不小于 0.03m。

（2）设计流速

为避免雨水中所挟带的泥砂等无机物质在管道内沉淀淤积而堵塞管道，《室外排水设计标准》GB 50014—2021 规定，雨水管道（满流时）的最小设计流速为 0.75m/s。由于明渠内发生淤积后易于清除、疏通，所以可采用较低的设计流速，一般明渠内最小设计流速为 0.4m/s。

为防止管壁及渠壁因冲刷而损坏，规范还规定雨水管道最大设计流速：金属管道为 10m/s，非金属管道为 5m/s，明渠最大设计流速则根据其内壁材料的抗冲刷性质，按设计规范选用，见表 8-5。

明渠最大设计流速 表 8-5

明渠类别	最大设计流速（m/s）	明渠类别	最大设计流速（m/s）
粗砂或低塑性粉质黏土	0.8	草皮护面	1.6
粉质黏土	1.0	干砌石块	2.0
黏土	1.2	浆砌石块或浆砌砖	3.0
石灰岩和中砂岩	4.0	混凝土	4.0

（3）最小管径

《室外排水设计标准》GB 50014—2021 规定，雨水管道的最小管径为 300mm，雨水口连接管的最小管径为 200mm。

（4）最小坡度

雨水管道的设计坡度，应慎重考虑，以保证管道最小流速的条件。此外，要在设计中力求使管道的设计坡度和地面坡度一致，以尽可能地减小管道埋深，降低工程造价，在地势平坦，土质又较差的地区，此点尤为重要。《室外排水设计标准》GB 50014—2021 规定，雨水管道的最小管径为 300mm，相应的最小坡度为 0.003，如为塑料管相应的最小坡度为 0.002；雨水口连接管的最小管径为 200mm，相应的最小坡度为 0.01。

（5）最小埋深与最大埋深

雨水管道的最小埋深和最大埋深的规定与污水管道相同。

2. 雨水管渠的断面形式

雨水管道一般采用圆形断面，当直径超过 2000mm 时也可采用矩形、半椭圆形或马蹄形断面，明渠一般采用梯形断面。

3. 雨水管渠的水力计算方法、步骤

（1）雨水管道的水力计算方法

雨水管道水力计算仍按均匀流考虑，其水力计算公式与污水管道相同。采用根据水力学计算公式绘制成的水力计算图（附图 8-1）进行。

在工程设计中，选定管材后粗糙系数 n 值即为已知数，雨水管道通常选用混凝土或钢筋混凝土管，其管壁粗糙系数 n 一般采用 0.013。设计流量 Q 是经过计算后求得的已知数。因此只剩下 D、v、i 三个未知数。在实际应用中，可参考地面坡度假定管道坡度，并根据设计流量值，从水力计算图中求得 D 和 v 值，并使所求得的 D、v、i 值均符合水力计算基本参数的规定。如根据地面坡度不能求得符合水力计算基本参数规定的 D、v、i，则应假定坡度重新计算，直到 D、v、i 值均符合水力计算基本参数的规定为止。

下面举例说明水力计算方法。

【例 8-2】已知：钢筋混凝土圆管，充满度 $h/D = 1$，粗糙度 $n = 0.013$，设计流量 $Q = 200\text{L/s}$，设计地面坡度 $I = 0.004$，试确定该管段的管径 D、流速 v 和管道坡度 i。

【解】采用圆管满流，$n = 0.013$ 钢筋混凝土管水力计算图，如图 8-10 所示。

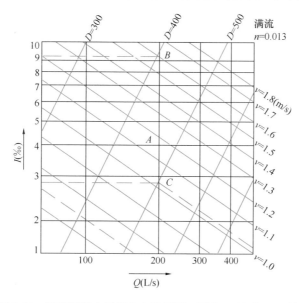

图 8-10 钢筋混凝土圆管水力计算图（图中 D 以 "mm" 计）

在横坐标上找出 $Q = 200\text{L/s}$ 点，向上作垂线，与坡度 $I = 0.004$ 相交于 A 点，在图中可由内插法读出 A 点的 v 和 D 值，得到 $v = 1.17\text{m/s}$，其值符合规范对设计流速的规定。而 D 值为 $400\sim500\text{mm}$，不符合管材规格的要求。需要调整管径 D。

当采用管径 $D=400\text{mm}$ 时，则 $Q=200\text{L/s}$ 的垂线与 $D=400$ 斜线相交于点 B，从图中得到 $v=1.60\text{m/s}$，符合规定，而 $i=0.0092$ 与地面坡度 $i=0.004$ 相差很大，势必增大管道埋深，不宜采用。

当采用管径 $D=500\text{mm}$ 时，则 $Q=200\text{L/s}$ 的垂线与 $D=400$ 斜线相交于点 C，从图中得出 $v=1.02\text{m/s}$，$i=0.0028$。此结果既符合水力计算要求，又不会增大管道埋深，经济合理，故决定采用。

因此，该管段的管径 $D=500\text{mm}$、流速 $v=1.02\text{m/s}$、管道坡度 $i=0.0028$。

（2）雨水渠道的断面设计方法

当采用渠道时，应根据水力学中的明渠均匀流公式，采用试算的方法进行断面设计，保证渠底坡度和流速满足要求。具体方法参见水力学教材。

（3）雨水管道的设计步骤

雨水管道的设计通常按以下步骤进行：

1）收集并整理设计地区的各种原始资料。包括设计地区的平面地形图、排水工程专项规划、受纳水体的水文资料、地质资料、暴雨强度公式等作为设计依据。

2）划分排水流域，进行雨水管道定线。根据地形按分水线划分排水流域；当地形平坦无明显分水线时，可按汇水面积的大小划分排水流域。在每一个排水流域内确定排水流向，根据雨水管道系统的布置原则及特点，进行管道定线。

如图 8-11 所示。该市被河流分为南、北两区。南区有一明显分水线，其余地方起

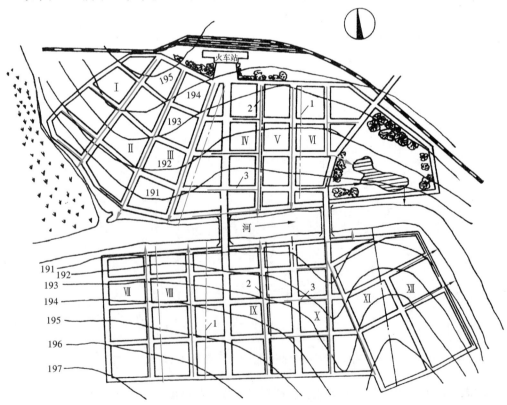

图 8-11　某市雨水管道平面布置图

1—流域分界线；2—雨水干管；3—雨水支管

伏不大，因此，排水流域按汇水面积的大小划分。因该市暴雨量较大，每条雨水干管承担汇水面积不宜太大，故划分为 12 个排水流域。

根据该市地形条件确定雨水流向，拟采用分散式出水口的雨水管道布置形式，雨水干管垂直于等高线布置在排水流域地势较低的一侧，便于雨水能以最短的距离靠重力流分散就近排入水体。雨水支管一般设在街坊较低侧的道路下，这样可以更好地利用边沟排除雨水，节省管道降低工程造价。每条雨水干管起端的 100～150m 处，可根据具体情况考虑不设雨水管道。

3）划分设计管段。雨水管道设计管段的划分方法与污水管道相同，将两个检查井之间流量没有变化，而且管径和坡度都不变的管段作为设计管段，将设计管段上下游的检查井由上游往下游依次编号。

4）划分并计算各设计管段的汇水面积

按前述汇水面积的划分方法划分汇水面积并编上号码，计算其面积，将数值标注在该块面积图中，如图 8-12 所示。

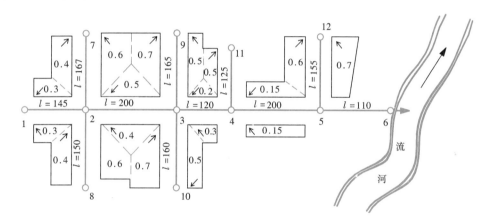

图 8-12　某城区雨水管道布置和沿线汇水面积示意图

5）确定径流系数。根据排水流域内各类地面的面积或所占比例，计算出该排水流域的平均径流系数。也可根据规划的地区类别，采用区域综合径流系数。

6）确定设计重现期 P 及地面集水时间 t_1

设计时，应结合该地区的地形特点、汇水面积的地区建设性质和气象特点选择设计重现期，各排水流域雨水管道的设计重现期可选用同一值，也可选用不同值。

根据设计地区建筑密度情况、地形坡度和地面覆盖种类、街坊内是否设置雨水暗管，确定雨水管道的地面集水时间 t_1。

7）确定单位面积径流量 q_0

由单位面积径流量公式可知：

$$q_0 = q \cdot \psi = \frac{167 A_1 \times (1 + c \lg P)}{(t_1 + t_2 + b)^n} \psi \quad \text{L/(s·hm}^2\text{)}$$

对于某一具体工程来说，式中 P、t_1、ψ、A_1、c、b、n 均为已知数。因此，只要求出各计算管段内的雨水流行时间 t_2，即可求出相应设计管段的 q_0 值。

8）设计流量的计算

将设计管段的单位面积径流量与该设计管段的汇水面积相乘，即可计算设计管段的设计流量。设计流量的计算应从上游向下游依次进行，为防止出现错误可列表计算。

9）选定管道材料并进行水力计算

雨水管道管径小于或等于400m，采用混凝土管；管径大于400m，采用钢筋混凝管。目前，有的城市也采用化学建材管。

进行雨水管道水力计算，确定各设计管段的管径、流速、坡度、管内底标高和埋深。

10）绘制平、剖面图

绘制方法及具体要求与污水管道基本相同。

【例8-3】某市居住区部分雨水管道布置如图8-13所示。地形西高东低，一条自西向东流的天然河流分布在城市的南面，河流的洪水位标高为84.000m。该城市的暴雨强度公式为：$q = \dfrac{500(1 + 1.47\lg p)}{t^{0.65}}$ [L/(s·hm^2)]。该街区采用暗管排除雨水，管材采用圆形钢筋混凝土管。管道起点埋深1.40m。各类地面面积见表8-6，地面集水时间采用5min，设计重现期为1a，试进行雨水管道的设计与计算。

街坊及街道各类面积 表8-6

地面种类	面积 F_i	采用径流系数 ψ_i	$F_i \cdot \psi_i$
屋面	1.9	0.9	1.71
沥青路面及人行道	0.7	0.9	0.63
圆石路面	1.2	0.4	0.48
土路面	0.8	0.3	0.24
草地	0.8	0.15	0.12
合计	5.4		3.18

【解】

（1）划分排水流域，进行管道定线。从居住区地形图中得知，该地区面积较小，地形较平坦，无明显分水线，故划分为一个排水流域。在该排水流域内按图8-13标示的雨水流向进行管道定线，雨水出水口设在河岸边，故雨水干管走向从西北向东南，结果如图8-13所示。

（2）划分设计管段，计算设计管段的长度。根据管道定线情况划分设计管段，将设计管段的检查井依次编号，并量出每一设计管段的长度，汇总到表8-7中。确定出各检查井的地面标高，填入表8-8中。

设计管道长度汇总表 表8-7

管段编号	管段长度（m）	管段编号	管段长度（m）
1～2	75	4～5	150
2～3	150	5～6	125
3～4	83		

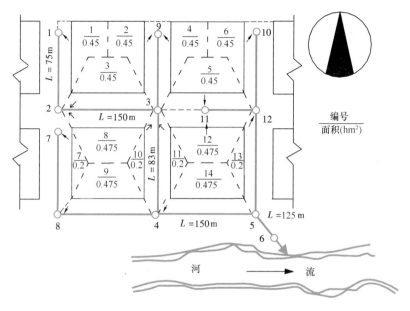

图 8-13　某市居住区部分雨水管道布置图

地面标高汇总表

表 8-8

检查井编号	地面标高	检查井编号	地面标高
1	86.700	4	86.550
2	86.630	5	86.530
3	86.560	6	86.500

（3）计算每一设计管段所承担的汇水面积。按就近排入附近雨水管道的原则划分汇水面积，将每块汇水面积编号并计算面积值，填入到表 8-9 中。

汇水面积计算表

表 8-9

管段编号	本段汇水面积编号	本段汇水面积（hm²）	转输汇水面积（hm²）	汇水总面积（hm²）
1～2	1	0.450	0	0.450
2～3	3、8	0.925	0.450	1.375
9～3	2、4	0.900	1.375	2.275
3～4	10、11	0.400	2.275	2.675
7～8	7	0.200	2.675	2.875
8～4	9	0.475	2.875	3.350
4～5	14	0.475	3.350	3.825
10～12	6	0.450	3.825	4.275
11～12	5、12	0.925	4.275	5.200
12～5	13	0.200	5.200	5.400
5～6	0	0	5.400	5.400

(4) 设计管段流量计算和水力计算。雨水管道设计流量和水力计算通常列表进行，见表8-10。先从管段起端开始，然后依次向下游进行。其方法如下：

1) 将设计管段、管段长度、汇水面积、设计地面标高填入表中第1、2、3、13、14项，由上游向下游依次填写。

2) 确定设计降雨历时。在计算设计管段的流量时，假定设计管段的流量均从管段的起点进入，将各管段的起点作为设计断面。因此，各设计管段的设计流量按该管段的起点，即上游管段终点的设计降雨历时进行计算，也就是说，在计算各设计管段的暴雨强度时，所采用的 t_2 值是设计管段上游各管段的管内雨水流行时间之和 Σt_2，设计降雨历时为 $t_1+\Sigma t_2$。例如，设计管段1~2为起始管段，故 $t_2=0$，将此值列入表中第4项，设计降雨历时为 $t_1=5\text{min}$。

3) 求该居住区的平均径流系数 Ψ_{av}，根据表8-7中数值，按公式计算得：

$$\Psi_{av}=\frac{\Sigma F_i \cdot \Psi_i}{F}$$

$$=\frac{1.9\times0.9+0.7\times0.9+1.2\times0.4+0.8\times0.3+0.8\times0.15}{4.0}$$

$$=0.59\approx0.6$$

4) 求单位面积径流量 q_0，即：$q_0=\Psi_{av} \cdot q$ $\text{L}/(\text{s} \cdot \text{hm}^2)$

将已知的地面集水时间 $t_1=5\text{min}$，设计重现期 $P=1\text{a}$，代入公式中，则：

$$q_0=q \cdot \psi=\frac{500\times(1+1.47\lg1)}{(5+\Sigma t_2)^{0.65}}\times0.6=\frac{300}{(5+\Sigma t_2)^{0.65}}   \text{L}/ (\text{s} \cdot \text{hm}^2)$$

5) 计算管段的设计流量。计算时自起始设计管段开始依次向下游管段进行，先计算起始管段的设计降雨历时，求得单位面积径流量值，再乘以该管段的总汇水面积得起始管段的设计流量。本例中，管段1~2的设计降雨历时为5min，求得的单位面积径流量为105L/(s·hm²)，故设计流量为：$Q_{1\sim2}=q_0 \cdot F_{1\sim2}=105\times0.45=47.25\text{L/s}$，将此计算值列入表8-10中第7项。2~3管段的设计流量，需待1~2管段的雨水流行时间求出后才能进行计算，其余管段以此类推。

6) 进行起始管段的水力计算。根据起始设计管段的设计流量，参考地面坡度，查满流水力计算图（附图8-1），确定出管段的设计管径、坡度和流速。在查水力计算图时，Q、v、I 和 D 这四个水力因素可以相互适当调整，使计算结果既符合设计数据的规定，又经济合理。为不使管道埋深过大，起始管段的管道坡度不宜过大，但所取的坡度应能使管内水流速度不小于设计流速。

设计管段1~2处的地面坡度为 $I_{1\sim2}=\frac{G_1-G_2}{L_{1\sim2}}=\frac{86.700-86.630}{75}=0.0009$。该管段的设计流量 $Q=47.25\text{ L/s}$，当管道坡度采用地面坡度时，查满流水力计算图，管径 D 介于300~400mm之间，$v=0.48\text{m/s}$，不符合设计参数的规定。因此需要进行调整，当管径 $D=300\text{mm}$ 时，$v=0.75\text{m/s}$、$I=0.003$，符合设计参数的规定，故采用，将其填入表8-10中第8、9、10项。表中第11项是管道的输水能力 Q'，它是指经过调整后的流量值，也就是指在给定的 D、v 和 I 的条件下，雨水管道的实际过水能力，要求 $Q'>Q$，管段 1~2 的输水能力为 54L/s。

7）根据设计管段的设计流速求本管段的管内雨水流行时间 t_2。从起始管段开始进行计算，管段 1~2 的管内雨水流行时间 $t_2 = \dfrac{L_{1\sim2}}{60 v_{1\sim2}} = \dfrac{75}{60 \times 0.75} = 1.67\text{min}$，将其计算值列入表 8-10 中第 5 项。

在 1~2 管段的雨水流行时间计算得出后，即可进行 2~3 管段的设计流量计算。通常情况是在 1~2 管段的管内底标高、埋深计算完成后再进行。为叙述方便，本例在此介绍其他管段设计流量的计算方法。

2~3 管段的设计降雨历时为 $t = t_1 + \sum t_2 = 5 + 1.67 = 6.67\text{min}$，单位面积径流量为

$$q_0 = q \cdot \psi = \frac{500 \times (1 + 1.47\lg1)}{(5 + \sum t_2)^{0.65}} \times 0.6$$

$$= \frac{300}{(5 + \sum t_2)^{0.65}} = \frac{300}{(5 + 1.67)^{0.65}} = 87.5 \ \text{L/(s} \cdot \text{hm}^2)$$

设计流量为 $Q_{2\sim3} = 87.5 \times 1.375 = 120.3 \ \text{L/s}$。

其他管段设计流量的计算，也是在上游管段的雨水流行时间计算得出后进行，方法与此相同，不再重述。

8）求降落量。由设计管段的长度及坡度，求出设计管段上下端的降落量（设计高差）。管段 1~2 的降落量 $I \cdot L = 0.003 \times 75 = 0.225\text{m}$，将此值列入表 8-10 中第 12 项。

9）确定管道起点埋深，求各设计管段上、下端的管内底标高。在满足最小覆土厚度的条件下，考虑冰冻情况，承受荷载及管道衔接，并考虑与其他地下管线的交叉情况，确定管道起点的埋深或管内底标高。本例起点埋深为 1.40m。将此值列入表 8-10 中第 17 项。

用 1 点地面标高减去该点管道的埋深，得到 1 点的管内底标高，即 $86.700 - 1.40 = 85.300$，列入表 8-10 中第 15 项，再用该值减去该管段的降落量，即得到 2 点的管内底标高，即 $85.300 - 0.225 = 85.075\text{m}$，列入表 8-10 中第 16 项。

用 2 点的地面标高减去 2 点的管内底标高，得到 2 点的埋深，即 $86.630 - 85.075 = 1.56\text{m}$，将此值列入表 8-10 中第 18 项。

其他管段管内底标高的计算，要考虑管道在检查井处的衔接问题。在雨水管道设计时，不论管径相同与否均采用管顶平接。

管段 1~2 与 2~3 在检查井 2 处采用管顶平接。即管段 1~2 中的 2 点与 2~3 中的 2 点的管顶标高相同。所以管段 2~3 中的 2 点的管内底标高为 $85.075 + 0.300 - 0.500 = 84.875\text{m}$。求出 2 点的管内底标高后，按前面的方法求得 3 点的管内底标高。其余各管段的计算方法与此相同，直到完成表 8-10 中所有项目，则水力计算结束。

10）水力计算后，要进行校核，使设计管段的管径、流速、坡度、管内底标高及埋深等均符合设计规定的要求。

雨水干管水力计算表　　　　　　　　　　　　　表 8-10

设计管段编号	管段长度 L (m)	汇水面积 F (hm²)	管内雨水流行时 (min) $\sum t_2 = \sum \dfrac{L}{v}$	管内雨水流行时 (min) $t_2 = \dfrac{L}{v}$	单位面积径流量 q_0 [L/(s·hm²)]	设计流量 Q (L/s)	管径 D (mm)	水力坡度 I (‰)
1	2	3	4	5	6	7	8	9
1～2	75	0.450	0	1.67	105	47.25	300	3
2～3	150	1.375	1.67	3.33	87.5	120.3	500	1.5
3～4	83	2.675	5.00	1.84	67.11	179.52	600	1.3
4～5	150	3.825	6.84	2.81	60.18	230.19	600	1.7
5～6	125	5.400	9.65	1.98	52.40	282.97	600	2.4

流速 v (m/s)	管道输水能力 Q' (L/s)	坡降 IL (m)	设计地面标高 (m) 起点	设计地面标高 (m) 终点	设计管内底标高 (m) 起点	设计管内底标高 (m) 终点	埋深 (m) 起点	埋深 (m) 终点
10	11	12	13	14	15	16	17	18
0.75	54	0.225	86.700	86.630	85.300	85.075	1.40	1.56
0.75	150	0.225	86.630	86.560	84.875	84.650	1.755	1.93
0.75	220	0.108	86.560	86.550	84.550	84.442	2.01	2.108
0.89	250	0.255	86.550	86.530	84.442	84.187	2.108	2.343
1.05	300	0.300	86.530	86.500	84.187	83.887	2.343	2.613

根据计算得知，6 点的管内底标高为 83.887m，而受纳水体的洪水位标高为 84.000m，管内底标高低于洪水位标高，为保证在暴雨期间雨水顺利排出，在雨水干管的终端设置雨水泵站。

雨水管道在设计计算时，应注意以下几方面的问题：

（1）在划分汇水面积时，应尽可能使各设计管段的汇水面积均匀增加，否则会出现下游管段的设计流量小于上游管段的设计流量的情况，这是因为下游管段的集水时间大于上游管段的集水时间，故下游管段的设计暴雨强度小于上游管段的设计暴雨强度，而总汇水面积只有很小增加的缘故。若出现了这种情况，应取上游管段的设计流量作为下游管段的设计流量。

（2）水力计算自上游管段依次向下游进行，一般情况下，随着设计流量的增加，设计流速也相应增加，如果流量不变，流速不应减小。

（3）雨水管道各设计管段在检查井处的衔接方式，均采用管顶平接。

（4）本例只进行了雨水干管水力计算，但在实际工程设计中，干管与支管是同时进行计算的。在支管和干管相接的检查井处，会出现到该断面处有两个不同的集水时间 $\sum t_2$ 和管内底标高值，在继续计算相交后的下一个管段时，应采用其中较大的集水时间值和较小的管内底标高。

8.2.6　设计图的绘制

雨水管道的设计图包括平面图和纵剖面图，其绘制的方法、要求及内容与污水管道平面图和纵断面图相同，不再重述。图 8-14 为【例 8-3】的雨水干管纵断面图示意图。

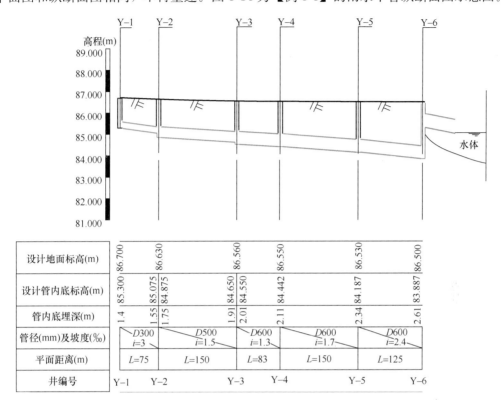

设计地面标高(m)	86.700	86.630		86.560	86.550		86.530	86.500
设计管内底标高(m)	85.300	85.075 84.875		84.650 84.550	84.442		84.187	83.887
管内底埋深(m)	1.4	1.55 1.75		1.91 2.01	2.11		2.34	2.61
管径(mm)及坡度(‰)	$D300$ $i=3$		$D500$ $i=1.5$		$D600$ $i=1.3$	$D600$ $i=1.7$		$D600$ $i=2.4$
平面距离(m)	$L=75$		$L=150$		$L=83$	$L=150$		$L=125$
井编号	Y-1	Y-2		Y-3	Y-4		Y-5	Y-6

图 8-14 雨水管道纵断面图

8.3 雨水径流调节与立交道路排水

8.3.1 雨水径流调节

1. 雨水径流调节的目的

随着城市化进程的不断加快，城市不透水地面面积也在不断增加，导致雨水的径流量增大；同时，雨水管道系统设计流量中包含了高峰时段的降水径流量，其设计流量本身就很大。雨水设计流量的增大，必然增大管道的断面尺寸，从而提高管道系统的工程造价。为减小管道断面尺寸，降低工程造价，在条件允许时可利用池塘、河流、洼地、湖泊或修建调节池，将雨峰流量暂时蓄存，待雨峰流量过后，再从这些调节设施中排除所蓄水量。其目的是：削减洪峰流量，减小下游管道系统的高峰雨水流量，减小下游管道断面尺寸，降低工程造价。此外，雨水调蓄还是解决原有管道排洪能力不足的最好措施，同时也可利用蓄存雨水量作为缺水地区的供水水源。

2. 雨水径流调节的方法

（1）管道容积调洪法

管道容积调洪法是利用管道本身的调节能力蓄洪。此方法的缺点是，调洪能力有限。一般适用于地形坡度较小的地区。可节约管道造价 10% 左右。

（2）建造人工调节池或利用天然洼地、池塘、河流等蓄洪

此种方法的特点是，蓄洪能力大，可以有效地减小调节池下游管道断面，降低管渠的造价，经济效益高。目前，这种方法越来越得到重视，在国内外工程实践中已得到广泛的应用。

一般在下列情况下设置调节池，可以取得良好的技术经济效果。

1）城市距水体较远，需长距离输送排放雨水时；

2）需设雨水泵站排除雨水，应在泵站前设调节池；

3）利用城市附近天然洼地、池塘等水体调节径流，可补充景观水体，美化城市；

4）在雨水干管的中游或有大流量交汇处设置调节池，可降低下游各管段的设计流量；

5）正在发展或分期建设的城区，可用来解决原有雨水管渠排水能力的不足；

6）在干旱地区，设置调节池可用于蓄洪养殖和灌溉。

调节池的设置位置，对于雨水管道造价及使用效果有重要的影响，同样容积的调节池，其设置位置不同，经济效益和使用效果则有着明显的差别。应根据当地的具体条件，合理确定调节池的位置。

3. 调节池的形式

（1）溢流堰式调节池

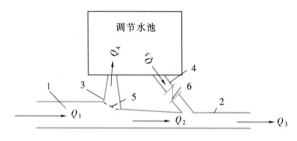

图 8-15　溢流堰式调节池
1—调节池上游干管；2—调节池下游干管；3—池进水管；
4—池出水管；5—溢流堰；6—止回阀

溢流堰式调节池适用于地形坡度较大的地段，其构造如图 8-15 所示。这种调节池是在雨水管道上设置溢流堰，当雨水在管道中的流量增大到设定流量时，因溢流堰下游管道变小，管道中水位升高产生溢流而进入雨水调节池。随着降雨量增大，进入调节池的水量也逐渐增多，其水位也在逐渐增高，然后随着雨水径流量的减小，管道中的水量也在减小，调节池中的蓄存水就通过出水管泄出，经下游管道开始排放，直到池内水放空为止，此时调节池停止工作。在出水管上设置止回阀，防止雨水倒灌入调节池，同时出水管应有足够的坡度。

（2）流槽式调节池

流槽式调节池适用于地形坡度较小，而管道埋深较大的地段，其构造如图 8-16 所示，在池底设置渐缩式流槽，雨水流经调节池中央。当 $Q_1 \leqslant Q_3$ 时，雨水经设在池底部的渐缩断面流槽流入下游雨水干管排走，池内流槽深度等于下游干管的直径。当 $Q_1 > Q_3$ 时，由

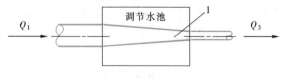

图 8-16　流槽式调节池
1—流槽

于调节池下游管道变小，使雨水不能及时全部排出，在调节池内蓄存淹没流槽，调节池开始蓄水存水，当 Q_1 达到最大值时，池内水位和流量也达到最大。当雨水量减小到小于下游管道排水能力时，调节池内蓄水开始经下游干管排出。直到 Q_1 不断减小到小于下游干管的通过能力 Q_3 时，池内水位才逐渐下降，直到排空为止。

（3）中部侧堰式调节池

中部侧堰式调节池适用于地形平坦而管道埋深不大的情况，其构造如图 8-17 所示。其原理与流槽式调节池相同，只是中部的两个侧堰形成的断面为固定尺寸，调节池建造得较深，蓄存于池内的调节水量需用水泵抽升至下游管道排出。

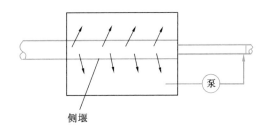

4. 调节池容积 V 的计算

调节池内最高水位与最低水位之间的容积称为调节容积，重力流排水管道系统中调节池容积的计算，应根据由径

图 8-17　中部侧堰式调节池

流成因所推理的流量过程线进行，根据苏联学者研究，建议采用式（8-11）计算：

$$V = (1-\alpha)^{1.5} \cdot Q_{\max} \cdot t_A \tag{8-11}$$

式中　V——调节池容积，m^3；

α——下游雨水干管设计流量的降低系数，$\alpha = \dfrac{Q_{下游}}{Q_{\max}}$；

$Q_{下游}$——调节池下游出水口干管的设计流量，m^3/s；

$Q_{\max}$——调节池上游干管的设计流量，m^3/s；

t_A——对应于 $Q_{\max}$ 的设计降雨历时，s。

有关调节池容积的计算还有其他一些方法，可参考《给水排水设计手册》及有关论著。

5. 调节池下游干管设计流量计算

由于调节池具有蓄洪和滞洪的作用，因此调节池下游雨水干管的设计流量，是以调节池下游的汇水面积为起点计算，与调节池上游汇水面积的大小无关。

如果调节池下游干管无本段汇水面积的雨水进入时，其设计流量为 $Q = \alpha \cdot Q_{\max}$。

如果调节池下游干管有本段汇水面积的雨水进入时，其设计流量为 $Q = \alpha \cdot Q_{\max} + Q'$。

式中　Q——调节池下游雨水干管的雨水设计流量，L/s；

$Q_{\max}$——调节池上游干管的设计流量，L/s；

α——下游雨水干管设计流量的降低系数，对于溢流堰式，$\alpha = \dfrac{Q_2 + Q_5}{Q_{\max}}$；对于流

槽式，$\alpha = \dfrac{Q_3}{Q_{\max}}$；

Q'——调节池下游干管汇水面积上的雨水设计流量，即按下游干管汇水面积的集水时间计算，与上游干管的汇水面积无关。

6. 调节池放空时间及其校核

调节池放空时间，一般不宜超过 24h。调节池的出水管管径可按表 8-11 选用。调

节池出水管（长度按 10m 计）平均流出流量可按表 8-12 选用。

调节池出水管管径 表 8-11

调蓄池容积（m³）	管径（mm）	调蓄池容积（m³）	管径（mm）
500～1000	200	2000～4000	300～400
1000～2000	200～300		

调节池出水管平均流出流量 表 8-12

出水管直径 (mm)	池内最大水深 H（m）		
	1.0	1.5	2.0
	平均流出流量（L/s）		
200	38	46	54
250	65	79	92
300	99	121	140
400	190	233	269

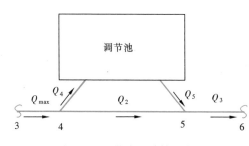

图 8-18 调节水池计算示意图

【例 8-4】如图 8-18 所示。已知 4 点处 $Q_{max} = 1.2\text{m}^3/\text{s}$，设计降雨历时 $t_A = 20\text{min}$，调节池下游干管设计流量（即管段 5～6 后）为 $Q_3 = 0.36\text{m}^3/\text{s}$，调节池出水管长度 $L = 10\text{m}$，出水管管径 $D = 200\text{mm}$，池内最大水深 $H = 2.0\text{m}$，调节池下游干管（管段 5～6 段）无雨水流入。试计算调节池的容积及校核放空时间。

【解】（1）计算调节池容积

由题意知：$\alpha = \dfrac{Q_3}{Q_{max}} = \dfrac{0.36}{1.2} = 0.3$

$$V = (1-\alpha)^{1.5} \cdot Q_{max} \cdot t_A = (1-0.3)^{1.5} \times 1.2 \times 20 \times 60 = 1203\text{m}^3$$

（2）校核放空时间 T

当 $D = 200\text{mm}$ 时，$H = 2\text{m}$，查表 8-13 得 $Q_5 = 54\text{L/s}$。

$$T = \frac{V}{Q_5} = \frac{1203 \times 1000}{54 \times 3600} = 6.19 \approx 7\text{h}$$

故调节池出水管管径 $D = 200\text{mm}$ 可以满足要求。

8.3.2 立交道路排水

随着城市建设的不断发展和人们生活水平的不断提高，城市汽车保有量也在逐年大幅提高，城市交通堵塞问题也越加凸显。为缓解城市交通压力，各城市都在建设各种各样的立交工程。在缓解交通压力的同时，立交道路下凹处的积水问题，已引起人们的高度重视。尤其在暴雨时，还可能带来巨大的生命财产损失。合理解决立交道路的排水问题，也是保证立交道路运行安全的关键问题。

1. 立交道路排水的特点

立交道路排水的主要任务是确保立交范围内降水产生的地面径流能够及时顺畅地排走，对个别雪量大的地区，应进行融雪流量的校核。另外当地下水位高于或接近设计路基时，还需要排除地下水。由于立交均在 2～3 层之间，所以跨线桥、引道、坡道、匝道、地下行人通道等各处标高相差很大，且纵横交错，容易造成雨水的汇集和排出不畅，若高处的雨水不能及时排出，就会直接影响到低处雨水的排除。所以立交道路排水与一般道路排水相比立交最低点极易积水，为保证车辆通行所采用的设计标准较高，有时还要考虑地下水的影响。

2. 立交道路排水应遵循的原则

1）分散排除原则，即"高水高排、低水低排"以迅速排除雨水；

2）自流排水的原则，自流排水，经济、安全，不需要专门的管理人员和特殊的工程设施；

3）当无法自排时，可采用泵站提升的方式，但应尽量缩小汇水范围，以减小泵站规模，节省投资及后期运行费用，同时便于维护和管理。

3. 立交道路排水方案

立交道路排水可分为自流、调蓄、泵站提升三种方式，也可以采用几种方式的组合，设计时根据实际情况确定。

（1）自流排水

当道路立交处附近有低于立交最低路面的市政雨水管渠或水体时，可采用直接排水方式，靠重力将立交处的径流雨水排放至市政雨水管渠或水体。此时，要充分利用道路的纵横坡，合理设置雨水口，尽可能让雨水自流排出。

（2）先蓄后排

当道路立交处附近没有可利用的市政雨水管渠或水体，不能及时排除径流雨水时，可设置调蓄池，一方面调节立交区域雨水径流量，另一方面还能降低下游雨水管渠系统的运行压力。同时，由道路盲沟（渗渠或穿孔管）汇集来的地下水，也可以汇入调蓄池内。2013 年，北京完成 20 座下凹式立交桥调蓄池建设，解决了北京许多立交桥一遇暴雨就积水的"旧患"，可见其作用效果显著。

调蓄池可建在立交桥附近，也可建在桥下。对于土地利用高、地下水位高，景观要求高的立交桥，一般在桥下建设蓄渗池。它是一种在表面可以种植绿化植物，从上到下由透水层、蓄水层和渗透层组成的生态调蓄装置，一方面可以暂时蓄存雨水，另一方面还起到初步处理雨水和涵养地下水的作用。

（3）泵站提升排水

当立交道路最低路面高程低于受纳水体高程时，通常就需要修建雨水提升泵站，排除立交路面范围内的积水。根据国内运行相关经验，下穿式立交雨水系统泵站宜采用潜水泵，自动运行时可按设计秒流量确定泵站流量，人工控制时可按最大小时确定泵站流量。水泵应不少于 2 台，以保证有 1 台备用泵。根据经验，泵站集水池有效容积按不小于最大一台水泵 5min 的出水流量计算。

立交道路排水方案的选择，必须在熟悉立交道路图纸、立交桥附近的水文地质资料、下游水体的水位等资料的前提下，结合该工程的特点，选择技术可行、经济合理的设计方案。

4. 立交道路排水设计要点

立交道路处雨水管道的设计方法与非立交道路处相同，但应注意以下几点：

（1）合理布置雨水口

在坡道处，沿坡道两侧对称布置，越接近最低点间距越小，当道路纵坡大于 2% 时，因纵坡大于横坡，雨水流入雨水口少，可加大雨水口间距少设雨水口，但在接近坡段最低点处应增加雨水口数量；当道路纵坡不大于 2% 时，沿途应设雨水口，雨水口的间距随纵坡的增大而增大。在接近坡段的最低点处处双算或多算雨水口，或增加雨水口的数量以收集径流雨水。在跨线桥处，可根据实际情况设置泄水孔直接将径流雨水排至立管，将水引至下层的雨水口，随下层径流雨水进入雨水管道或泵站，泄水孔的间距随立管间距而定，立管一般布置在桥墩一侧。

（2）合理确定设计重现期

设计重现期应根据地区重要性、交通量和汇水面积的大小确定，通常应大于立交道路所在地区的雨水管道设计重现期，一般应提高 1～2 级，有的地区可能更高，根据各地经验，暴雨强度的设计重现期在 1～20a。

（3）合理划分立交道路的汇水面积

汇水面积应包括引道、坡道、匝道、跨线桥、绿地、建筑红线 10m 以内的适当面积。划分面积时，应尽量缩小汇水面积，以减小流量，避免在最低处排泄不及时造成积水。当条件许可时，应尽量将属于立交范围的一部分面积划归附近另外的排水系统，或采取分散排放的原则，将地面高的水接入较高的排水系统，自流排出，地面低的雨水接入另一较低的排水系统，若不能自流排出，设置排水泵站提升。

（4）最小管径的规定

在立交道路处，雨水管道的最小管径为 400mm，以便及时排走雨水径流量。

（5）地面集水时间和综合径流系数的规定

地面集水时间应根据道路坡长、坡度和路面粗糙度等计算确定，宜为 2～10min，综合径流系数宜为 0.9～1.0。

8.4　海绵城市设计简介

众所周知，城市是人类利用和改造自然的产物，城市与自然的和谐共生，是现代文明城市的重要标志。然而，近年来全国各地每到夏季，城市"内涝"频频出现，暴雨之后，广场成汪洋，街道变"河道"，公交被困，汽车没顶，井盖被冲开，下水道成陷阱，这极大地影响了城市形象和人们的生产、生活，甚至造成生命财产的损失。城市发生内涝的原因很多，既有极端天气的原因，也有应急措施不足、排水管网不发达等原因，但根本还在于快速城镇化的建设过程中人口过快集聚，高楼、马路、不透水地面不断扩张，道路硬化虽然带来了生活的便利，但忽视疏浚天然排涝系统的建设，势必会造成雨水排泄不畅。为合理利用和改造自然，减轻内涝带来的危害，提出了海绵城市的建设理念。

海绵城市即城市能够像海绵一样在适应环境变化和应对雨水带来的自然灾害等方面具有良好的"弹性"，下雨时吸水、蓄水、渗水、净水，需要时将蓄存的水"释放"并加以利用。让人造城市转变为能够吸纳雨水、过滤空气、过滤污染物质的超级大海绵，达到降温、防洪、抗旱、捕碳等目的，从根本上解决人造城市阻绝水与生态的问题，提升城市生态系统功能并减少城市洪涝灾害的发生，迈向真正的生态与低碳城市。

海绵城市是新一代城市雨洪管理的概念，也可称之为"水弹性城市"。国际通用术语为"低影响开发雨水系统构建"。2012 年 4 月，在《2012 低碳城市与区域发展科技论坛》中，首次提出"海绵城市"概念；2013 年 12 月 12 日，习近平总书记在《中央城镇化工作会议》的讲话中强调："提升城市排水系统时要优先考虑把有限的雨水留下来，优先考虑更多利用自然力量排水，建设自然存积、自然渗透、自然净化的海绵城市"。目前，我国已有 30 个城市进行海绵城市的试点建设，《海绵城市建设技术指南——低影响开发雨水系统构建（试行）》也已颁布，海绵城市的建设材料也在不断研制。

8.4.1　海绵城市建设理念

海绵城市的建设要改变处处是硬化路面，主要依靠管渠、泵站等设施来排水，以"快速排除"和"末端集中"的传统城市规划建设理念。在这种模式下，雨水大量排走，遇到暴雨，较短时间内大量径流雨水被输送到管渠末端，导致下游区域内涝风险加大。

根据《海绵城市建设技术指南》，海绵城市建设理念是城市建设将强调优先利用植草沟、雨水花园、下沉式绿地等"绿色"措施来组织排水，以"慢排缓释"和"源头分散"控制为主要规划设计理念。这种模式下，将传统城市建设中单一的"快排"模式转变为"渗、滞、蓄、净、用、排"的多目标全过程综合管理模式。因此，海绵城市建设，要充分发挥城市绿地、道路、水系等对雨水的吸纳、蓄渗和缓释作用，有效缓解城市内涝、削弱城市径流污染负荷、节约水资源、保护和改善城市生态环境，即做到自然积存、自然渗透、自然净化功能。

海绵城市建设，将自然途径与人工措施相结合，在确保城市排水防涝安全的前提下，最大限度地实现雨水在城市区域的积存、渗透和净化，促进雨水资源的利用和生态环境保护。建设海绵城市并不是推倒重来，取代传统的排水系统，而是对传统排水系统的一种"减负"和补充，最大限度地发挥城市本身的作用。在海绵城市建设过程中，应统筹自然降水、地表水和地下水的系统性，协调给水、排水等水循环利用各环节，并考虑其复杂性和长期性。

8.4.2　海绵城市设计的基本原则

1. 合理进行海绵城市规划

城市建设各部门、各相关专业要合理进行海绵城市的规划，确定低影响开发雨水系统构建的内容，在后续的建设过程中依规划进行，充分体现规划的科学性和权威性，发挥规划的控制和引领作用。

2. 生态优先原则

城市开发建设应保护河流、湖泊、湿地、坑塘、沟渠等水生态敏感区，优先利用自然排水系统与低影响开发设施，实现雨水的自然积存、自然渗透、自然净化和可持续水循环，提高水生态系统的自然修复能力，维护城市良好的生态功能。在城市规划中，要对绿地率、水面率、径流控制率、区域透水面积率等提出控制指标。

3. 安全为重原则

以保护人民生命财产安全和社会经济安全为出发点，综合采用工程和非工程措施提高低影响开发设施的建设质量和管理水平，消除安全隐患，增强防灾减灾能力，保障城市水安全。

4. 因地制宜原则

应根据本地自然地理条件、水文地质特点、水资源禀赋状况、降雨规律、水环境保护与内涝防治要求等，合理确定低影响开发控制目标与指标，科学规划布局和选用下沉式绿地、植草沟、雨水湿地、透水铺装、多功能调蓄等低影响开发设施及其组合系统。

5. 统筹建设原则

地方政府应结合城市总体规划，在各类建设项目中严格落实相关规划中确定的低影响开发控制目标、指标和技术要求，统筹建设。低影响开发设施应与建设项目的主体工程同时规划设计、同时施工、同时投入使用。

海绵城市建设中，低影响开发设施的设计，详见《海绵城市建设技术指南》，本教材不再涉及。

思 考 题 与 习 题

1. 雨水管道系统定线的原则有哪些？

2. 如何确定设计重现期？

3. 如何确定设计降雨历时？设计降雨历时与集流时间有何关系？

4. 雨水管道的设计管段如何划分？设计管段的设计流量如何确定？

5. 雨水管道为什么要按满流设计？

6. 雨水口有哪些作用？直线道路上怎样布置雨水口？

7. 平面交叉口处怎样布置雨水口？

8. 立交道路交叉口处怎样布置雨水口？

9. 雨水径流调节的意义有哪些？常用调节池有哪些布置形式？其工作原理如何？调节池容积如何计算？

10. 立交道路处如何进行雨水量的设计计算？

11. 立交道路处如何进行雨水管道的水力计算？

12. 海绵城市的含义是什么？

13. 海绵城市建设的基本理念是什么？

14. 海绵城市建设的基本原则有哪些？

15. 雨水管道和污水管道水力计算的不同点有哪些？

16. 在雨水管道设计流量计算时，若出现下游管段的设计流量小于上游管段的设计流量的情况，应如何处理？这说明了什么问题？

17. 某小区面积共 26hm²，其中屋面面积占 26%，沥青道路面积占 14%，级配碎石路面面积占 20%，土路面面积占 3%，绿地面积占 37%，试计算该小区地面的平均径流系数。

18. 某城市采用的暴雨强度公式为 $q = \dfrac{850(1+0.745\lg P)}{t^{0.514}}$，小区面积为 30hm²，平均径流系数

为 0.65，当采用的设计重现期分别为 10a、5a、2a、1a 及 0.5a 时，计算设计降雨历时为 10min 时的雨水设计流量各是多少？

19. 某小区雨水管道布置、汇水面积、设计管段长度及检查井处的地面标高如图 8-19 所示，试进行管段 1～4 的水力计算。设计时借用扬州市的暴雨强度公式，设计重现期为 2a，地面集水时间为 10min，综合平均径流系数为 0.55，各管道起点埋深均定为 1.0m。

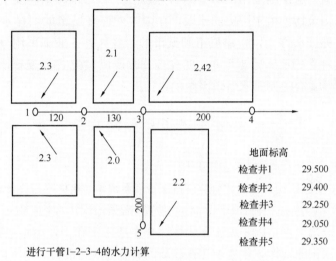

图 8-19　某小区雨水管道平面布置示意图

教学单元 9 合流制管道系统的设计

9-1 教学单元9 导读

合流制管道系统是用同一管道排除综合生活污水、工业废水及雨水的管道及其附属构筑物。由于历史的原因，在国内外许多城市的旧排水管道系统中仍然采用这种排水方式，新建城市和城市的新建区，一般都采用分流制。合流制排水方式对受纳水体污染严重，现多将其改造成截流式合流制，故本教学单元只介绍截流式合流制排水管道系统的设计。

9.1 截流式合流管道系统的特点与使用条件

9.1.1 截流式合流制管道系统的工作原理

在教学单元6中已阐明，截流式合流制排水管道系统是沿水体平行设置截流干管，以汇集各支管、干管流来的污水，在截流干管的适当位置上设置溢流井的管道系统。

在晴天时，截流干管是以非满流方式将综合生活污水和工业废水送往污水处理厂。雨天时，随着雨水量的增加，截流干管将逐渐以满流方式将混合污水（雨水、综合生活污水、工业废水的混合液）送往污水处理厂。若设城市混合污水的流量为 Q，而设截流干管的输水能力为 Q'，当 $Q \leqslant Q'$ 时，全部混合污水输送到污水处理厂进行处理；当 $Q > Q'$ 时，有 $(Q = Q')$ 的混合污水送往污水处理厂，而 $(Q - Q')$ 的混合污水则通过溢流井排入受纳水体。随着降雨历时继续延长，由于暴雨强度的减弱，溢流井处的溢流流量逐渐减小。最后混合污水量又重新等于或小于截流干管的设计输水能力，溢流停止，全部混合污水又都流向污水处理厂。

从上述截流式合流管道系统的工作情况可知，截流式合流制排水系统是在同一管渠内排放三种混合污水，集中到污水处理厂处理，从而消除了晴天时城市污水及初期雨水对受纳水体的污染，在一定程度上满足了环境保护方面的要求。另外还具有管线单一，管渠的总长度短等优点。因此在节省投资、管道施工方面较为有利。但在暴雨期间，仍有部分的混合污水通过溢流井溢入水体，将造成水体周期性污染。此外，由于截流式合流制排水管渠的过水断面很大，而在晴天时流量很小，流速低，往往在管底形成淤积，降雨时，雨水将沉积在管底的大量污物冲刷起来带入水体，也会形成严重的污染。

另外，截流干管、提升泵站以及污水处理厂的设计规模都比分流制排水系统大，截流管的埋深也比单设雨水管道的埋深大。

因此，在选择截流式合流排水管道系统时，要综合考虑水体的环境容量、水体利用情况、地形条件以及城市发展远景等条件，在满足环境保护的前提下，通过技术、经济比较确定。

9.1.2 截流式合流制管道系统的使用条件

在下列情形下可考虑采用截流式合流制排水管道系统：

（1）排水区域内有充沛的受纳水体，并且具有较大的流量和流速，一定量的混合污水溢入水体后，对水体造成的污染危害程度在允许的范围内；

（2）街区、街道的建设比较完善，必须采用暗管排除雨水，而街道的横断面又比较窄，管道的设置位置与条数受到限制，只能布置一条排水管道；

（3）地面有一定的坡度倾向水体，当水体高水位时，岸边不受淹没；

（4）排水管道能以自流方式排入受纳水体，在中途不需要泵站提升；

（5）降雨量小的地区；

（6）水体卫生要求特别高，污、雨水均需要处理的地区。

9.1.3 截流式合流制排水系统布置特点

采用截流式合流制排水管道系统时，其布置特点及要求是：

（1）排水管道的布置应使汇水面积上的综合生活污水、工业废水和雨水都能合理地排入管道，管道尽可能以最短的距离坡向水体；

（2）在上游排水区域内，如果雨水可以沿道路的边沟排泄，这时可只设污水管道，只有当雨水不宜沿地面径流时，才布置合流管道，截流干管尽可能沿河岸敷设，以便于截流和溢流；

（3）沿水体岸边布置与水体平行的截流干管，在截流干管的适当位置上设置溢流井，以保证超过截流干管的设计输水能力的那部分混合污水，能顺利地通过溢流井就近排入水体；

（4）在截流干管上，必须合理地确定溢流井的位置及数目，以便尽可能减少对水体的污染，减小截流干管的管径和缩短排放渠道的长度。

从对水体保护方面看，合流制管道中的初降雨水能被截流处理，但溢流的混合污水仍会使水体受到污染。为改善水体环境卫生，需要将混合污水对排入水体的污染程度降至最低，则溢流井个数少一些好，其位置应尽可能设置在水体的下游。从经济方面讲，溢流井的数目多一些好，这样可使混合污水及早溢入水体，减少截流干管的尺寸，降低截流干管下游的设计流量。但是，溢流井过多，会增加溢流井和排放渠道的造价，特别在溢流井离水体较远，施工条件困难时更是如此。通常溢流井设置在合流干管与截流干管的交汇处，其设置位置应尽可能靠近受纳水体，以缩短排放管道长度，使混合污水尽快排入受纳水体。如果系统中设有倒虹管及排水泵站，则溢流井宜设置在这些构筑物的前面。溢流井的数目及具体位置，要根据设计地区的实际情况，结合管道系统的布置，通过经济技术比较确定。但当溢流井的溢流堰口标高低于受纳水体最高水位时，应在排水渠道上设置防潮门、闸门或排涝泵站，此时溢流井应适当集中，不宜设置过多。但为降低工程造价以及减少对水体的污染，并不是在每个交汇点上都要设置溢流井。

为了彻底解决溢流混合污水对受纳水体的污染问题，可考虑在溢流出水口附近设置混合污水贮水池，在降雨时，利用贮水池积蓄溢流的混合污水，雨后再将贮存的混合污水再送往污水处理厂处理。此贮水池还可以起到沉淀池作用，可改善溢流污水的水质。但一般所需贮水池容积较大，积蓄的混合污水需用泵站提升至截流干管，在有条件的地区可考虑采用。

9.1.4 溢流井

溢流井有截流槽式、溢流堰式和跳越堰式等形式。

截流槽式溢流井是在井中设置截流槽，槽顶与上下游截流干管管顶相平。合流管道中的水进入截流槽后由截流管道向下游输送，当合流管道中的污水量超过截流管道的截流能力后，多余水量从槽顶溢出，进入溢流管道排放。截流槽式溢流井构造如图9-1所示。

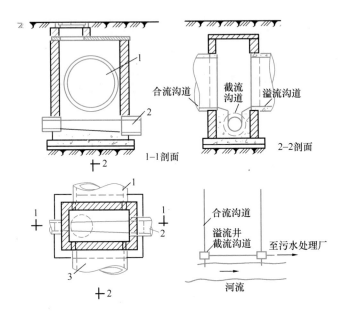

图 9-1　截流槽式溢流井
1—合流管道；2—截流干管；3—溢流管道

溢流堰式溢流井是在井中设置溢流堰，井中的水面超过堰顶时，超量的水溢过堰顶，进入溢流管道后流入受纳水体，其构造如图9-2所示。

跳跃堰式溢流井的工作原理是当合流管道中水量不大时，其流速也不大，进入溢流井后全部被截流送往污水处理厂处理；随着合流管道中的水量不断增大，其流速也增大，必然会有部分混合污水越过堰板直接进入溢流管道排放，另外一部分混合污水进入截流管道，其构造如图9-3所示。

在实际工程中多采用溢流堰式溢流井，溢流堰的一侧是合流干管与截流干管衔接的流槽，另一侧是溢流井的排放管渠。当溢流堰的堰顶线与截流干管中心线平行时，可采用式（9-1）进行堰的出流量计算。

$$Q = M^3 \sqrt{l^{2.5} h^{5.0}} \tag{9-1}$$

式中　　Q——溢流堰出水量，m^3/s；

　　　　l——堰长，m；

　　　　h——溢流堰末端堰顶以上水层高度，m；

　　　　M——溢流堰流量系数，薄壁堰一般采用2.2。

关于其他形式溢流井的计算可参阅《给水排水设计手册》第五册或其他资料。

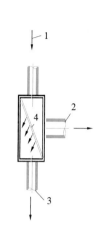

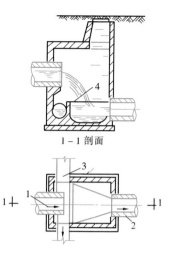

1－1 剖面

图 9-2　溢流堰式溢流井	图 9-3　跳跃堰式溢流井
1—合流干管；2—截流干管；	1—合流干管；2—溢流管；
3—溢流管；4—溢流堰	3—截流管道；4—堰板

9.2　截流式合流制管道水力计算

9.2.1　溢流井上游管段设计流量计算

第一个溢流井上游管段为合流管段，其设计流量为综合生活设计污水量 Q_s、工业废水设计流量 Q_g 和雨水设计流量 Q_y 之和，即：

$$Q = Q_s + Q_g + Q_y = Q_h + Q_y \tag{9-2}$$

式中　Q——第一个溢流井上游管道的设计流量，L/s；

Q_s——第一个溢流井上游管道的综合生活污水设计流量，L/s；

Q_g——第一个溢流井上游管道的工业废水设计流量，L/s；

Q_y——第一个溢流井上游管道的雨水设计流量，L/s；

Q_h——第一个溢流井上游管道的旱流流量，L/s。

实际生活中，由于综合生活污水的设计流量、工业废水设计流量和雨水设计流量不可能同时出现，在计算合流管段的设计流量时，可采用综合生活污水平均流量、工业废水平均流量与雨水设计流量之和；当综合生活污水平均流量与工业废水平均流量之和小于雨水设计流量的 5％时，也可忽略不计，只将雨水设计流量作为合流管段的设计流量。

9.2.2　溢流井下游管道（即截流管道）设计流量计算

在截流式合流制排水管道系统中，由于在截流干管上设置了溢流井，当溢流井上游合流污水流量超过截流干管的截流能力时，多余的合流污水就经溢流井溢流排入受纳水体。被截流干管截流的混合污水中的雨水量为其旱流流量的 n_0 倍。n_0 值的大小，既决定了截流管道的断面尺寸和污水处理厂的规模，也决定了受纳水体遭受的污染程度。

溢流井下游截流干管的设计总流量，是上述雨水设计流量与综合生活污水平均流量及工业废水最大班平均流量之和，可按式（9-3）计算：

$$Q_z = n_0(Q_s + Q_g) + Q'_y + Q_s + Q_g + Q'_h$$
$$= (1 + n_0)(Q_s + Q_g) + Q'_y + Q'_h$$
$$= (1 + n_0)Q_h + Q'_y + Q'_h \tag{9-3}$$

式中　　Q_z——溢流井下游截流干管的总设计流量，L/s；

　　　　n_0——设计截流倍数；

　　　　Q'_h——溢流井下游汇水面积上产生的旱流流量，L/s；

　　　　Q'_y——溢流井下游汇水面积上产生的雨水设计流量，L/s。

其他参数同前。

9.2.3　溢流排放的设计流量计算

当溢流井上游合流污水的流量超过溢流井下游管段的截流能力时，将有一部分混合污水经溢流井溢流，并通过排放渠道排入水体。其溢流的混合污水设计流量按式（9-4）计算：

$$Q_x = (Q_s + Q_g + Q_y) - (1 + n_0)Q_h \tag{9-4}$$

式中　　Q_x——经溢流井溢流出的混合污水设计流量，L/s。

9.2.4　截流式合流管道的水力计算

1. 水力计算应注意的问题

截流式合流制排水管道按满流设计，其水力计算方法、计算参数的规定以及雨水口布置要求与雨水管道的设计相同，不再重述。但要注意以下问题：

（1）雨水口应考虑防臭气外逸、防蚊蝇的措施。晴天时，合流管道中流动的是旱流污水，此时的流速比较低，有机物易沉淀淤积，厌氧发酵后产生 CO_2、CH_4、H_2S、氨氮等有害气体，这些有害气体可通过雨水口外逸，影响周围环境气体质量；同时也会滋生蚊蝇。因此，应考虑设置防臭气外逸的雨水口或采取其他有效措施。

（2）合理确定雨水设计重现期。合流管道中的混合污水一旦溢出，比雨水管道溢出的雨水所造成的危害更为严重，为防止出现这种情况，应从严掌握合流管道的设计重现期。通常情况下，应比同一条件下的雨水管道的设计重现期高10%～25%。

（3）合理确定截流倍数 n_0。从保护环境、减少水体受污染方面考虑，应采用较大的截流倍数，但从经济方面考虑，若截流倍数过大，会大大增加截流干管、提升泵站以及污水处理厂的设计规模和造价。同时，也会使进入污水处理厂的水质、水量在晴天和雨天时差别很大，给污水处理厂的运行管理带来极大不便。所以，为使整个合流排水管渠系统造价合理，又便于污水处理厂的运行管理，不宜采用过大的截流倍数。

截流倍数 n_0 应根据旱流污水的水质、水量、水体的卫生要求及水文气象条件等因素综合考虑确定。《室外排水设计标准》GB 50014—2021 规定截流倍数为 2～5，我国多数城市一般采用截流倍数 $n_0 = 3$。而美国、日本及西欧等国家多采用 $n_0 = 3$～5。随着人们环保意识的提高，采用的截流倍数值有逐渐增大的趋势。例如美国供游泳和游览的河段，所采用截流倍数 n_0 值竟高达 30 以上。

（4）必须进行晴天旱流流量的校核。所谓晴天旱流流量的校核，是使所确定的合流管道的管径在输送旱流流量时，其流速能满足污水管道最小流速的要求；当不能满足时，可修改设计管道断面尺寸和坡度使其满足要求；当无法调整合流管道的管径和坡度时，则此管段易发生沉淀淤积，应采取其他措施或加强养护管理。一般情况下，合流管道中旱流流量相对较小，特别是上游管段，旱流校核时往往满足不了最小流速的要求，这时可在管渠底部设置缩小断面的底流槽，以保证旱流时的流速，或者加强养护管理，利用雨天流量冲洗管渠，以防发生淤塞。

2. 水力计算的方法、步骤

合流管道的水力计算与雨水管道的计算基本相同，只是它的设计流量要包括雨水、综合生活污水和工业废水。计算时，先划分设计管段及其汇水面积，计算每块面积的大小；再计算设计流量，包括雨水量、综合生活污水量和工业废水量；然后根据设计流量查满流的水力计算图，得出设计管径和坡度；计算管内底标高和埋深；最后进行旱流流量校核。通过下面例题进行说明。

【例 9-1】某市一区域的截流式合流干管的平面布置如图 9-4 所示。已知该市暴雨强度公式为 $q=\dfrac{10020(1+0.56\lg P)}{t+36}$，设计重现期 $P=1a$，地面集水时间 $t_1=10\min$，平均径流系数 $\psi=0.45$，设计地区人口密度 $\rho=280\mathrm{cap/hm^2}$，综合生活污水量定额 $n=100\mathrm{L/}$ $(\mathrm{cap\cdot d})$，截流倍数 $n_0=3$，管道起点埋深为 $1.75\mathrm{m}$，出口处河流的洪水位标高为 $16.000\mathrm{m}$，该区域内有四个工业企业，其平均工业废水量见表 9-1。试进行管渠的水力计算，并校核河水是否会倒灌。

工业废水平均设计流量　　　　　　　　表 9-1

街区面积编号	F_1	F_2	F_3	F_4	F_5
工业废水量（L/s）	20	30	90	0	35

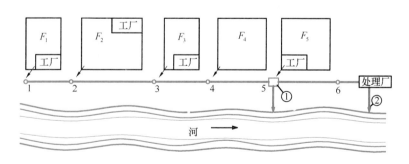

图 9-4　某市一区域截流式合流管道平面示意图
①—溢流井；②—出水口

【解】计算方法及步骤如下：

（1）划分设计管段并计算各设计管段的长度及汇水面积。设计管段的划分如图 9-4 所示，各设计管段的长度及汇水面积见表 9-2。

设计管段长度、汇水面积计算表 表 9-2

管段编号	管长（m）	汇水面积（hm²）			
		面积编号	本段面积	转输面积	总汇水面积
1～2	87	F1	1.24	0	1.24
2～3	130	F2	1.80	1.24	3.04
3～4	59	F3	0.85	3.04	3.89
4～5	138	F4	2.10	3.89	5.99
5～6	165.8	F5	2.12	0	2.12

（2）确定各检查井处的地面标高。根据地形图读出各检查井处的设计地面标高，见表 9-3。

检查井处的设计地面标高 表 9-3

检查井编号	地面标高（m）	检查井编号	地面标高
1	20.200	4	19.550
2	20.000	5	19.500
3	19.700	6	19.450

（3）计算综合生活污水比流量 q_s

$$q_s = \frac{n\rho}{86400} = \frac{100 \times 280}{86400} = 0.324 \text{ L/ } (\text{s} \cdot \text{hm}^2)$$

则综合生活污水平均设计流量为：

$$Q_s = q_s F = 0.324 \times F \quad \text{L/s}$$

（4）确定单位面积径流量 q_0 并计算雨水设计流量

单位面积流量为：

$$q_0 = \psi q = 0.45 \times \frac{10020 \times (1 + 0.56 \lg P)}{t + 36}$$

$$= \frac{4509}{10 + t_2 + 36} = \frac{4509}{46 + t_2} \quad \text{L/(s} \cdot \text{hm}^2)$$

则雨水设计流量为：

$$Q_y = q_0 F = \frac{4509}{46 + t_2} \times F \quad \text{L/s}$$

（5）计算各设计管段的设计流量。根据上述结果，列表计算各设计管段的设计流量，将此结果列入表 9.4 中第 12 项。

如设计管段 1～2 的设计流量为：

$$Q_{1-2} = Q_s + Q_g + Q_y = 0.324 \times 1.24 + 20 + \frac{4509}{46 + t_2} \times 1.24$$

因为 1～2 管段为起始管段，所以 $t_2 = 0$，则：

$$Q_{1\sim2} = 0.40 + 20 + \frac{4509}{46+0} \times 1.24 = 142.4\text{L/s}$$

综合生活污水与工业废水的和为 20.4L/s，大于雨水量的 5%，不能忽略不计，故 1～2 管段的设计流量为 142.4L/s。

（6）确定出设计管段的管径、坡度、流速及管内底标高和埋设深度。根据设计管段设计流量，当粗糙系数 $n=0.013$ 时，查满流水力计算表，确定出设计管段的管径、坡度、流速及管内底标高和埋设深度。其计算结果分别列入表 9.4 中第 13、14、15、16、20、21 和 23 项。

（7）进行旱流流量校核。计算结果见表 9-4 中第 24～26 项。

下面将其部分计算说明如下：

1）表中第 17 项设计管道输水能力是指设计管径在设计坡度条件下的最大输水能力，此值应接近或略大于第 12 项的设计总流量。

2）1～2 管段因旱流流量太小，不能进行旱流校核，应加强养护管理或采取适当措施防止淤塞。

3）由于在 5 节点处设置了溢流井，因此 5～6 管段可看作截流干管，它的截流能力为：

$(n_0 + 1) \times Q_h = (3+1) \times 141.94 = 567.76\text{L/s}$，将此值列入表中第 11 项。

4）5～6 管段的旱流流量为 4～5 管段的旱流流量和 5～6 管段本段的旱流之和。即：

$$141.94 + 35 + 0.69 = 177.63\text{L/s}$$

5）5～6 管段的本段旱流流量和雨水设计流量均按起始管段进行计算。

（8）溢流井的计算

经溢流井溢流的混合污水量为：

$$667.61 - 567.76 = 99.85\text{L/s} = 0.09985\text{m}^3/\text{s} \approx 0.1\text{m}^3/\text{s}$$

选用溢流堰式溢流井，溢流堰顶线与截流干管的中心线平行，则：

$$Q = M^3 \sqrt{l^{2.5} h^{5.0}}$$

因薄壁堰 $M=2.2$，设堰长 $L=1.0\text{m}$，则：

$$Q = 2.2^3 \sqrt{l^{2.5} h^{5.0}}$$

解得 $h=0.155\text{m}$，即溢流堰末端堰顶以上水层高度为 0.155m。该水面高度为溢流井下游管段（截流干管）起点的管顶标高。该管顶标高为 $17.367+1.0=18.367\text{m}$。

溢流堰末端堰顶标高为 $18.367-0.155=18.212\text{m}$。此值高于河流平均水面标高 17.500m，故河水不会倒灌。

9.2.5　设计图绘制

合流管道的设计图包括平面图、纵剖面图和构筑物详图，其绘制的内容、方法及要求与雨水管道相同，不再重述。

截流式合流干管计算表

表 9-4

管段编号	管长(m)	汇水面积(hm²)			管内流行时间(min)		设计流量(L/s)					设计管径(mm)	设计坡度(‰)	管道坡降 $I \times L$ m
		本段	转输	总计	累计 Σt_2	本段 t_2	雨水	综合生活污水	工业废水	溢流井转输水量	总计			
1	2	3	4	5	6	7	8	9	10	11	12	13	14	15
1~2	87	1.24	0	1.24	0	1.93	122	0.40	20	—	142.4	500	1.5	0.131
2~3	130	1.80	1.24	3.04	1.93	2.41	285.97	0.98	50	—	336.95	700	1.4	0.182
3~4	59	0.85	3.04	3.89	4.34	1.04	347.74	1.26	140	—	489.69	800	1.3	0.0767
4~5	138	2.10	3.89	5.99	5.38	2.11	525.03	1.94	140	—	667.61	900	1.4	0.193
5~6	165.8	2.12	0	2.12	0		207.81	0.69	35	567.76	811.26	1000	1.3	0.216

管段编号	设计流速(m/s)	设计管道输水能力 Q(L/s)	地面标高(m)		管内底标高(m)		埋深(m)		旱流校核			备注
			起点	终点	起点	终点	起点	终点	旱流流量	充满度	流速(m/s)	
1	16	17	18	19	20	21	22	23	24	25	26	27
1~2	0.75	150	20.200	20.000	18.450	18.319	1.750	1.681	20.4			加强养护
2~3	0.90	350	20.000	19.700	18.119	17.937	1.881	1.763	50.98			加强养护
3~4	0.95	500	19.700	19.550	17.837	17.760	1.863	1.790	141.26	0.37	0.77	满足要求
4~5	1.09	700	19.550	19.500	17.660	17.467	1.890	2.033	141.94	0.34	0.79	满足要求
5~6	1.10	850	19.500	19.450	17.367	17.151	2.133	2.299	177.63	0.30	0.85	满足要求

思 考 题 与 习 题

9-2 教学单元9
参考答案

1. 截流式合流制排水管道的使用条件有哪些?
2. 截流式合流制排水管道的布置特点有哪些?
3. 在截流式合流制排水管道中,如何确定截流倍数?
4. 截流倍数的大小与受纳水体的水质保护有何关系?
5. 溢流井有哪些形式?其工作原理如何?
6. 截流式合流制排水管道有哪些缺点?如何解决?
7. 某市一工业区拟采用截流式合流制排水管道系统,其平面布置如图 9-5 所示,各设计管段长度和汇水面积见表 9-5,各检查井处的地面标高见表 9-6,各工厂的工业废水平均流量见表 9-7。该工业区的人口密度为 500cap/hm²,综合生活污水定额为 120L/(cap·d),截流倍数 n_0 为 3,设计重现期为 1a,地面集水时间为 10min,平均径流系数为 0.60,设计暴雨强度公式为 $q = \dfrac{1984 \times (1 + 0.77 \lg P)}{(t + 9)^{0.77}}$,管道起点埋深为 1.60m,试进行管道 1～6 的水力计算。

设计管段长度、汇水面积统计表　　　　　　表 9-5

管段编号	管长（m）	汇水面积（hm²）			
		面积编号	本段面积	转输面积	总汇水面积
1～2	100	F_1	1.50	0	1.50
2～3	150	F_2	1.80	1.50	3.30
3～4	110	F_3	1.10	0	1.10
4～5	160	F_4	2.10	1.10	3.20
5～6	150	F_5	2.12	0	2.12

检查井处的设计地面标高　　　　　　表 9-6

检查井编号	地面标高（m）	检查井编号	地面标高（m）
1	30.200	4	29.550
2	30.000	5	29.500
3	29.700	6	29.450

工业废水平均设计流量　　　　　　表 9-7

街区面积编号	F_1	F_2	F_3	F_4	F_5
工业废水量（L/s）	20	30	90	30	35

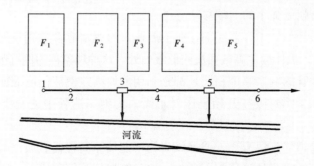

图 9-5　某市一工业区截流式合流制排水管道平面布置示意图

教学单元 10　给水排水管道穿（跨）越障碍物设计

给水排水管道遇到河流、铁路等障碍物且无法避让时，通常采用倒虹吸管从障碍物下方穿越，或采用架空管道从障碍物上方跨越，从而实现设计意图。

10-1 教学单元10 导读

10.1　倒虹吸管设计

10.1.1　虹吸与倒虹吸原理

虹吸是利用液面高度差的作用力，使液体由液面高处向液面低处流动的现象。如图 10-1 所示，准备高度不同的两个容器并在高容器中充满水，将一根倒 U 形管道插入两个容器内，使开口高的一端置于装满液体的容器中，开口低的一端置于空容器中，可以看到，当 U 形管道内形成真空后，高容器内的水会持续通过 U 形管道从开口低的位置流出。这种现象就称为虹吸作用。

虹吸作用的实质是由液体压强和大气压强造成的。因为 $h_1 < h_2$，根据帕斯卡定律 $p = \rho g h$ 可知，装置中左管中的液体压强小于右管的液体压强，另外，在 B 点跟 C 点分别有大气压的作用，大气压表现为上低下高，但在此处 B 点与 C 间高度相对地球的大气压计算高度来说可以忽略不计，故两者间的大气压强差值忽略不计。所以，$P_1 - \rho g h_1 > P_2 - \rho g h_2$，那么在 A 右端的压强就大于 A 左端的压强，当虹吸管内形成真空条件后，在大气压和液体压强的共同作用下，液体就会朝压强小的一端移动。

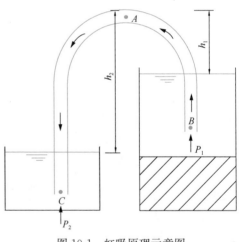

图 10-1　虹吸原理示意图

如果将 U 形管道倒置于容器底部，在不需要人为地制造管中真空的条件下，借助于上、下端的水位差，液体会从高液面流向低液面处，这种现象称为倒虹吸。

虹吸和倒虹吸管的输水原理相同，都是利用液面高差使液体由液面高处流向液面低处，其本质区别在于倒虹吸在开始工作时不需人为地制造管中的真空，因而应用更为普及。

当给水排水管道遇到河流、铁路等障碍物不能按原高程径直通过时，可利用倒虹吸原理，以下凹的折线方式从障碍物下通过，这种管道称为倒虹吸管，常有一字形、折线形等形式，如图 10-2、图 10-3 所示。倒虹吸管与水利工程中的渡槽相比，具有造价低、施工方便等优点，但水头损失较大，运行管理不如渡槽方便。

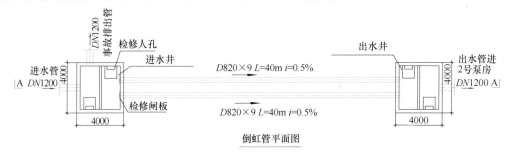

倒虹管平面图

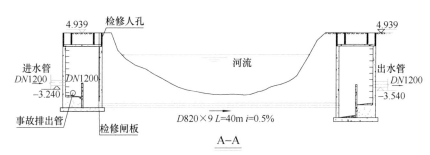

A—A

图 10-2　一字形倒虹管示意

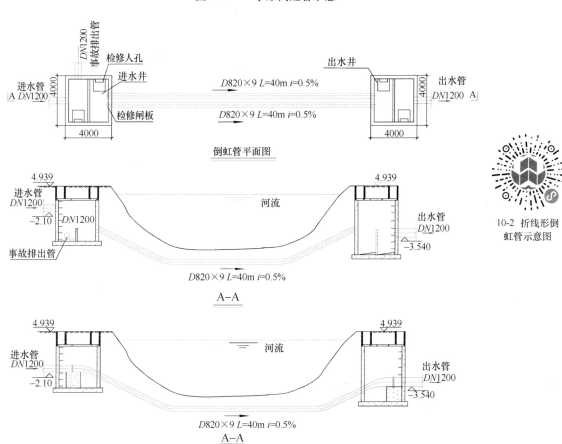

倒虹管平面图

A—A

A—A

10-2　折线形倒虹管示意图

图 10-3　折线形倒虹管示意

10.1.2 倒虹管的设计要点

倒虹吸管的布置应结合地形、地质、施工条件、流量大小、水头高低、交通以及洪水影响等因素通过分析比较选定。一般应遵循如下规定：

（1）敷设位置及要求：倒虹管尽可能与障碍物轴线垂直正交穿越，以缩短长度。通过河道地段的地质条件要求良好，否则要变更倒虹管位置，无选择余地时，应采取相应的处理措施。

（2）倒虹管形式：有折线型和一字型两种。折线型适用于河面与河滩较宽阔，河床深度较大的情况，需用大开挖施工，所需施工面较大；一字型适用于河面与河滩较窄，或障碍物面积与深度较小的情况，可用大开挖施工，有条件时还可用顶管法施工。一字型倒虹管在日本和我国华东地区广为应用，效果良好。

（3）敷设条数：穿过河道的折线型倒虹管，一般敷设2条工作管道。但近期水量不能达到设计流速时，可使用其中的1条，暂时关闭另一条。穿过小河、旱沟和洼地的倒虹管，可敷设1条工作管道。穿过特殊重要构筑物（如地下铁道）的倒虹管，应敷设3条管道，2条工作，1条备用。一字型倒虹管因易于清通，一般设1条工作管道。

（4）管材、管径及敷设长度、深度、斜管角度：倒虹管一般采用金属管或钢筋混凝土管，管径一般不小于200mm且比上游管道小一级。倒虹管水平管的长度应根据穿越物的现状和远景发展规划确定，水平管的外顶距规划河底一般不小于0.5m。遇冲刷河床应考虑防冲措施。穿越航运河道，应与当地航运管理部门协商确定。折线型倒虹管的下行、上行斜管与水平管的交角，排水管道倒虹管一般不大于30°，给水管道倒虹管一般不大于45°。

（5）流速：倒虹管内设计流速应不小于0.9m/s，也不应小于进水管内流速。当流速达不到要求时，应加定期冲洗措施，冲洗流速不小于1.2m/s。

（6）进出水井：进出井应布置在不受洪水淹没处，必要时可考虑排气设施。排水管道的井内应设闸槽、闸板或堰板，给水管道井内应设阀门，以便于控制与检修。进水井内应备有冲洗设施。井的工作室高度（闸台以上）一般为2m。井室人孔中心应尽可能安排在各条管道的中心线上。

（7）沉泥槽和事故排出口：排水管道倒虹管进水井前的检查井，应设置沉泥槽和事故排出口，对一字形倒虹管，可在其进、出水井中设置沉泥槽。一般沉泥槽井底落底0.5m。给水管道倒虹管进水井应设置事故排出口，如因卫生要求不能设置时，则应设备用管线。但在有2条以上工作管线的情况下，当其中1条发生故障，其余管线在提高水压线后并不影响上游管道正常工作且仍能通过设计流量时，也可不设备用管线。

（8）排水管道倒虹管内雨（污）水的流动是依靠上、下游的水位差（即进、出水井的水面高差）进行的，该高差用来克服雨（污）水流经倒虹管时产生的全部阻力损失。在计算倒虹管时，应计算全部水头损失值，要求进水井和出水井间水位高差 H 稍大于全部阻力损失值 H_1，其差值一般取 $0.05\sim0.10$m。

（9）给水管道倒虹管内清水的流动是依靠上、下游进、出水阀门井处的水压高程高差进行的，该水压高程差用来克服清水流经倒虹管时产生的全部阻力损失。在计算倒虹管时，应计算全部阻力损失值，要求进、出水阀门井的水压高程差稍大于全部阻力损失值。

【例 10-1】 某折线型给水管道倒虹管，已知最大和最小流量分别为 $Q_{max}=510L/s$，$Q_{min}=420L/s$，倒虹管长度 $L=100m$，共 4 个 30°弯头。倒虹管上游管道流速 $v=1.0m/s$，求倒虹管的管径和倒虹管的全部水头损失。

【解】

(1) 采用 3 条管径相同且平行敷设的工作管线，管径 $D=400mm$，每条倒虹管流量 $q_{max}=\dfrac{510}{3}=170L/s$，查水力计算表 $D=400mm$，$q_{max}=170L/s$，$i=0.0065$。$v=1.37m/s>0.9m/s$，同时 $v=1.37m/s>1.0m/s$，符合设计要求。

(2) 倒虹管管段水头损失：

$$h_0 = il = 0.0065 \times 100 = 0.65m$$

(3) 进口局部水头损失：

$$h_1 = \xi \frac{v^2}{2g} = 0.5 \times \frac{1.37^2}{2 \times 9.8} = 0.048m$$

(4) 出口局部水头损失：

$$h_2 = \xi \frac{v^2}{2g} = 1.0 \times \frac{1.37^2}{2 \times 9.8} = 0.096m$$

(5) 弯头局部水头损失：

$$h_3 = \Sigma \xi \frac{v^2}{2g}, \xi = 0.30, 4 \text{ 只弯头}$$

$$h_3 = 4 \times 0.3 \times \frac{1.37^2}{2 \times 9.8} = 0.115m$$

(6) 倒虹管全部水头损失：

$$H = 0.65 + 0.048 + 0.096 + 0.115 = 0.909m$$

当通过最小流量 $Q_{min}=420L/s$ 时，每条管道流量为 140L/s，查水力计算表 $D=400mm$，$Q_{min}=140L/s$，$i=0.0044$。$v=1.11m/s>0.9m/s$，符合设计要求。

【例 10-2】 某折线形污水排水管道倒虹管，设计长度为 50m，最大和最小设计流量分别为 $Q_{max}=510L/s$，$Q_{min}=420L/s$，共 4 个 30°弯头。倒虹管上游管道流速 $v=1.35m/s$，下游管道流速 $v=1.10m/s$，求倒虹管的管径和倒虹管的全部水头损失。

【解】

(1) 采用 2 条管线，一条工作，另一条备用。管径采用 700mm。查满流水力计算图得：$D=700mm$，$Q=510L/s$，$i=0.0025$，$v=1.26m/s>0.9m/s$ 且介于上下游管道流速之间，符合设计要求。

(2) 倒虹管全部水头损失：

$$h = il + \Sigma \xi \frac{v^2}{2g} = 0.0025 \times 50 + (0.5 + 1.0 + 4 \times 0.3) \times \frac{1.26^2}{2 \times 9.8} = 0.344m。$$

10.2 架空管道

10.2.1 架空管道的形式

给水管道除采用倒虹管穿越河流或铁路等障碍物外，也可采用架空管跨越河流或铁路。架设在地面或水面上空的用于输送气体或液体的管道通常称为架空管道，有直管、折线形管、拱管和悬垂管等跨越类型，如图 10-4 所示。直管跨越最简单经济，是最常见的跨越形式，可有数根管道单层或多层平行敷设。管道通过固定管座或活动管座（不用管座时则直接搁置）与支承结构连接，形成多跨连续梁的形式。

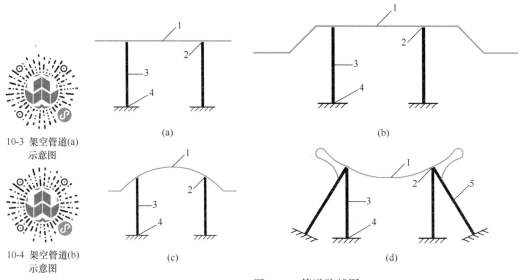

10-3 架空管道(a)
示意图

10-4 架空管道(b)
示意图

图 10-4 管道跨越图
(a) 直管；(b) 折线管；(c) 拱管；(d) 悬垂管
1—管道；2—管座；3—支撑结构；4—基础；5—斜拉杆

当有净空要求或需跨越跨度较大的障碍物时，可采用折线形管、拱管，其水头损失比直管大，施工安装也比较复杂。拱管的拱轴常为圆弧形，两端用固定管座固接在支承结构上，形成无铰拱。相对而言折线形管比拱管的水头损失要大。

当无净空要求且需跨越跨度更大的障碍物时，可采用悬垂管。悬垂管比拱管能跨越的跨度更大，有自然成型（制作时为直管，安装后成悬垂线形）和预成型（制作时做成悬垂线形）两种做法，两端通过铰接的固定管座与支承结构连接。管道跨越的容许跨度视荷载、管道断面和材料设计强度以及允许垂度、拱轴高跨比与悬垂度等参数而定，本教材不做阐述，需要时可查阅相关文献。

10.2.2 架空管道的结构组成

架空管道由跨越结构、支撑结构、管座和基础四部分组成。

跨越结构用来跨越障碍物，一般采用钢管、球墨铸铁管或钢骨架（板）聚乙烯塑料复合管，个别情况下也可采用承插式预应力钢筋混凝土管。距离较长时，应设伸缩接头，并在管道高处设排气阀门。在冬季寒冷地区，为了防止冰冻，管道要采取保温措施。

支撑结构用来支承跨越结构,有单柱、双柱、刚架、桁架、塔架等类型,高度根据工艺要求确定。支撑结构的材料为钢、钢筋混凝土或砖石。支撑结构通过管座与跨越结构相连接。

管座有固定式和活动式两类。根据管道工艺要求,在管道与其他构件不产生相对位移之处设置固定管座,其余支点设置活动管座。固定管座有固接和铰接两种。当多根管道平行敷设时,若各管的固定管座设在同一横梁上,称为集中固定,若分设在不同横梁上,称为分散固定。活动管座有滑动、滚动和摆动三种。在滑动和滚动管座中,当传递的力超过摩擦力时,管道与横梁间就产生相对位移。在摆动管座中,传递的力随摆动的角度而定。

基础多采用天然地基。仅在地质情况较差或较复杂而在工艺上又对管道沉降有特殊要求时才采用人工地基。常用的人工地基为钢筋混凝土或素混凝土的单独基础或联合基础。荷载较小时或在岩石地基中可用埋入式基础。在岩石地基中可用锚桩式地锚基础。

10.2.3　架空管的设计要点

(1) 架空管中的水依靠压力流动,其水头损失不能大于上、下端允许的水压高程差;

(2) 架空管中水的流速要在经济流速范围内;

(3) 拱管的矢高比一般为 1/6～1/8,常用 1/8;

(4) 应选择在河宽较窄、地质条件良好的地段进行跨越,并便于施工和维护;

(5) 折线形架空管的上行管和下行管与水平管的夹角不宜大于 60°,常采用 30°或 45°;

(6) 在进行支墩、支架设计时,对于通航河道必须取得航道管理部门、航运部门以及规划部门的同意,并共同确定高程、跨距、大小等;对于非通航河道应取得设计地区农田水利规划部门的同意。

【例 10-3】某球墨铸铁管输水管道直径为 500mm,设计流量为 275L/s,需跨越一河槽上口宽 40m,河床宽 34.6m,水深 3.4m 的景观河流。上、下游侧景观河流的河堤底部宽度均为 15m。已知输水管道在景观河流处的压力为 0.14MPa,要求跨越景观河流后的压力不低于 0.13MPa。试进行架空管线的工艺设计。

【解】

(1) 架空管形式的确定

采用折线形架空管,上行管和下行管与水平管的夹角为 45°,上行管、下行管、跨越管均为直径 500mm 的钢管,如图 10-5 所示。

(2) 架空管长度的确定

根据现场勘查了解,结合实际情况,确定了 1 号管长为 75m,2 号、4 号管长为 8.14m,3 号管长为 40m,5 号管长为 25m,如图 10-6 所示。所以管道总长为:

$$\sum L = 75 + 8.14 + 40 + 8.14 + 25$$
$$= 156.28\text{m}$$

(3) 架空管道水头损失计算

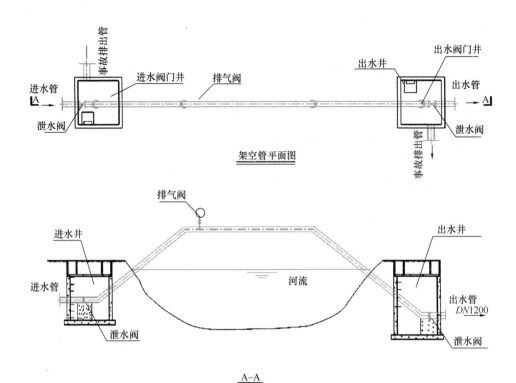

图 10-5 架空管管道示意图

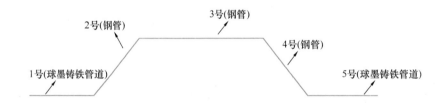

图 10-6 架空管道长度示意图

1) 沿程水头损失计算

1 号管道沿程水头损失为：

$$\sum h_{fs} = iL, L = 75\text{m}, 1000i = 5.17\text{m}$$

$$\sum h_{fs} = i \times L = \frac{5.17 \times 75}{1000} = 0.388\text{m}$$

2 号、4 号管道沿程水头损失为：

$$\sum h_{fs} = iL, L = 8.14\text{m}, 1000i = 5.17\text{m}$$

$$\sum h_{fs} = i \times L \times 2 = \frac{5.17 \times 8.14}{1000} \times 2 = 0.084\text{m}$$

3 号管道沿程水头损失为：

$$\sum h_{fs} = iL, L = 40\text{m}, 1000i = 5.17\text{m}$$

$$\sum h_{fs} = i \times L = \frac{5.17 \times 40}{1000} = 0.207\text{m}$$

5 号管道沿程水头损失为：

$$\sum h_{fs} = iL, L = 25\text{m}, 1000i = 5.17\text{m}$$

$$\sum h_{fs} = i \times L = \frac{5.17 \times 25}{1000} = 0.129\text{m}$$

所以架空管总沿程水头损失为：

$$\sum h_{fs} = 0.388 + 0.084 + 0.207 + 0.129 = 0.129\text{m}$$

2）管道局部水头损失计算：

$$\sum h_{js} = (\xi_1 + \xi_2)\frac{v_1^2}{2g}$$

式中 ξ_1——折管局部水头损失系数，查手册得 0.4；

ξ_2——DN500 法兰 45°弯头局部水头损失系数，查手册得 0.48；

v_1——DN500 时的流速，1.4m/s。

$$\sum h_{js} = (0.4 + 0.48) \times 2 \times \frac{1.4^2}{2 \times 9.8} = 0.176\text{m}$$

架空管管道的总水头损失为：

$$\sum h_s = \sum h_{fs} + \sum h_{js}$$
$$= 0.808 + 0.176$$
$$= 0.984\text{m}$$

由题意知上游水压为 0.14MPa（14m），架空管管道计算水头损失为 0.984m，所以架空管下游的水压为 13.016m，满足设计要求。

思 考 题 与 习 题

1. 压力流倒虹管设计时应注意哪些问题？

2. 重力流倒虹管设计时应注意哪些问题？

3. 重力流管道能否采用架空管？

4. 重力流倒虹管和压力流倒虹管的工作原理各是什么？

5. 架空管道由哪些部分组成？

6. 某 DN500 的污水管道，设计流量 $Q = 107.28\text{L/s}$，设计充满度 0.54，设计坡度 $i = 3‰$，设计流速 $v = 1.08\text{m/s}$，覆土厚度 1m，需采用倒虹管正交穿越一河槽上口宽 30m、河槽深 2m 的河流。假定河堤顶部比进出水井处地面高出 1m，倒虹管上下行管采用 45°弯头，水平管管顶位于河床下 1m，上、下行管与平行管的交点位于河堤脚外侧 10m，进、出水井位于河堤底脚外侧 50m 处，穿越处两河堤底脚外侧的直线宽度为 55m。试确定倒虹管的长度并进行该倒虹管水头损失的计算。

10-5 教学单元10
参考答案

教学单元 11　排水管材与附属构筑物

11-1 教学单元11 导读

排水管道是排水系统中最主要的组成部分。为及时、有效地收集、输送、排除城市和工业企业内的综合生活污水、工业废水和地面径流的雨水，保证管道系统的正常工作，必须在管道系统中增设附属构筑物，排水管道及其附属构筑物相互连接，构成枝状排水管网系统。

11.1　排　水　管　材

11.1.1　排水管道的材料要求

排水管道的材料，必须满足以下要求：

（1）必须具有足够的强度，以承受土壤压力及车辆行驶造成的外部荷载和内部的水压，以保证在运输和施工过程中不致损坏；

（2）应具有较好的抗渗性能，以防止污水渗出和地下水渗入。若污水从管道中渗出，将污染地下水及破坏附近房屋的基础；若地下水渗入管道，将影响正常的排水能力，增加排水泵站以及处理构筑物的负荷；

（3）应具有良好的水力条件，管道内壁应整齐光滑，以减少水流阻力，使排水畅通；

（4）应具有抗冲刷、抗磨损及抗腐蚀的能力，以使管道经久耐用；

（5）排水管道的材料，应就地取材，以降低管道的造价，减少工程投资。

排水管道的管材，直接影响工程造价和使用年限，因此排水管道的选择是排水系统设计中的重要问题。主要可从以下三个方面来考虑：一是看市场供应情况；二是从经济上考虑；三是满足技术方面的要求。在选择排水管道时，应尽可能就地取材，采用易于制造、供应充足的材料。在考虑造价时，不但要考虑管道本身的价格，而且还要考虑到施工费用和使用年限。例如，在施工条件较差（地下水位高、严重流沙）的地段，如果采用单节管长较大的管道，则可以减少管道接头，降低施工费用；如在地基承载力较差的地段，采用强度较高的长管，则对基础要求低，可以减少敷设费用。此外，有时管道在选择时也受到技术上的限制，如在有内压力的管段上，必须采用金属管或钢筋混凝土管。因此，排水管道的材料选择，应根据污水性质，管道承受的内、外压力，埋设地区的土质条件、施工难易程度、造价、维护管理及使用期限等因素，综合考虑确定。

11.1.2　常用排水管道

目前，在我国市政排水管道主要采用：混凝土管、钢筋混凝土管、金属管、化学建材管等。

1. 混凝土管

以混凝土作为主要材料制成的圆形管材，称为混凝土管（又称素混凝土管）。混凝土管的管径一般小于 450mm，长度一般为 1m，用捣实法制造的混凝土管管长仅为 0.6m。混凝土管适用于排除雨水、污水。用于重力流管，不承受内压力。管口通常有三种形式：即承插式、企口式、平口式。图 11-1 为混凝土和钢筋混凝土排水管道的管口形式。

11-2　承插式混凝土管示意图

11-3　企口式混凝土管示意图

11-4　平口式混凝土管示意图

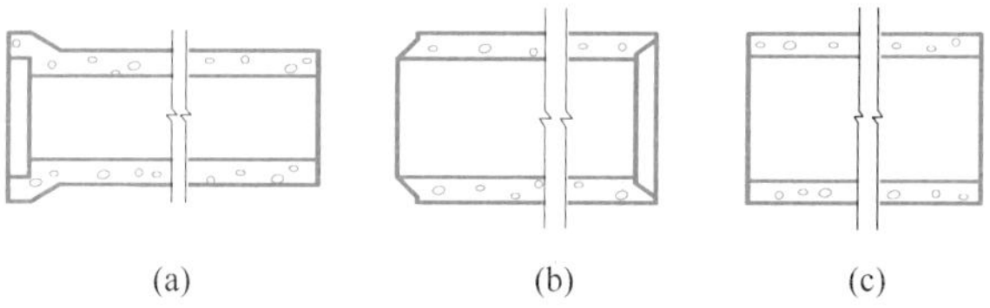

图 11-1　混凝土和钢筋混凝土排水管道的管口形式

（a）承插式；（b）企口式；（c）平口式

制作混凝土的原料充足，可就地取材，制造价格较低，其设备、制造工艺简单，因此被广泛采用。其主要缺点是，抗腐蚀性能差，耐酸碱及抗渗性能差，同时抗沉降、抗震性能也差，管节短、接头多、自重大。

混凝土管一般在专门的工厂预制，也可在现场浇制。混凝土排水管的规格见表 11-1。

混凝土排水管规格　　　　　　　　　　　　表 11-1

序号	公称内径	最小管长	管壁最小厚度	外压试验（kg/m²）	
	（mm）	（mm）	（mm）	安全荷载	破坏荷载
1	200	1000	27	1000	1200
2	250	1000	33	1200	1500
3	300	1000	40	1500	1800
4	350	1000	50	1900	2200
5	400	1000	60	2300	2700
6	450	1000	67	2700	3200

2. 钢筋混凝土管

当排水管道的管径大于 500mm 时，为了增强管道强度，通常是加钢筋而制成钢筋混凝土管。当管径为 700mm 以上时，管道采用内外两层钢筋，钢筋的混凝土保护层为 25mm。钢筋混凝土管适用于排除雨水、污水。当管道埋深较大或敷设在土质条件不良的地段，以及穿越铁路、河流、谷地时都可以采用钢筋混凝土管。其管径一般为 500～1800mm，最大管径可达 2400mm，其管长为 1～3m。若将钢筋加以预应力处理，便制成预应力钢筋混凝土管，但这种管材使用不多，只有在承受内压较高，或对管材抗弯、抗渗要求较高的特殊工程中采用。

钢筋混凝土管的管口有承插式、企口式和平口式三种形式。为便于施工，在顶管法施工中常采用平口管和企口管；在开槽施工中，常采用承插管和平口管。钢筋混凝土管按照荷载要求，分为轻型钢筋混凝土管和重型钢筋混凝土管。其部分管道规格见表 11-2、表 11-3。

轻型钢筋混凝土排水管道规格   表 11-2

公称内径(mm)	管体尺寸		套环			外压试验		
	最小管长(mm)	最小壁厚(mm)	填缝宽度(mm)	最小管长(mm)	最小壁厚(mm)	安全荷载(kg/m²)	裂缝荷载(kg/m²)	破坏荷载(kg/m²)
200	2000	27ˇ	15	150	27	1200	1500	2000
300	2000	30	15	150	30	1100	1400	1800
350	2000	33	15	150	33	1100	1500	2100
400	2000	35	15	150	35	1100	1800	2400
450	2000	40	15	200	40	1200	1900	2500
500	2000	42	15	200	42	1200	2000	2900
600	2000	50	15	200	50	1500	2100	3200
700	2000	55	15	200	55	1500	2300	3800
800	2000	65	15	200	65	1800	2700	4400
900	2000	70	15	200	70	1900	2900	4800
1000	2000	75	18	250	75	2000	3300	5900
1100	2000	85	18	250	85	2300	3500	6300
1200	2000	90	18	250	90	2400	3800	6900
1350	2000	100	18	250	100	2600	4400	8000
1500	2000	115	22	250	115	3100	4900	9000
1650	2000	125	22	250	125	3300	5400	9900
1800	2000	140	22	250	140	3800	6100	11100

重型钢筋混凝土排水管道规格   表 11-3

公称内径(mm)	管体尺寸		套环			外压试验		
	最小管长(mm)	最小壁厚(mm)	填缝宽度(mm)	最小管长(mm)	最小壁厚(mm)	安全荷载(kg/m²)	裂缝荷载(kg/m²)	破坏荷载(kg/m²)
300	200	58	15	150	60	3400	3600	4000
350	200	60	15	150	65	3400	3600	4400
400	200	65	15	150	67	3400	3800	4900
450	200	67	15	200	75	3400	4000	5200
500	200	75	15	200	80	3400	4200	6100
650	200	80	15	200	90	3400	4300	6300
750	200	90	15	200	95	3600	5000	8200
850	200	95	15	200	100	3600	5500	9100
950	200	100	18	250	110	3600	6100	11200
1050	200	110	18	250	125	4000	6600	12100
1350	200	125	18	250	175	4100	8400	13200
1550	200	175	18	250	260	6700	10400	18700

3. 金属管

金属管质地坚固、强度高、抗渗性能好、管壁光滑、水流阻力小、管节长、接口少，且运输和养护方便。但价格较贵、抗腐蚀性能较差。大量使用会增加工程投资，因此，在排水管道工程中一般采用较少。只有在外荷载很大、对渗漏要求特别高的场合下才采用金属管。如排水管穿过铁路、高速公路以及邻近给水管道或房屋基础时，才采用金属管。通常采用的金属管有铸铁管和钢管。

排水铸铁管经久耐用，有较强的耐腐蚀性，缺点是质地较脆、不耐振动和弯折、重量较大。连接方式有承插式和法兰式两种。

钢管可以用无缝钢管，也可以用焊接钢管。钢管的特点是能耐高压、耐振动、重量较轻、单管的长度大和接口方便，但耐腐蚀性差，采用钢管时必须涂刷耐腐蚀的涂料并注意绝缘，以防锈蚀。钢管用焊接或法兰接口。

此外，在压力流排水管段（如倒虹管和水泵出水管）或严重流沙、地下水位较高以及地震地区也可采用金属管材。因金属管材抗腐蚀性差，在用于排水管道工程时，应注意采取适当的防腐措施。

4. 化学建材管

化学建材管主要是各种类型的塑料管，其具有表面光滑、水力性能好、水头损失小、耐磨蚀、不易结垢、重量轻、管节长、接口方便、漏水率低及价格低等优点。因此，在排水管道工程中得到了广泛应用，其主要缺点是管材强度低、易老化。

（1）聚乙烯管（PE 管）

聚乙烯具有强度高、耐腐蚀、无毒等特点，广泛应用于给水排水管道制造领域。PE 管的生产工艺为挤出成型工艺，首先加料斗内的聚乙烯原料靠自重进入挤出机，在挤出机料筒内经加热挤压混合，充分塑化后从挤出机口模挤出，进入定型台，定型后的 PE 管材经牵引机，通过定长测定，由切割机切断。单根管长一般为 6m、9m、12m 等，管节间采用热熔、电熔、热熔承插及钢塑接头等方式连接，接头连接强度高于管道本体强度。

11-5 PE排水管示意图

PE 管具有重量轻、水流阻力小、安装简便迅速、造价低、寿命长、低温抗冲击性好、耐多种化学介质的腐蚀等优点，但其强度较低。

（2）高密度聚乙烯管（HDPE 管）

为提高管材强度，可采用高密度聚乙烯管。高密度聚乙烯简称为 HDPE，是一种结晶度高、非极性的热塑性树脂。HDPE 管采用 HDPE 树脂可通过片材挤塑、薄膜挤出，管材或型材挤塑、吹塑、注塑和滚塑等方法加工制造。与 PE 管相比，HDPE 管强度是 PE 管的 9 倍，耐磨性也优于 PE 管。

11-6 HDPE 排水管示意图

（3）HDPE 中空双壁缠绕管

HDPE 中空双壁缠绕管是一种以高密度聚乙烯（HDPE）为原料，采用热态缠绕成型工艺制成的结构壁管材，其外壁呈梯形中空结构、内壁光滑平整。该管材具有优异的环刚度和良好的强度与韧性，耐冲击、不易破损等特点。由于中空双壁缠绕管的管壁结构特殊，在同等直径和同一环刚度下，可以节省管道用料。国内生产的最大管径为 1200mm，大多数厂家产品都在 630mm 以内，

11-7 HDPE 中空双壁缠绕排水管示意图

因为内径达到 800mm 时，环刚度很难达到 8kN/m²。该管材适用于输送水温度在 45℃以下的市政排水、建筑室外排水、工业排污、道路排水、污水处理厂、运动场、广场排水等工程，具有质轻，施工方便等特点，一般采用胶圈连接、电热熔带连接或热收缩带连接，接头无渗漏，不会产生二次污染。

（4）钢带增强高密度聚乙烯（HDPE）螺旋波纹管

11-8 钢带增强
HDPE波纹管管
示意

钢带增强高密度聚乙烯（HDPE）螺旋波纹管用连续钢带压成近似"V"形的螺旋钢肋缠绕在内外两层热熔接的聚乙烯间，把钢材的高刚度、高强度和聚乙烯的柔韧、耐腐、耐磨结合在一起。生产直径范围 300～2600mm，长度 10m，环刚度可以达到 SN8、SN10、SN12.5、SN16 四个等级，克服了 HDPE 管环刚度只能达到 SN8 的缺点。

（5）硬聚氯乙烯管（PVC-U 管）

11-9 PVC-U
排水管示意

硬聚氯乙烯（PVC-U）管具有良好的化学稳定性和较长的寿命，其抗拉、抗弯、抗压强度高，但抗冲击强度相对较低，加之生产大口径管道生产工艺和连接工艺比较困难，所以该管材绝大部分管径在 600mm 以下，市政排水工程中采用不多。

（6）PVC-U 中空壁缠绕排水管

PVC-U 中空壁缠绕排水管是采用硬聚氯乙烯（PVC-U）为原料，经挤出机挤出方形管和"工"型材，利用缠绕机复制而成的一种新型双重壁管。此工艺由两台挤出机完成，首先由第一台挤出机挤出圆管，然后经过真空定型，使之成为方形管，然后将这一方形管螺旋缠绕在成型机上，同时利用第二台挤出机挤出来的熔料将缝隙焊接上，管壁本身由方形细管缠绕构成。该产品是目前国际上先进的环保型建筑材料，是一种节约能源，无污染的新型高科技建筑材料。具有强度高、重量轻、施工简单、管壁平滑、寿命长等特点，采用热收缩带连接或承插胶圈连接。

化学建材管种类较多，随着新型建筑材料的不断发现和生产工艺的不断研发，新型排水管材也将不断出现。化学建材管因其本身重量轻、管节长、接口少的优势，已经正在不断替代混凝土或钢筋混凝土排水管。但在顶管工程中使用较少，有效提高化学建材管的刚度，是今后发展的方向。

11.1.3 排水渠道

一般大型排水渠道断面多采用矩形、拱形、马蹄形等。其形式有单孔、双孔、多孔。建造大型排水渠道常用的材料有砖、石、混凝土块和现浇钢筋混凝土等。在选用材料时，尽可能就地取材。其施工方法有：现场砌筑、现场浇筑、预制装配等。一般大型排水渠道可由基础、渠底、渠身、渠顶等部分组成。在施工过程中通常是现场浇筑管渠的基础部分，然后再砌筑或装配渠身部分，渠顶部分一般是预制安装的。此外，建造大型排水渠道也有全部浇筑或全部预制安装的。图 11-2～图 11-4 为石砌拱形渠道和矩形钢筋混凝土渠道示意图。

对于大型排水渠道的选择，除了应考虑其受力、水力条件外，还应结合施工技术、材料的来源、经济造价等情况，经分析比较后，确定出适合设计地区具体实际情况，既经济又合理的渠道。由于大型排水渠道，其最佳过水断面往往显得窄而深，这不仅会使

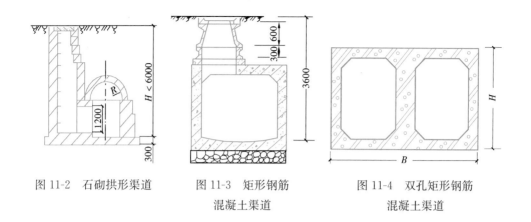

图 11-2　石砌拱形渠道　　　图 11-3　矩形钢筋　　　图 11-4　双孔矩形钢筋
　　　　　　　　　　　　　　　　　混凝土渠道　　　　　　　混凝土渠道

土方工程的单价提高，而且在施工过程中可能遇到地下水或流沙，势必会增加工程中施工的困难。因此，对大型排水渠道应选用宽而浅的断面形式。表 11-4 为排水管材种类及适用条件。

常用排水管材种类、优缺点及适用条件　　　　　　　　　　　表 11-4

管材种类	优点	缺点	适用条件
钢管及铸铁管	（1）质地坚固，抗压、抗震性强 （2）每节管子较长，接头少	（1）价格高昂 （2）钢材对酸碱的防蚀性较差	适用于受高内压、高外压或对抗渗漏要求特别高的场合，如泵站的进出水管，穿越其他管道的架空管，穿越铁路、河流、谷地等
陶土管（无釉、单面釉、双面釉）	（1）双面釉耐酸碱，抗腐蚀性强 （2）便于制造	（1）质脆，不宜远运，不能受内压 （2）管节短，接头少 （3）管径小，一般不大于 600mm （4）有的断面尺寸不规格	适用于排除侵蚀性污水或管外有侵蚀性地下水的自流管
钢筋混凝土管及混凝土管	（1）造价较低，耗费钢材少 （2）大多数是在工厂预制，也可现场浇制 （3）可根据不同的内压和外压分别设计制成无压管、低压管、预应力管及轻重型管等 （4）采用预制管时，现场施工期间较短	（1）管节较短，接头较少 （2）大口径管重量大，搬运不便 （3）容易被含酸含碱的污水侵蚀	钢筋混凝土管适用于自流管、压力管或穿越铁路（常用顶管施工）、河流、谷地（常做成倒虹管）等；混凝土管适用于管径较小的无压管
砖砌沟渠	（1）可砌筑成多种形式的断面—矩形、拱形、圆形等 （2）抗腐性较好 （3）可就地取材	（1）断面小于 300mm 时不易施工 （2）现场施工时间较预制管长	适用于大型下水道工程

11.2　附　属　构　筑　物

为保证及时有效地收集、输送、排除城市污水及地表径流，保证排水系统正常的工作，在排水系统上除设置管道以外，还需要在管道上设置一些必要的构筑物。常用的附属构筑物有检查井、跌水井、水封井、溢流井、冲洗井、倒虹管、雨水口及出水口等。这些附属构筑物对排水系统的工作有很重要的影响，其中有些构筑物在排水系统中所需要的数量很多，它们在排水系统的总造价中占有相当的比例。例如，为便于管道的维护管理，通常都应设置检查井，对于污水管道，一般在直线管段上每隔30～50m需要设置一个，其数量很多。此外，有些构筑物的造价很高，如倒虹管等。它们对排水工程的造价及将来的使用影响很大。因此，如何使这些构筑物在排水系统中建造得经济、合理，并能发挥最大的作用，是排水工程设计和施工中的重要课题之一，应予以重视和慎重考虑。本节主要介绍这些构筑物的作用及构造。

11.2.1　检查井

为便于对排水管道系统进行定期检修、清通和联结上、下游管道，需在管道适当位置设置检查井。当管道发生严重堵塞或损坏时，检修人员可下井进行疏通和检修操作。

检查井通常设置在管道的交汇、转弯和管径、坡度及高程变化处。在排水管道设计中，检查井在直线管道上的最大间距，可根据具体情况确定，一般情况下，检查井的间距按50m左右考虑。表11-5为检查井最大间距，表11-6为国内部分城市检查井间距，供设计时参考。

检查井在直线段的最大间距　　　　　　　　　　　　　　　　　表 11-5

管径（mm）	最大间距（m）
300～600	75
700～1000	100
1100～1500	150
1600～2000	200

国内部分城市检查井间距　　　　　　　　　　　　　　　　　表 11-6

城市	管径（mm）	污水检查井间距（m）	雨水（合流）检查井间距（m）
北京	300～900 1500～1950	35～45 70～80	35～45 40～50
上海		35	35
天津	<800	30～40	40～50
南京		30	30
济南	300	30	30
广州	200～1200	30	30

城市	管径（mm）	污水检查井间距（m）	雨水（合流）检查井间距（m）
杭州		50	30～50
沈阳			40
长春	300～600 600～1000	40 50	40 50
石家庄			40～50
郑州	900	60	50
哈尔滨		40～50	40～50

随着城市范围的扩大，排水设施标准的提高，有些城市出现管径大于 2000mm 的排水管道，管道的净高度可允许养护人员或机械进入管道内检修养护，为此在不影响用户接管的前提下，检查井最大间距可适当增大。

检查井的平面形状一般为圆形，大型管道的检查井也有矩形和扇形，如图 11-5～图 11-7 所示。

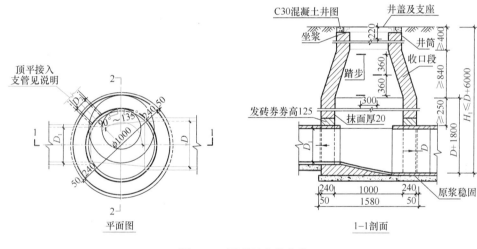

图 11-5　圆形污水检查井

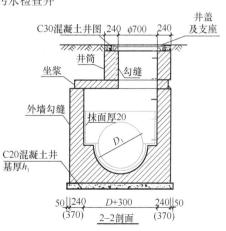

11-10　圆形污水检查井示意图

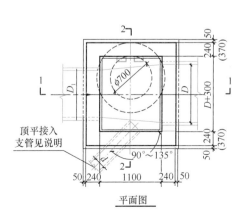

图 11-6　矩形污水检查井

207

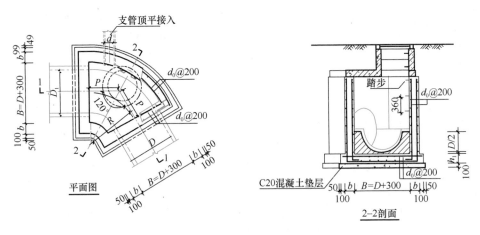

图 11-7 扇形污水检查井

按检查井的种类一般分为雨水检查井和污水检查井。其构造和使用条件基本相同，只是井内的流槽高度有差别。

建造检查井的材料一般是砖、石、混凝土或钢筋混凝土。砖石检查井一般采用砌筑工艺，混凝土、钢筋混凝土检查井可采用现浇工艺，也可采用预制工艺。

检查井的基本构造可由基础、井底、井身、井盖和盖座等部分组成，如图 11-8 所示。

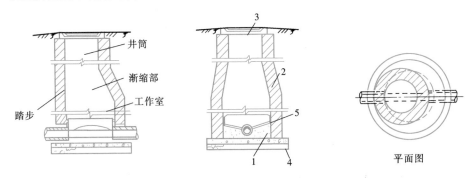

图 11-8 检查井构造图

1—井底；2—井身；3—井盖及盖座；4—井基；5—沟肩

检查井的井底材料一般采用低强度等级混凝土，基础采用碎石、卵石、碎砖夯实或低强度等级混凝土。为使水流流过检查井时阻力小，井底应设联结上、下管道的半圆形或弧形流槽，两侧为直壁。污水管道的检查井流槽顶与上、下游管道的管顶相平，或与 0.85 倍大管管径处相平。雨水管道和合流管道的检查井流槽顶可与 0.5 倍管径处相平。流槽两侧至检查井内壁间的部分称为沟肩，沟肩应有一定宽度，一般应不小于 200mm，以便养护人员井下立足，并应有 0.02~0.05 的坡度坡向流槽，以防止检查井内积水时淤泥沉积。在管道转弯或管道的交汇处，流槽中心线的弯曲半径应按转角大小和管径大小确定，并且不得小于大管的管径，其目的是使水流畅通。检查井井底各种流槽的平面形式如图 11-9 所示。根据某些城市排水管道的养护经验，为有利于管道的清淤，应每隔一定距离（约 200m），将井底做成落底为 0.5~1.0m 的沉积槽。

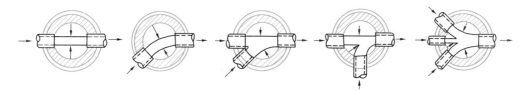

图 11-9 检查井流槽形式图

检查井的井身构造与是否需要工人下井有密切关系。不需要下人的浅井，其构造很简单，一般为直壁筒形或矩形，井径一般在 500～700mm，如图 11-10 所示。而对于经常要下井检修的盖板检查井，其井口宜大于 800mm。国家标准图集中的检查井在构造上可分为工作室、渐缩部和井筒三部分，如图 11-8 所示。

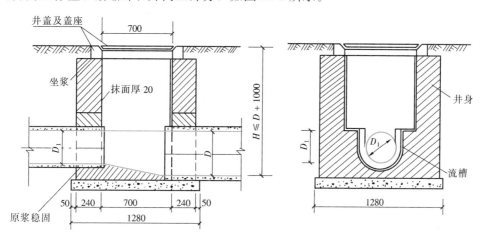

图 11-10 不需要下人的检查井

工作室是养护时工人进行临时操作的地方，因此不宜过分狭小，其直径不能小于 1.0m。其高度在埋深许可时一般采用 1.8m 或更高些，污水检查井由流槽顶算起，雨水（合流）检查井由管底起算。为降低造价，缩小井盖尺寸，井筒直径比工作室小，考虑到工人在检修时出入安全和方便，其直径不应小于 0.7m。井筒与工作室之间可采用锥形渐缩部连接，渐缩部高度一般为 0.6～0.8m，另外，也可以在工作室顶偏向出水管道一边加钢筋混凝土盖板梁进行收口。为便于工人检查时上下方便，井身在偏向进水管的一边保持直立，并设有牢固性好、抗腐蚀性强的爬梯。

检查井的井盖形式常用圆形，其直径为 0.70m，可采用铸铁或钢筋混凝土材料制造。在车行道上一般采用铸铁井盖和井座，为防止雨水流入，盖顶略高出地面。在人行道或绿化带内可采用钢筋混凝土制造的井盖及盖座，如图 11-11、图 11-12 所示。

合流制管道上的检查井与雨水检查井

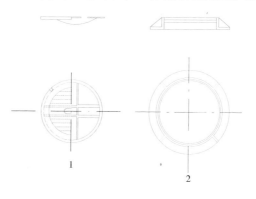

图 11-11 轻型铸铁井盖及井座

1—井盖；2—井座

209

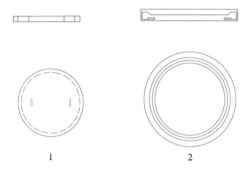

图 11-12　轻型钢筋混凝土井盖及井座

1—井盖；2—井座

相同。当排除具有腐蚀性工业废水的管道，要采用耐腐蚀性管材和接口，同时也要采用耐腐蚀性检查井，即在检查井内壁作耐腐蚀衬里（如耐酸陶瓷衬里、耐酸瓷板衬里、玻璃钢衬里等），或采用花岗岩砌筑。

检查井尺寸的大小，应按管道埋深、管径和操作要求确定，详见《给水排水标准图集》S231、S232、S233。

为了防止检查井渗漏而影响建筑物基础，以及清通方便，要求井中心至建筑物外墙的距离应不小于3m。接入同一检查井的支管数量不宜超过3条。

11.2.2　跌水井

受地势或其他因素的影响，造成排水管道在某些地段的高程落差较大，当落差高度超过1m时，宜设跌水井。跌水井既具有检查井的功能，又具有消能功能。由于水流跌落时具有很大的冲击力，所以井底要求牢固，要设有减速防冲击的消能设施。

当管道跌水高度在1m以内时，可不设跌水井，只需在检查井井底做成斜坡。通常在下列情形下必须采取跌落措施：

（1）管道垂直于陡峭地形的等高线布置，按照设计坡度铺设将不满足最小覆土厚度的要求，甚至露出地面；

（2）支管接入高程较低的干管且管内底高差大于1m，此时应支管跌落；

（3）支管是已建成管道，干管为拟建管道且接纳高程较低的支管，此时应干管跌落。

跌水井不宜设在管道的转弯处。污水管道和合流管道上的跌水井，宜设排气通风管。

目前，常用的跌水井有竖管式、溢流堰式和阶梯式。如图11-13～图11-15所示。

竖管式跌水井可不做水力计算，它适用于管径$D \leqslant 400mm$的管道。竖管式跌水井的一次允许跌落高度随管径大小不同而异。当管径小于200mm时，一次跌水水头高度

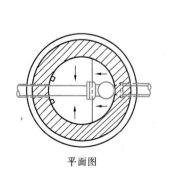

平面图

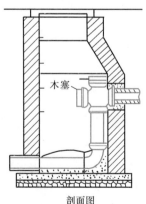

剖面图

图 11-13　竖管式跌水井

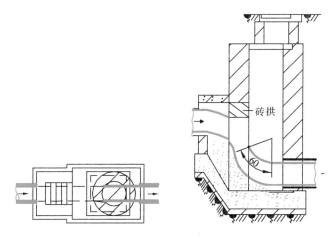

图 11-14　溢流堰式跌水井

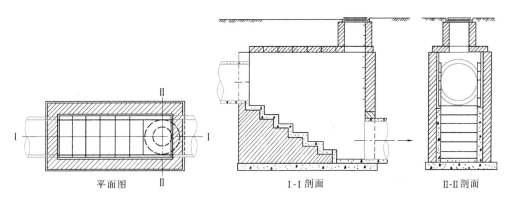

平面图　　　　　　　　　　I-I 剖面　　　　　　II-II 剖面

图 11-15　阶梯式跌水井

不得大于 6m；当管径为 300～400mm 时，一次跌水高度不宜大于 4m；当管径大于 400mm 时，一次跌水高度应按水力计算确定。

　　当管道管径大于 400mm，采用溢流堰式跌水井时，其跌水水头高度、跌水方式及井身长度应通过有关水力计算来确定。也可采用阶梯式跌水井，其跌水部分为多级阶梯，逐步消能。跌水井的井底及阶梯要考虑对水流冲刷的防护，应采取必要的加固措施。

　　有关跌水井其他形式及尺寸，详见《给水排水标准图集》S234。

11.2.3　水封井

　　当工业废水中含有易燃气体，或含有能产生爆炸或火灾的气体时，其废水管道系统中应设水封井，以阻隔易燃易爆气体的流通及阻隔水面游火，防止其蔓延。水封井是一种能起到水封作用的检查井，其形式有竖管式水封井和高差式水封井。图 11-16 为竖管式水封井示意图。

　　水封井应设在生产上述废水的生产装置、储罐区、原料储运场地、成品仓库、容器洗涤车间和废水排出口处，以及适当距离的干管上。

　　由于这类管道具有危险性，所以在定线时要注意安全问题。应设在远离明火的地

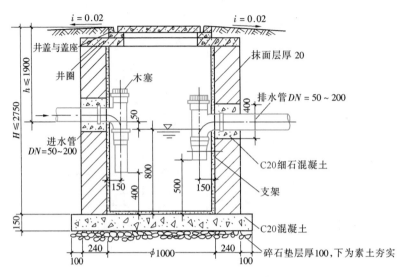

图 11-16　竖管式水封井

方,不能设在车行道和行人众多的地段。水封深度与管径、流量和污水中含易燃易爆物质的浓度有关,一般在 0.25m 左右。井上宜设通风管,井底宜设沉泥槽,其深度一般采用 0.5~0.6m。

11.2.4　连接暗井

当雨水管道直径大于 800mm 时,在雨水连接管与雨水管道连接处可不设检查井,而采用连接暗井,如图 11-17 所示。连接暗井本身也是检查井,只是不砌筑至地面,砌筑到高于管顶后用盖板封住,盖板上回填土方而已。

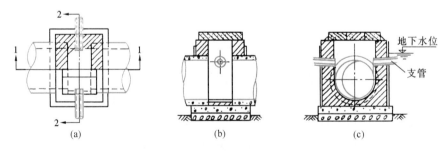

图 11-17　连接暗井
(a) 平面图;(b) 1-1 剖面;(c) 2-2 剖面

11.2.5　防潮门井

临海、临河城市的排水管道,往往会受到潮汐和水体水位的影响。为防止涨潮时潮水或洪水倒灌进入管道,应在排水管道出水口上游的适当位置设置装有防潮门的检查井。

防潮门一般用铁制,略带倾斜地安装在井中上游管道出口处,其倾斜度一般为 1:20~1:10。防潮门只能单向开启。当排水管道中无水或水位较低时,防潮门靠自重密闭。当上游排水管道来水时,水流顶开防潮门排入水体。当涨潮时,防潮门靠下游潮水压力密闭,使潮水不会倒灌入排水管道中。图 11-18 为防潮门井示意图。

此外，设置了防潮门的检查井井口，应高出最高潮水位或最高洪水位，井口应用螺栓和盖板密封，以防止潮水或河水从井口倒灌入市区。为使防潮门工作安全有效，应加强维护和管理工作，经常清除防潮门座上的污物。

11.2.6　换气井

换气井是一种设有通风管的检查井。图 11-19 为换气井的形式之一。

由于污水中的有机物常在管道中沉积而厌氧发酵，发酵分解产生的甲烷、硫化氢、二氧化碳等气体，如与一定体积的空气混合，在点

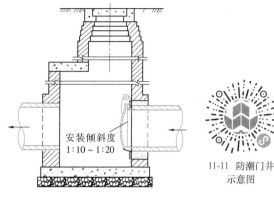

安装倾斜度
1:10 ~ 1:20

图 11-18　防潮门井

11-11　防潮门井示意图

火条件下将会产生爆炸，甚至引起火灾。为了防止此类事件的发生，同时也为了保证工人在检修管道时的安全，需要在街道排水管的检查井上设置通风管，使有害气体在住宅管的抽风作用下，随同空气沿庭院管道、出户管及竖管排入大气中。

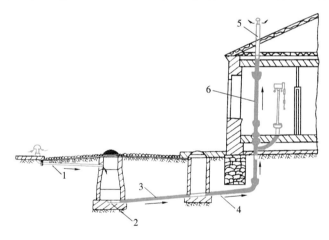

图 11-19　换气井
1—通风管；2—街道排水管；3—庭院管；4—用户管；
5—透气管；6—竖管

11.2.7　雨水口

雨水口是设在雨水管道或合流管道上，用来收集地面径流雨水的构筑物。地面上的雨水经过雨水口和连接管流入雨水检查井（或合流检查井）后而进入雨水管道或合流管道。

1. 雨水口的设置与种类

雨水口的设置，应根据道路（广场）情况、街坊以及建筑情况、地形、土壤条件、绿化情况、暴雨强度的大小及雨水口的泄水能力等因素决定。雨水口的设置位置，应能保证

及时有效地收集地面雨水。一般应设在交叉路口、路侧边沟的一定距离处以及设有道路边石的低洼地方，防止雨水漫过道路造成道路及低洼地区积水而影响交通。在平面交叉路口处，应根据雨水径流情况布置雨水口。雨水口不适宜设在道路分水点上、地势较高的地方、道路转弯的曲线段、建筑物门口、停车站前及其他地下管道上方等处。

雨水口的形式和设置数量，主要根据汇水面积上产生的径流量的大小和雨水口的泄水能力来确定。在径流量较小的地方一般设单箅雨水口；径流量较大的地方一般设双箅雨水口；汇水距离较长、汇水面积较大的易积水地段常需设置三箅或选用联合式雨水口；在立交桥下道路最低点一般要设十箅左右，以上均按路拱中心线一侧的每个布置点计算。

雨水口的设置间距，应考虑道路纵坡和道路边石的高度。道路上雨水口的间距一般

为 25～50m（视汇水面积大小而定）。在个别低洼和易于积水路段，应根据需要适当增加雨水口。

雨水口按进水箅在街道上的设置位置可分为平箅式雨水口，如图 11-20 所示；立箅式雨水口，如图 11-21 所示；以及两者相结合的联合式雨水口，如图 11-22 所示。平箅式水口的进水箅是水平的，一般不得高于路面标高。该雨水口适用于道路坡度较小、汇水量较小、有路缘石的路面上，其泄水能力按 20L/s 计算。如汇水量较大时，可采用双箅雨水口或多箅雨水口，双箅雨水口其泄水能力按 30L/s 计算。立箅式雨水口的进水箅设在道路的侧边石内，箅条与雨水流向呈正交，该雨水口适用于有路缘石的路面以及箅条间隙容易被树叶等杂物堵塞的地方，立箅雨水口泄水能力按 20L/s 计算。联合式雨水口是在道路边沟底和侧边石上都安放进水箅，进水箅呈折角式安放在边沟底和边

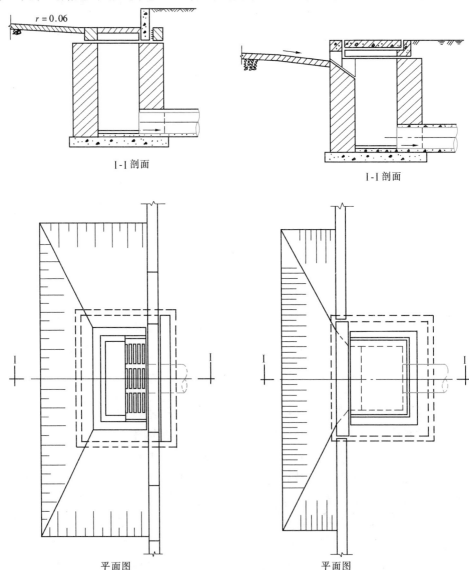

11-12 平立箅
联合式雨水口

图 11-20 平箅式雨水口   图 11-21 立箅式雨水口

石侧面的相交处。这种形式适用于有路缘石的道路以及汇水量较大且算条容易堵塞的地方。联合式雨水口泄水能力可按 30L/s 计算。为了提高雨水口的进水能力，扩大进水算的进水面积保证进水效果，目前，我国许多城市已采用双算联合式、三算联合式或多算联合式雨水口。

2. 雨水口的构造

雨水口由进水算、连接管和井身三部分组成。

进水算可用混凝土制品或铸铁制品，后者坚固耐用，进水能力强。

雨水口的井身，可用砖砌或用钢筋混凝土预制。井身深度一般不大于 1m，在寒冷地区，为防止冰冻，可根据经验适当加大。雨水口底部根据泥沙量的大小，可做成无沉泥井（图 11-20～图 11-22）或有沉泥井（图 11-23）的形式。

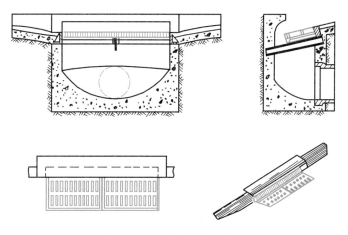

11-13 双平算
联合式雨水口

图 11-22　双算联合式雨水口

在道路路面较差，地面上积秽很多的街道或菜市场等处，泥沙、石屑等污染颗粒容易随径流雨水进入雨水口，堵塞连接管。为避免雨水连接管堵塞，常采用有沉泥井的雨水口。为保证其发挥作用，对设有沉泥井的雨水口需要及时清掏井底的沉积物，否则不但失去沉积作用，而且可能会散发臭味。清掏时可使用铁锹、手动污泥夹、小型污泥装载车；也可使用抓泥车和吸泥车，提高清掏效率。此外，设有沉泥井的雨水口，井底积水是蚊虫滋生的地方，天暖多雨的季节要定时加药杀灭。

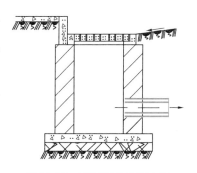

图 11-23　有沉泥井的雨水口

连接管用来连接雨水口和雨水检查井（或合流检查井），把雨水口收集的径流雨水输送至雨水（或合流）管道。连接管管径应根据算数及泄水量计算确定，其最小管径一般为 200mm，坡度一般不小于 1%，雨水连接管的长度一般不宜大于 25m，连接管串联雨水口的个数不宜超过 3 个。

11.2.8　出水口

排水管道的出水口，是设在排水系统终点的构筑物，污水或雨水由出水口排入受纳水体。出水口的位置形式和出水口流速，应根据受纳水体的水质、流量、水位变化幅度、水流方向、下游用水情况、稀释和自净能力、波浪状况、岸边变迁（冲淤）情况和夏季主导风向等因素确定，并要取得当地卫生主管部门和航运管理部门的同意。

在较大的江河岸边设置出水口时，应与取水构筑物、游泳区及家畜饮水区有一定的卫生防护距离。并要注意不能影响下游城市居民点的卫生和饮用。在城市河流的桥、涵、闸附近设置雨水出水口时，应选其下游，同时要保证结构条件、水力条件所需的距离。在海岸设置污水出水口时，应考虑潮位的变化、水流方向、主导风向、波浪情况、海岸和海底高程的变迁情况、水产情况、是否是风景游览及游泳区等，选择适当的位置和形式，以保证出水口的使用安全，不影响水产、水运，保持海岸附近地带的环境卫生。

出水口设在岸边的称为岸边式出水口。为使污水与河水较好混合，同时为避免污水沿滩流泄造成环境污染，污水出水口一般采用淹没式，即出水管的管底标高低于水体的常水位。淹没式分为岸边式和河床分散式两种。图11-24、图11-25为岸边式出水口示意图。出水口与河道连接处一般设置护坡或挡土墙，以保护河岸，固定管道出口管的位置，底板要采取防冲加固措施。

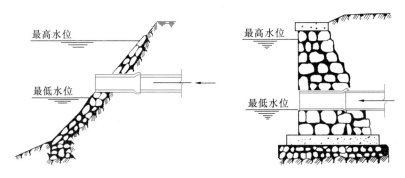

图 11-24　采用护坡的出水口　　　　图 11-25　采用挡土墙的出水口

河床分散式出水口是将污水管道顺河底用铸铁管或钢管引至河心。用分散排出口将污水排入水体。为防止污泥在管道中沉淀淤积，在河底出水口总管内流速应不小于 0.7m/s。考虑三通管有堵塞的可能，应设事故出水口。图 11-26 为江心分散式出水口。其翼墙可分为一字式和八字式两种。图 11-27 为一字式出水口，图 11-28 为八字式出水口。

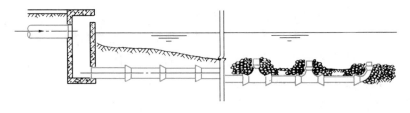

图 11-26　江心分散式出水口

11-14　一字式
出水口示意图

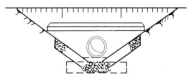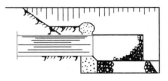

图 11-27　一字式出水口

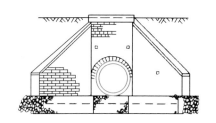
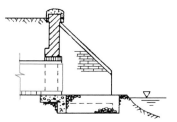

11-15　八字式
出水口示意图

图 11-28　八字式出水口

　　雨水出水口主要采用非淹没式，即管内底标高位于水体最高水位以上或位于常水位以上，以防止河水倒灌。当出水口标高高于水体水面很多时，应考虑设单级或多级跌水设施消能，以防止冲刷。

　　此外，在受潮汐影响或洪水威胁的地区，出水口的数量应适当减少，在受短期洪水威胁的地区，在出水口前一个检查井可设防潮门、自动或人工启闭式闸门，以防止倒灌。

　　出水口最好采用耐浸泡、抗冻胀的材料砌筑，一般用浆砌块石。在寒冷地区，出水口的基础线必须设在冰冻线以下。

<h2 style="text-align:center">思 考 题 与 习 题</h2>

　　1. 排水管材应满足哪些要求？

　　2. 如何选择排水管材？

　　3. 检查井的作用有哪些？

　　4. 检查井如何设置？

　　5. 检查井的构造如何？

　　6. 雨水口的作用有哪些？其位置如何设置？

　　7. 雨水口有哪些种类？

　　8. 出水口有哪些种类？如何选用？

11-16　教学单元11
参考答案

教学单元 12　给水排水管道的维护管理

12.1　给水管网的调度管理

12-1 教学单元12 导读

在城市中，给水管网多为多水源管网，而用户的用水又是变化的，如何根据用水点的水量、水压的变化情况合理利用水资源，是供水企业调度管理中必须解决的问题。

12.1.1　供水调度的目标与任务

供水调度的目的是在保证给水系统安全、可靠、经济运行的前提下，将符合用户水质要求的水及时送达用户，并满足其对水量和水压的要求。供水调度由供水企业的调度管理部门负责，该调度管理部门一般称为调度中心。调度中心除了负责供水调度的日常运行管理工作外，还要对管网进行事故管理。

供水调度的主要任务是：

（1）合理确定每个水厂的供水量，满足控制点用户的水量要求，同时按照控制点的水压要求确定水厂水泵的运行台数，保证供水能量不浪费。必要时，可以启动备用泵。

（2）管网运行时，可能会发生一些管道爆裂损坏、阀门失控等事故，此时就需要停水检修。在检修过程中要合理调度，确定水厂的水泵开启台数，以减小断水的范围。消防时，也需要进行合理调度，以满足灭火所需的水压。

（3）管网运行中，要进行水质检测，以保证供水水质。特别是事故检修后，更应加强此方面的工作。

12.1.2　供水调度系统

供水调度系统应采用自动检测、现代通信、计算机网络和自动控制等信息技术，对供水设备、参数进行实时在线监测、分析，为供水调度人员的调度决策提供数据依据，以实现科学调度控制的自动化信息管理。

城镇供水调度系统由数据采集系统、数据库系统、调度决策系统、调度执行系统组成。

数据采集系统由水质、水量、水压等参数监测设备、传感器、变送器、数据传输设备和通信网络设备组成，完成对数据的采集、处理、显示、记录、打印等工作。为使数据准确可靠，一般在城市的不同区域、不同地点设置适当数量的监测点，实时监测水质、水量、水压的变化情况。

数据库系统是调度系统的数据中心，具有规范的数据格式和完善的数据管理功能，包括地理信息系统、管网模型数据、实时状态数据、调度决策数据和管理数据。

调度决策系统是整个系统的指挥中心，分为运行调度决策系统和事故处理系统。运行调度决策系统具有仿真、状态预测、优化等功能；事故处理系统具有预警、侦测、报警、损失与估计最小化、状态恢复等功能。

调度执行系统由各种执行设备或智能控制设备组成，分为开关执行系统和调节执行系统。供水泵站控制系统是整个执行系统的核心，应予以高度重视。

12.1.3　给水系统的管理

1. 资料管理

给水管网资料包括设计、施工、运行、维修改造等方面的资料，应在日常工作中及时归档整理，严禁后补，以免出现误差或失真。尤其是管网竣工图，一定要准确无误，为日后管网维修改造提供可靠依据。在管网运行中，一些维修、新增的工程项目，也要做到资料准确可靠。

2. 阀门管理

阀门是流量调节设备，一般都安装在阀门井中。为保证管网安全运行，在阀门管理中应做到：

（1）实行阀门卡管理。阀门卡上应标明阀门所在位置、控制范围、启闭转数、启闭工具等内容，做到卡、物、图三者相符。

（2）建立阀门动态检查制度。阀门动态检查应落实到人，保证完好率为100％，对不符合要求的阀门要及时维修更换，避免出现漏水事故。

（3）条件具备时，应采用供水管网地理信息系统，进行阀门管理。

3. 水压与流量监测

水压和流量监测是调度管理的基本工作，只有及时掌握管网的压力和流量变化，才能合理进行管网调度工作。同时，也能对管道爆裂起到一定的预警作用。

测压点应布设在能反映管网运行工况的地方，一般为管网最不利点处、供水分界线、用水大户、大管段交叉处、高压区、低压区等地方。实际布置时应理论联系实际，充分借鉴技术人员的工作经验，以使测压点布置最优化。在测压点安装压力传感器，进行压力在线监测。

流量监测是监测管道内的水流方向、流速和流量。测点应布设在直线管段上，距离分支管、弯管、阀门应有一定的距离，一般测流点前后应有不小于30～50倍管径的直线段，以减小水力条件变化对所测数据的影响。测流点的数量依据配水管道的情况而定，当管道上无分支管道时可只设一个测流点；有分支管道时，分支点前后均应设测流点；当管径变化时，在变径点前后也应设测流点。测流点均应设在阀门井内，以便于监测。流量检测可以用毕托管流量计、超声波流量计、插入式流量计和电磁流量计。不同的流量计有不同的工作原理，布设和安装时要依据其工作原理进行。

12.2　给水管网的维护

12.2.1　给水管网的检漏

给水管网在运行过程中，由于各种原因，经常会产生跑、冒、滴、漏现象。据《中国城市建设统计年鉴》可知，我国给水管网年平均漏水率较大，许多城市漏水率均超过12%。据中国建设部资料显示，我国城市自来水公司的平均漏水率 2016 年为 15.3%，部分城市超过 25%，远大于经济发达国家。超高的漏水率，造成了水资源的巨大浪费和极大的经济损失。纵观给水管网漏水的原因，不外乎以下两方面，一是管网年久失修，二是施工质量差。给水管网的渗漏通常为由暗漏到明漏、由滴漏到线漏，做好给水管网的检漏工作，有助于及时发现事故点，及时维修更换，避免出现大量漏水现象，防患于未然。同时，也是供水企业提高供水效益，节约水资源的重要手段。

1. 检漏的方法

（1）听音法

听音法分为阀栓听音和地面听音两种方法。

阀栓听音法是利用听漏棒或电子放大听漏仪在管道的消火栓、阀门等暴露点处听漏水点产生的漏水声，根据听到的漏水声音的大小，判定漏水点到听测点之间的距离。该法可确定漏水点的大概位置和距离，适用于查找漏水的线索和范围，是漏点的预定位。

地面听音法是在漏水点预定位后，在漏水点的大概范围内用电子放大听漏仪在地面听测地下管道的漏水点，并进行准确定位。

（2）分区检漏法

分区检漏法是在用户检修、可以停止供水时进行。操作时，将与该区相连的管道全部关闭，在其中一条干管的旁边接一条直径为 15～20mm 的旁通管，并安装阀门和水表，打开旁通管上的阀门观察水表是否转动，并记录时间和通过的水量，以观察有无漏水和漏水率的大小。

（3）相关检漏法

相关检漏法是目前最先进有效的检漏方法，适用于环境干扰噪声大、管道埋深大或不能采用地面听音法的区域。

相关检漏仪由 1 台相关仪主机、2 台无线电发射机和 2 个高灵敏度振动传感器组成。相关仪主机由无线电接收机和微处理器等元件组成。相关检漏仪的工作原理是在管道上连接 A、B 两个振动传感器，当管道在 A、B 两个传感器间有漏水点时，就会在漏水点产生漏水声波，并沿管道向 A、B 两个振动传感器传播，传感器记录接收到声波的时间，就可按式（12-1）计算漏水点的位置，如图12-1所示。

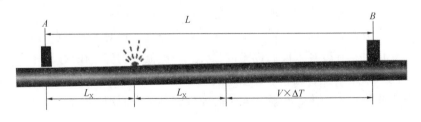

图 12-1　相关检漏仪工作原理

$$L_{\mathrm{x}} = \frac{(L - V \times \Delta T)}{2} \tag{12-1}$$

式中　L_{x}——漏水点距传感器 A 的距离，m；

L——两传感器 A、B 间的管道长度，m；

V——声波在管道的传播速度，取决于管材、管径和管道内的介质，m/ms；

ΔT——相关仪主机测出的由漏水点产生的水声波传播到不同传感器的时间差，ms。

（4）自动监测法

自动监测法采用泄漏噪声自动记录仪进行。泄漏噪声自动记录仪是由多台数据记录仪和 1 台控制器组成的整体化声波接收系统。当装有软件的计算机对数据记录仪编程后，只要将记录仪放在管网的不同位置，按预设时间可自动开启，就可随时监测并记录管道各处的噪声信号，并把接收的信号经数字化后自动存入记录仪中，传送到专用软件的计算机上进行处理，快速探测装有记录仪的管网区域内是否存在漏水点。泄漏噪声自动记录仪可探测到 10dB 以上的漏水声，而人耳只能听到 30dB 以上的漏水声，可见其优越性明显。

使用泄漏噪声自动记录仪进行管网检漏，操作简便，检漏工作由在线操作变为了离线操作，并可用计算机进行文件汇编，降低了劳动强度和费用。

12.2.2　给水管网的维修

1. 堵漏

查到管网漏水点后，应及时挖除管道上方的回填土，将漏水点暴露出来，根据漏水点的不同情况采用相应的方法进行处理。当漏眼较小时，可在漏眼处垫 1～2 层胶皮，用卡箍固定即可，也可熔铅堵漏；若接口漏水应更换胶圈或重新填打接口材料；若管道不均匀沉陷造成掰裂漏水，应采用两合揣袖堵漏；若管道漏眼较大，堵漏难度较大时应更换管道；若阀门漏水，应根据不同情况修理或更换阀门。

两合揣袖是采用哈夫节进行堵漏。哈夫节有等径哈夫节和承插哈夫节两种形式，承插哈夫节是对两管连接处的承口处漏水进行抢修的装置；等径哈夫节是对除承口以外的部分进行抢修的装置。该装置由本体和橡胶垫组成，安装方便。哈夫节由两个具有一定长度的 180° 半圆组成，半圆边缘有带孔外缘翼板，通过螺栓可将两

图 12-2　等径哈夫节示意图

12-2　等径哈夫节示意图

个半圆组装成一段圆管，规格为 $DN100 \sim DN1000$mm，如图 12-2 所示。哈夫节可包覆在事故漏水点处，在漏水点处垫上橡胶密封垫，紧固螺栓后，可达到密封漏水点的目的。

有的厂家也生产异型哈夫节，俗称"大佛头"，其两端管径不同，适用于变径管处的堵漏，如图 12-3 所示。

2. 抢修

抢修是指管道爆裂、跑水严重，需要及时修复，甚至要在带水、带压的状态下进行的维修工作。管道爆裂抢修一般采用哈夫节、马鞍三通（俗称马鞍卡子）等装置进行。马鞍三通用于分支处的管道堵漏，如图 12-4 所示。

12-3 马鞍三通
示意图

图 12-3　异径哈夫节示意图　　　　图 12-4　马鞍三通示意图

3. 更换

当管道腐蚀、损坏严重，难以维修时，可挖除原有管道，重新铺设新的管道。

12.3　排水管道系统的维护管理

12.3.1　排水管道系统维护管理的任务

排水管道系统建成后，为保证其正常工作，必须进行维护和管理。其主要任务是：

（1）验收排水管道；

（2）监督排水管道使用规则的执行；

（3）经常检查、冲洗或清通排水管渠，以维持其排水能力；

（4）修理管道及其附属构筑物，并处理意外事故。

排水管道的养护工作，一般由城市市政养护处负责，下设若干养护队，分片负责。

1. 管道系统清通

排水管道系统在运行过程中，经常会出现沉淀淤积，严重时将影响其排水能力。因此，必须进行定期清通。

（1）雨水口清淤

雨水口在收集雨水的过程中，沉淀了一些泥沙颗粒；有些路面清洁人员也把雨水口附近的地面污物扫入雨水口中。这样，就造成了雨水口内沉积物过多，甚至堵塞雨水连接管口，致使雨天不能及时排走收集的地表径流。因此，市政养护人员要在雨季来临前，及时清掏雨水口内的沉积物，保证雨水排放畅通。雨水口清淤方法简单，一般采用铁锹清挖，手推车清运即可。

（2）排水管道清淤

1）竹劈清通法。管道堵塞不严重时，可以用竹劈清通。清通时，打开需清通管段两端的检查井井盖，确认无毒无害后将竹劈较细一端由上游检查井插入管道中，如一节长度不够，可再连接另一竹劈以增加长度，人工在地面上不断抽拉竹劈，松动沉积在管底的污泥，污泥松动后靠管内污水向下游冲动排放，如此反复进行，直到全部清通为止。松动的污泥排放到下游检查井中，由人工清掏出井或由吸泥车吸出井外。

2）水力清通法。水力清通是用水对管道进行冲洗，可用管道内的污水自冲，也可利用自来水或地表水进行冲洗。用管道内的污水自冲时，污水本身要有一定的流量和流速，而且管道的淤泥也不能太多。用自来水或地表水冲洗时，需用水车将水送至冲洗现场，通过高压泵对管道进行冲洗。

水力冲洗前，先将橡皮塞的一端用钢丝绳系在绞车上，用橡皮塞堵住被冲洗管道的上游管道口，使上游管道中的水不再进入被冲洗管道内。此时，被冲洗管道处于排空状态。同时，被冲洗管道的上游管口处检查井中水位在不断升高，该水量来自上游管道内的污水或水力冲洗车内的自来水。当检查井内的水位升高到一定程度或接近井口时，突然放掉橡胶塞中的部分空气，使橡胶塞体积缩小，在一定水头的水力冲击作用下，橡胶塞在向前移动的过程中顶推管底沉积的淤泥，同时在橡胶塞的底部与管内底之间会产生高速激流，这种激流会将管底沉积物冲动松散，在橡胶塞的顶推和高速激流的双重作用下，管底沉积物就会到达淤堵管段的下游检查井内，然后由人工或机械提升到地面运走，如图 12-5 所示。当橡胶塞到达淤堵管段的下游检查井内时，表明淤堵管段已清通完毕。

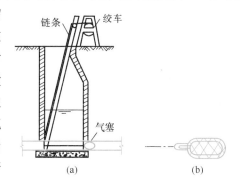

图 12-5　水力清通示意
（a）水力清通过程；（b）橡胶塞

水力清通操作方便、效率高，现已广泛采用。根据我国一些城市的经验，水力清通不仅能清通下游管道 250m 以内的淤泥，而且在 150m 左右的上游管道中的淤泥也得到一定程度的清刷。当上游检查井中的水位升高至 1.2m 时，突然松塞放水，不仅可清除淤泥，而且还可冲刷出管道中的碎砖石，可见其清通效果显著。但在管道脉脉相通的地段，因无法在上游管道内憋水，橡胶塞也无法移动，致使无法进行水力清通。此时，只能采用水力冲洗车进行冲洗。

我国目前使用的水力冲洗车的水罐容量为 1.2～8.0m³，高压胶管直径为 25～32mm，喷头喷嘴直径为 1.5～8.0mm，喷射角为 15°、30°或 35°，喷水量为 200～500L/min。水力冲洗车从别处取水，将高压胶管伸入淤堵管道内借助高压水冲洗管道，清淤效果非常好。

3）机械清通法。当管道淤堵严重，水力清通效果不佳时，需借助清通工具进行清通。机械清通时，在淤堵管段两端的检查井处分别支设绞车，先将竹劈一端系上钢丝绳，绳上系住清通工具的一端，用钢丝绳将清通工具连接在其中一架绞车上；然后竹劈穿过需要清通的管段，去掉竹劈后将钢丝绳连接在另一架绞车上，这样清通工具的两端均用钢丝绳连接在两架绞车上；最后利用绞车往复拉动钢丝绳，使清通工具在管道内往复移动，通过清通工具将淤泥刮至一端检查井内，完成清淤工作，如图 12-6、图 12-7 所示。

清通工具有耙松淤泥的骨骼型松土器、清除树根的锚式清通器和弹簧刀、用于刮泥的胶皮刷、铁簸箕、钢丝刷等，如图 12-7 所示。

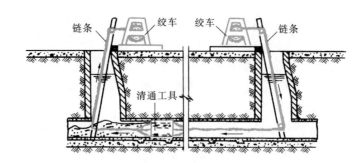

图 12-6　机械清通操作示意

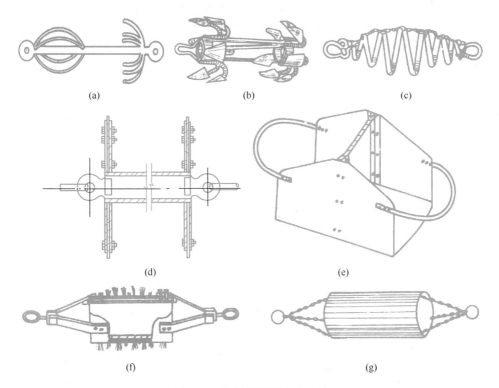

图 12-7　耙松淤泥的清通工具

（a）骨骼型松土器；（b）锚式清通器；（c）弹簧刀；（d）胶皮刷；（e）铁簸箕；（f）钢丝刷；（g）铁牛

近年来，国外已开始采用通沟机对管道进行清淤。通沟机有气动式和钻杆式两种。气动式是借助压缩空气将清泥器从一个检查井送到另一个检查井；钻杆式是通过汽车引擎带动钻头向前钻进，同时将淤泥清到另一个检查井中。我国在此方面起步较晚，有的城市已开始采用。

2. 安全防护

排水管道中的污水会析出硫化氢、甲烷、二氧化碳等气体，某些工业废水中还可能含有汽油、苯等气体，这些气体与空气混合后在遇明火时极易发生爆炸。因此，在排水管道的维护过程中必须重视安全防护工作，尽量减少对养护人员的伤害。养护人员尽量做到不下井工作，如必须下井工作，应在检查井井盖开启通风一段时间，确定无有害气体后才可下井工作。井下人员只允许在井内工作，严禁钻入管道内工作，同时要佩戴好防护工具和用具，在井下工作时间不能太长，井上看护人员要与井下人员勤沟通、勤换班，做到防患于未然。

12.3.2　排水管道的修理

市政管道施工完毕交付使用后，随着使用时间的延长，管道的腐蚀损坏现象将越来越严重。管道腐蚀损坏以后必然会引起泄漏，造成管内输送介质的流失并由此引发一系列问题。据资料介绍，国内有的城市钢筋混凝土排水管道铺设 5 年就被腐蚀，沿海高地下水位城市腐蚀程度更甚，有的钢筋完全暴露，致使管道坍塌，道路塌陷，影响交通，甚至发生人身伤亡事故。

市政管道腐蚀损坏后，如开挖重建必定会破坏原有道路，影响交通和其他地下管线，造成资金的浪费。现在，多采用非开挖修复。常用的修复方法主要有内衬法、软衬法、缠绕法、喷涂法、浇注法、管片法、化学稳定法和局部修复法等方法。不管哪种修复方法，施工前必须先清除管道内部的障碍物和淤泥，以保证修复施工正常进行。具体修复方法，参见有关资料，本教材不涉及。

当排水管道损坏到没有修复的必要时，应挖除重建。

思 考 题 与 习 题

1. 供水调度的目标和任务各是什么？
2. 给水系统管理的内容有哪些？
3. 给水管道系统检漏的方法有哪些？
4. 给水管道堵漏的方法有哪些？
5. 排水管道系统养护管理的任务有哪些？
6. 排水管道怎样清淤？为减少清淤工作量，在设计时应注意哪些问题？

12-4　教学单元12
参考答案

附　　录

一、综合生活用水定额

综合生活用水定额[L/(cap·d)]　　　　　　　附表 2-1

| 城市规模 | 特大城市 | | 大城市 | | 中、小城市 | |
用水情况 分　　区	最高日	平均日	最高日	平均日	最高日	平均日
一	260~410	210~340	240~390	190~310	220~370	170~280
二	190~280	150~240	170~260	130~210	150~240	110~180
三	170~270	140~230	150~250	120~200	130~230	100~170

注：1. 居民生活用水指：城市居民日常生活用水。

2. 综合生活用水指：城市居民日常生活用水和公共建筑用水，但不包括浇洒道路、绿地和其他市政用水。

3. 特大城市指：市区和近郊区非农业人口 100 万及以上的城市；

　　大城市指：市区和近郊区非农业人口 50 万及以上，不满 100 万的城市；

　　中、小城市指：市区和近郊区非农业人口不满 50 万的城市。

4. 一区包括：湖北、湖南、江西、浙江、福建、广东、广西、海南、上海、江苏、安徽、重庆；

　　二区包括：贵州、四川、云南、黑龙江、吉林、辽宁、北京、天津、河北、山西、河南、山东、宁夏、陕西、内蒙古河套以东和甘肃黄河以东的地区；

　　三区包括：新疆、青海、西藏、内蒙古河套以西和甘肃黄河以西的地区。

5. 经济开发区和特区城市，根据用水实际情况，用水定额可酌情增加。

6. 当采用海水或污水再生水等作为冲厕用水时，用水定额相应减少。

二、城镇和居住区消防用水定额

城镇和居住区同一时间发生的火灾起（次）数和一起（次）火灾灭火设计流量。

城镇和居住区同一时间内的火灾起数和一起火灾灭火设计流量　　　附表 2-2

人数 N（万人）	同一时间内的火灾起数（起）	一起火灾灭火设计流量（L/s）
N≤1.0	1	15
1.0<N≤2.5	1	30
2.5<N≤5.0	2	30
5.0<N≤20.0	2	45
20.0<N≤30.0	2	60
30.0<N≤40.0	2	75
40.0<N≤50.0	2	75
50.0<N≤70.0	3	90
N>70.0	3	100

三、建筑物室内消火栓设计流量

建筑物室内消火栓设计流量　　　　　　　附表 3-1

建筑物名称			高度 h（m）、层数、体积 V（m³）、座位数 n（个）、火灾危险性		消火栓设计流量（L/s）	同时使用消防水枪数（支）	每根竖管最小流量（L/s）
工业建筑	厂房		h≤24	甲、乙、丁、戊	10	2	10
				丙 V≤5000	10	2	10
				丙 V>5000	20	4	15
			24<h≤50	乙、丁、戊	25	5	15
				丙	30	6	15
			h>50	乙、丁、戊	30	6	15
				丙	40	8	15
	仓库		h≤24	甲、乙、丁、戊	10	2	10
				丙 V≤5000	15	3	15
				丙 V>5000	25	5	15
			h>24	丁、戊	30	6	15
				丙	40	8	15
民用建筑	单、多层建筑	科研楼、实验楼	V≤10000		10	2	10
			V>10000		15	3	10
		车站、码头、机场的候车（船、机）楼和展览建筑（包括博物馆）等	5000<V≤25000		10	2	10
			25000<V≤50000		15	3	10
			V>50000		20	4	15
		剧场、电影院、会堂、礼堂、体育馆等	800<n≤1200		10	2	10
			1200<n≤5000		15	3	10
			5000<n≤10000		20	4	15
			n>10000		30	6	15
		旅馆	5000<V≤10000		10	2	10
			10000<V≤25000		15	3	10
			V>25000		20	4	15
		商店、图书馆、档案馆等	5000<V≤10000		15	3	10
			10000<V≤25000		25	5	15
			V>25000		40	8	15
		病房楼、门诊楼等	5000<V≤25000		10	2	10
			V>25000		15	3	10
		办公楼、教学楼、公寓、宿舍等其他建筑	高度超过15m 或 V>10000		15	3	10
		住宅	21<h≤27		5	2	5

建筑物名称			高度 h（m）、层数、体积 V（m^2）、座位数 n（个）、火灾危险性	消火栓设计流量（L/s）	同时使用消防水枪数（支）	每根竖管最小流量（L/s）
民用建筑	高层	住宅	$27<h\leqslant54$	10	2	10
			$h>54$	20	4	10
		二类公共建筑	$h\leqslant50$	20	4	10
		一类公共建筑	$h\leqslant50$	30	6	15
			$h>50$	40	8	15
国家级文物保护单位的重点砖木或木结构的古建筑			$V\leqslant10000$	20	4	10
			$V>10000$	25	5	15
地下建筑			$V\leqslant5000$	10	2	10
			$5000<V\leqslant10000$	20	4	15
			$10000<V\leqslant25000$	30	6	15
			$V>25000$	40	8	20
人防工程	展览厅、影院、剧场、礼堂、健身体育场所等		$V\leqslant1000$	5	1	5
			$1000<V\leqslant2500$	10	2	10
			$V>2500$	15	3	10
	商场、餐厅、旅馆、医院等		$V\leqslant5000$	5	1	5
			$5000<V\leqslant10000$	10	2	10
			$10000<V\leqslant25000$	15	3	10
			$V>25000$	20	4	10
	丙、丁、戊类生产车间、自行车库		$V\leqslant2500$	5	1	5
			$V>2500$	10	2	10
	丙、丁、戊类物品库房、图书资料档案库		$V\leqslant3000$	5	1	5
			$V>3000$	10	2	10

注：1. 丁、戊类高层厂房（仓库）室内消火栓的设计流量可按本表减少 10L/s，同时使用消防水枪数量可按本表减少 2 支。

  2. 消防软管卷盘、轻便消防水龙及多层住宅楼梯间中的干式消防竖管，其消火栓设计流量可不计入室内消防给水设计流量。

  3. 当一座多层建筑有多种使用功能时，室内消火栓设计流量应分别按本表中不同功能计算，且应取最大值。

四、铸铁管水力计算表

铸 铁 管 水 力 计 算 表

附表 4-1

Q		DN (mm)									
		50		75		100		125		150	
(m³/h)	(L/s)	v	$1000i$	v	$1000i$	v	$1000i$	v	$1000i$	v	$1000i$
1.80	0.50	0.26	4.99								
2.16	0.60	0.32	6.90								
2.52	0.70	0.37	9.09								
2.88	0.80	0.42	11.6								
3.24	0.90	0.48	14.3	0.21	0.92						
3.60	1.0	0.53	17.3	0.23	2.31						
3.96	1.1	0.58	20.6	0.26	2.76						
4.32	1.2	0.64	24.1	0.28	3.20						
4.68	1.3	0.69	27.9	0.30	3.69						
5.04	1.4	0.74	32.0	0.33	4.22						
5.40	1.5	0.79	36.3	0.35	4.77	0.20	1.17				
5.76	1.6	0.85	40.9	0.37	5.34	0.21	1.31				
6.12	1.7	0.90	45.7	0.39	5.95	0.22	1.45				
6.48	1.8	0.95	50.8	0.42	6.59	0.23	1.61				
6.84	1.9	1.01	56.2	0.44	7.28	0.25	1.77				
7.20	2.0	1.06	61.9	0.46	7.98	0.26	1.94				
7.56	2.1	1.11	67.9	0.49	8.71	0.27	2.11				
7.92	2.2	1.17	74.0	0.51	9.47	0.29	2.29				
8.28	2.3	1.22	80.3	0.53	10.3	0.30	2.48				
8.64	2.4	1.27	87.5	0.56	11.1	0.31	2.66	0.20	0.902		
9.00	2.5	1.33	94.9	0.58	11.9	0.32	2.88	0.21	0.966		
9.36	2.6	1.38	103	0.60	12.8	0.34	3.08	0.215	1.03		
9.72	2.7	1.43	111	0.63	13.8	0.35	3.30	0.22	1.11		
10.08	2.8	1.48	119	0.65	14.7	0.36	3.52	0.23	1.18		
10.44	2.9	1.54	128	0.67	15.7	0.38	3.75	0.24	1.25		
10.80	3.0	1.59	137	0.70	16.7	0.39	3.98	0.25	1.33		
11.16	3.1	1.64	146	0.72	17.7	0.40	4.23	0.26	1.41		
11.52	3.2	1.70	155	0.74	18.8	0.42	4.47	0.265	1.49		
11.88	3.3	1.75	165	0.77	19.9	0.43	4.73	0.27	1.57		
12.24	3.4	1.80	176	0.79	21.0	0.44	4.99	0.28	1.66		
12.60	3.5	1.86	186	0.81	22.2	0.45	5.26	0.29	1.75	0.20	0.723
12.96	3.6	1.91	197	0.84	23.2	0.47	5.53	0.30	1.84	0.21	0.755
13.32	3.7	1.96	208	0.86	24.5	0.48	5.81	0.31	1.93	0.212	0.794
13.68	3.8	2.02	219	0.88	25.8	0.49	6.10	0.315	2.03	0.22	0.834
14.04	3.9	2.07	231	0.91	27.1	0.51	6.39	0.32	2.12	0.224	0.874
14.40	4.0	2.12	243	0.93	28.4	0.52	6.69	0.33	2.22	0.23	0.909
14.76	4.1	2.17	255	0.95	29.7	0.53	7.00	0.34	2.31	0.235	0.952
15.12	4.2	2.23	268	0.98	31.1	0.55	7.31	0.35	2.42	0.24	0.995
15.48	4.3	2.28	281	1.00	32.5	0.56	7.63	0.36	2.53	0.25	1.04
15.84	4.4	2.33	294	1.02	33.9	0.57	7.96	0.364	2.63	0.252	1.08

Q (m³/h)	Q (L/s)	DN 50		DN 75		DN 100		DN 125		DN 150		DN 200	
		v	$1000i$	v	$1000i$	v	$1000i$	v	$1000i$	v	$1000i$	v	$1000i$
16.20	4.5	2.39	308	1.05	35.3	0.58	8.29	0.37	2.74	0.26	1.12		
16.56	4.6	2.44	321	1.07	36.8	0.60	8.63	0.38	2.85	0.264	1.17		
16.92	4.7	2.49	335	1.09	38.3	0.61	8.97	0.39	2.96	0.27	1.22		
17.28	4.8	2.55	350	1.12	39.8	0.62	9.33	0.40	3.07	0.275	1.26		
17.64	4.9	2.60	365	1.14	41.4	0.64	9.68	0.41	3.20	0.28	1.31		
18.00	5.0	2.65	380	1.16	43.0	0.65	10.0	0.414	3.31	0.286	1.35		
18.36	5.1	2.70	395	1.19	44.6	0.66	10.4	0.42	3.43	0.29	1.40		
18.72	5.2	2.76	411	1.21	46.2	0.68	10.8	0.43	3.56	0.30	1.45		
19.08	5.3	2.81	427	1.23	48.0	0.69	11.2	0.44	3.68	0.304	1.50		
19.44	5.4	2.86	443	1.26	49.8	0.70	11.6	0.45	3.80	0.31	1.55		
19.80	5.5	2.92	459	1.28	51.7	0.72	12.0	0.455	3.92	0.315	1.60		
20.16	5.6	2.97	476	1.30	53.6	0.73	12.3	0.46	4.07	0.32	1.65		
20.52	5.7	3.02	493	1.33	55.3	0.74	12.7	0.47	4.19	0.33	1.71		
20.88	5.8			1.35	57.3	0.75	13.2	0.48	4.32	0.333	1.77		
21.24	5.9			1.37	59.3	0.77	13.6	0.49	4.47	0.34	1.81		
21.60	6.0			1.39	61.5	0.78	14.0	0.50	4.60	0.344	1.87		
21.96	6.1			1.42	63.6	0.79	14.4	0.505	4.74	0.35	1.93		
22.32	6.2			1.44	65.7	0.80	14.9	0.551	4.87	0.356	1.99		
22.68	6.3			1.46	67.8	0.82	15.3	0.52	5.03	0.36	2.08	0.20	0.505
23.04	6.4			1.49	70.0	0.83	15.8	0.53	5.17	0.37	2.10	0.206	0.518
23.40	6.5			1.51	72.2	0.84	16.2	0.54	5.31	0.373	2.16	0.21	0.531
23.76	6.6			1.53	74.4	0.86	16.7	0.55	5.46	0.38	2.22	0.212	0.545
24.12	6.7			1.56	76.7	0.87	17.2	0.555	5.62	0.384	2.28	0.215	0.559
24.48	6.8			1.58	79.0	0.88	17.7	0.56	5.77	0.39	2.34	0.22	0.577
24.84	6.9			1.60	81.3	0.90	18.1	0.57	5.92	0.396	2.41	0.222	0.591
25.20	7.0			1.63	83.7	0.91	18.6	0.58	6.09	0.40	2.46	0.225	0.605
25.56	7.1			1.65	86.1	0.92	19.1	0.59	6.24	0.41	2.53	0.228	0.619
25.92	7.2			1.67	88.6	0.93	19.6	0.60	6.40	0.413	2.60	0.23	0.634
26.28	7.3			1.70	91.1	0.95	20.1	0.604	6.56	0.42	2.66	0.235	0.653
26.64	7.4			1.72	93.6	0.96	20.7	0.61	6.74	0.424	2.72	0.238	0.668
27.00	7.5			1.74	96.1	0.97	21.2	0.62	6.90	0.43	2.79	0.24	0.683
27.36	7.6			1.77	98.7	0.99	21.7	0.63	7.06	0.436	2.86	0.244	0.698
27.72	7.7			1.79	101	1.00	22.2	0.64	7.25	0.44	2.93	0.248	0.718
28.08	7.8			1.81	104	1.01	22.8	0.65	7.41	0.45	2.99	0.25	0.734
28.44	7.9			1.84	107	1.03	23.3	0.654	7.58	0.453	3.07	0.254	0.749
28.80	8.0			1.86	109	1.04	23.9	0.66	7.75	0.46	3.14	0.257	0.765
29.16	8.1			1.88	112	1.05	24.4	0.67	7.95	0.465	3.21	0.26	0.781
29.52	8.2			1.91	115	1.06	25.0	0.68	8.12	0.47	3.28	0.264	0.802
29.884	8.3			1.93	118	1.08	25.6	0.69	8.30	0.476	3.35	0.267	0.819
30.24	8.4			1.95	121	1.09	26.2	0.70	8.50	0.48	3.43	0.27	0.835

续表

Q (m³/h)	Q (L/s)	75 v	75 1000i	100 v	100 1000i	125 v	125 1000i	150 v	150 1000i	200 v	200 1000i	250 v	250 1000i	300 v	300 1000i
30.60	8.5	1.98	123	1.10	26.7	0.704	8.68	0.49	3.49	0.273	0.851				
30.96	8.6	2.00	126	1.12	27.3	0.71	8.86	0.493	3.57	0.277	0.874				
31.32	8.7	2.02	129	1.13	27.9	0.72	9.04	0.50	3.65	0.28	0.891				
31.68	8.8	2.05	132	1.14	28.5	0.73	9.25	0.505	3.73	0.283	0.908				
32.04	8.9	2.07	135	1.16	29.2	0.75	9.44	0.51	3.80	0.287	0.930				
32.40	9.0	2.09	138	1.17	29.9	0.745	9.63	0.52	3.91	0.29	0.942				
33.30	9.25	2.15	146	1.20	31.3	0.77	10.1	0.53	4.07	0.30	0.989				
34.20	9.5	2.21	154	1.23	33.0	0.79	10.6	0.54	4.28	0.305	1.04				
35.10	9.75	2.27	162	1.27	34.7	0.81	11.2	0.56	4.49	0.31	1.09				
36.00	10.0	2.33	171	1.30	36.5	0.83	11.7	0.57	4.69	0.32	1.13	0.20	0.384		
36.90	10.25	2.38	180	1.33	38.4	0.85	12.2	0.59	4.92	0.33	1.19	0.21	0.400		
37.80	10.5	2.44	188	1.36	40.3	0.87	12.8	0.60	5.13	0.34	1.24	0.216	0.421		
38.70	10.75	2.50	197	1.40	42.2	0.89	13.4	0.62	5.37	0.35	1.30	0.22	0.438		
39.60	11.0	2.56	207	1.43	44.2	0.91	14.0	0.63	5.59	0.354	1.35	0.226	0.456		
40.50	11.25	2.62	216	1.46	46.2	0.93	14.6	0.64	5.82	0.36	1.41	0.23	0.474		
41.40	11.5	2.67	226	1.49	48.3	0.95	15.1	0.66	6.07	0.37	1.46	0.236	0.492		
42.30	11.75	2.73	236	1.53	50.4	0.97	15.8	0.67	6.31	0.38	1.52	0.24	0.510		
43.20	12.0	2.79	246	1.56	52.6	0.99	16.4	0.69	6.55	0.39	1.58	0.246	0.529		
44.10	12.25	2.85	256	1.59	54.8	1.01	17.0	0.70	6.82	0.394	1.64	0.25	0.552		
45.00	12.5	2.91	267	1.62	57.1	1.03	17.7	0.72	7.07	0.40	1.70	0.26	0.572		
45.90	12.75	2.96	278	1.66	59.4	1.06	18.4	0.73	7.32	0.41	1.76	0.262	0.592		
46.80	13.0	3.02	289	1.69	61.7	1.08	19.0	0.75	7.60	0.42	1.82	0.27	0.612		
47.70	13.25			1.72	64.1	1.10	19.7	0.76	7.87	0.43	1.88	0.272	0.632		
48.60	13.5			1.75	66.6	1.12	20.4	0.77	8.14	0.434	1.95	0.28	0.653		
49.50	13.75			1.79	69.1	1.14	21.2	0.79	8.43	0.44	2.01	0.282	0.674		
50.40	14.0			1.82	71.6	1.16	21.9	0.80	8.71	0.45	2.08	0.29	0.695		
51.30	14.25			1.85	74.2	1.18	22.6	0.82	8.99	0.46	2.15	0.293	0.721		
52.20	14.5			1.88	76.8	1.20	23.3	0.83	9.30	0.47	2.21	0.30	0.743	0.20	0.301
53.10	14.75			1.92	79.5	1.22	24.1	0.85	9.59	0.474	2.28	0.303	0.766	0.21	0.312
54.00	15.0			1.95	82.2	1.24	24.9	0.86	9.88	0.48	2.35	0.31	0.788	0.212	0.320
55.80	15.5			2.01	87.8	1.28	26.6	0.89	10.5	0.50	2.50	0.32	0.834	0.22	0.338
57.60	16.0			2.08	93.5	1.32	28.4	0.92	11.1	0.51	2.64	0.33	0.886	0.23	0.358
59.40	16.5			2.14	99.5	1.37	30.2	0.95	11.8	0.53	2.79	0.34	0.935	0.233	0.377
61.20	17.0			2.21	106	1.41	32.0	0.97	12.5	0.55	2.96	0.35	0.985	0.24	0.398
63.00	17.5			2.27	112	1.45	33.9	1.00	13.2	0.56	3.12	0.36	1.04	0.25	0.421
64.80	18.0			2.34	118	1.49	35.9	1.03	13.9	0.58	3.28	0.37	1.09	0.255	0.443
66.60	18.5			2.40	125	1.53	37.9	1.06	14.6	0.59	3.45	0.38	1.15	0.26	0.464
68.40	19.0			2.47	132	1.57	40.0	1.09	15.3	0.61	3.62	0.39	1.20	0.27	0.486
70.20	19.5			2.53	139	1.61	42.1	1.12	16.1	0.63	3.80	0.40	1.26	0.28	0.509
72.00	20.2			2.60	146	1.66	44.3	1.15	16.9	0.64	3.97	0.41	1.32	0.283	0.532

续表

DN (mm)

Q (m³/h)	Q (L/s)	100 v	100 1000i	125 v	125 1000i	150 v	150 1000i	200 v	200 1000i	250 v	250 1000i	300 v	300 1000i	350 v	350 1000i	400 v	400 1000i	450 v	450 1000i
73.8	20.5	2.66	154	1.70	46.5	1.18	17.7	0.66	4.16	0.42	1.38	0.29	0.556	0.213	0.264				
75.60	21.0	2.73	161	1.74	48.8	1.20	18.4	0.67	4.34	0.43	1.44	0.30	0.580	0.22	0.275				
77.40	21.5	2.79	169	1.78	51.2	1.23	19.3	0.69	4.53	0.44	1.50	0.304	0.604	0.223	0.286				
79.20	22.0	2.86	177	1.82	53.6	1.26	20.2	0.71	4.73	0.45	1.57	0.31	0.629	0.23	0.300				
81.00	22.5	2.92	185	1.86	56.1	1.29	21.2	0.72	4.93	0.46	1.63	0.32	0.655	0.24	0.311				
82.80	23.0	2.99	193	1.90	58.6	1.32	22.1	0.74	5.13	0.47	1.69	0.325	0.681	0.244	0.323				
84.60	23.5			1.95	61.2	1.35	23.1	0.76	5.35	0.48	1.77	0.33	0.707	0.25	0.335				
86.40	24.0			1.99	63.8	1.38	24.1	0.77	5.56	0.49	1.83	0.34	0.734	0.255	0.347				
88.20	24.5			2.03	66.5	1.41	25.1	0.79	5.77	0.50	1.90	0.35	0.765	0.26	0.362				
90.00	25.0			2.07	69.2	1.43	26.1	0.80	5.98	0.51	1.97	0.354	0.793	0.265	0.375				
91.80	25.5			2.11	72.0	1.46	27.2	0.82	6.21	0.52	2.05	0.36	0.821	0.27	0.388				
93.60	26.0			2.15	74.9	1.49	28.3	0.84	6.44	0.53	2.12	0.375	0.850	0.275	0.401	0.20	0.204		
95.40	26.5			2.19	77.8	1.52	29.4	0.85	6.67	0.54	2.19	0.38	0.879	0.28	0.414	0.207	0.211		
97.20	27.0			2.24	80.7	1.55	30.5	0.87	6.90	0.55	2.26	0.39	0.910	0.286	0.430	0.215	0.218		
99.00	27.5			2.28	83.8	1.58	31.6	0.88	7.14	0.56	2.35	0.40	0.939	0.29	0.444	0.22	0.225		
100.8	28.0			2.32	86.8	1.61	32.8	0.90	7.38	0.57	2.42	0.403	0.969	0.296	0.458	0.223	0.233		
102.6	28.5			2.36	90.0	1.63	34.0	0.92	7.62	0.58	2.50	0.41	1.00	0.30	0.472	0.227	0.240		
104.4	29.0			2.40	93.2	1.66	35.2	0.93	7.87	0.59	2.58	0.42	1.03	0.31	0.486	0.23	0.248		
106.2	29.5			2.44	96.4	1.69	36.4	0.95	8.13	0.61	2.66	0.424	1.06			0.235	0.256		
108.0	30.0			2.48	99.6	1.72	37.7	0.96	8.40	0.62	2.75	0.43	1.10	0.312	0.518	0.24	0.264		
109.8	30.5			2.53	103	1.75	38.9	0.98	8.66	0.63	2.83	0.44	1.13	0.32	0.533	0.243	0.271		
111.6	31.0			2.57	106	1.78	40.2	1.00	8.92	0.64	2.92	0.45	1.17	0.322	0.548	0.247	0.280		
113.4	31.5			2.61	110	1.81	41.5	1.01	9.19	0.65	3.00	0.453	1.20	0.33	0.563	0.25	0.288		
115.2	32.0			2.65	113	1.84	42.8	1.03	9.46	0.66	3.09	0.46	1.23	0.333	0.582	0.255	0.296	0.20	0.172
117.0	32.5			2.69	117	1.86	44.2	1.04	9.74	0.67	3.18	0.47	1.27	0.34	0.597	0.26	0.304	0.204	0.176
118.8	33.0			2.73	121	1.89	45.6	1.06	10.0	0.68	3.27	0.474	1.30	0.343	0.613	0.263	0.313	0.207	0.181
120.6	33.5			2.77	124	1.92	47.0	1.08	10.3	0.69	3.36	0.48	1.34	0.35	0.629	0.267	0.322	0.21	0.187
122.4	34.0			2.82	128	1.95	48.4	1.09	10.6	0.70	3.45	0.49	1.37	0.353	0.646	0.27	0.330	0.214	0.192
124.2	34.5			2.86	132	1.98	49.8	1.11	10.9	0.71	3.54	0.495	1.41	0.36	0.665	0.274	0.339	0.217	0.196
126.0	35.0			2.90	136	2.01	51.3	1.12	11.2	0.72	3.64	0.50	1.45	0.364	0.682	0.28	0.346	0.22	0.201
127.8	35.5			2.94	140	2.04	52.7	1.14	11.5	0.73	3.74	0.51	1.49	0.37	0.699	0.282	0.355	0.223	0.206
129.6	36.0			2.98	144	2.06	54.2	1.16	11.8	0.74	3.83	0.52	1.52	0.374	0.716	0.286	0.364	0.226	0.211
131.4	36.5			3.02	148	2.09	55.7	1.17	12.1	0.75	3.93	0.523	1.56	0.38	0.733	0.29	0.373	0.23	0.216
133.2	37.0					2.12	57.3	1.19	12.4	0.76	4.03	0.53	1.60	0.385	0.754	0.294	0.382	0.233	0.223
135.0	37.5					2.15	58.8	1.21	12.7	0.77	4.13	0.54	1.64	0.39	0.772	0.30	0.392	0.236	0.228
136.8	38.0					2.18	60.4	1.22	13.0	0.78	4.23	0.545	1.68	0.395	0.789	0.302	0.401	0.24	0.233
138.6	38.5					2.21	62.0	1.24	13.4	0.79	4.33	0.55	1.72	0.40	0.808	0.306	0.411	0.242	0.238
140.4	39.0					2.24	63.6	1.25	13.7	0.80	4.44	0.56	1.76	0.405	0.826	0.31	0.420	0.245	0.242
142.2	39.5					2.27	65.3	1.27	14.1	0.81	4.54	0.57	1.81	0.41	0.848	0.314	0.430	0.248	0.249
144.0	40.0					2.29	66.9	1.29	14.4	0.82	4.63	0.57	1.85	0.42	0.866	0.32	0.440	0.25	0.254

续表

Q (m³/h)	Q (L/s)	DN150 v	DN150 1000i	DN200 v	DN200 1000i	DN250 v	DN250 1000i	DN300 v	DN300 1000i	DN350 v	DN350 1000i	DN400 v	DN400 1000i	DN450 v	DN450 1000i	DN500 v	DN500 1000i	DN600 v	DN600 1000i
147.6	41	2.35	70.3	1.32	15.2	0.84	4.87	0.58	1.93	0.43	0.904	0.33	0.471	0.26	0.267	0.21	0.160		
151.2	42	2.41	73.8	1.35	15.9	0.86	5.09	0.59	2.02	0.44	0.943	0.334	0.492	0.264	0.278	0.214	0.167		
154.8	43	2.47	77.4	1.38	16.7	0.88	5.32	0.61	2.10	0.45	0.986	0.34	0.513	0.27	0.289	0.22	0.174		
158.4	44	2.52	81.0	1.41	17.5	0.90	5.56	0.62	2.19	0.46	1.03	0.35	0.534	0.28	0.302	0.224	0.181		
162.0	45	2.58	84.7	1.45	18.3	0.92	5.79	0.64	2.29	0.47	1.07	0.36	0.557	0.283	0.314	0.23	0.188		
165.6	46	2.64	88.5	1.48	19.1	0.94	6.04	0.65	2.38	0.48	1.11	0.37	0.579	0.29	0.326	0.234	0.196		
169.2	47	2.70	92.4	1.51	19.9	0.96	6.27	0.66	2.48	0.49	1.15	0.374	0.602	0.293	0.338	0.24	0.203		
172.8	48	2.75	96.4	1.54	20.8	0.99	6.53	0.68	2.57	0.50	1.20	0.38	0.625	0.30	0.353	0.244	0.211		
176.4	49	2.81	100	1.58	21.7	1.01	6.78	0.69	2.67	0.51	1.25	0.39	0.649	0.31	0.365	0.25	0.218		
180.0	50	2.87	105	1.61	22.6	1.03	7.05	0.71	2.77	0.52	1.30	0.40	0.673	0.314	0.378	0.255	0.228		
183.6	51	2.92	109	1.64	23.5	1.05	7.30	0.72	2.87	0.53	1.34	0.41	0.697	0.32	0.393	0.26	0.236		
187.2	52	2.98	113	1.67	24.4	1.07	7.58	0.74	2.99	0.54	1.39	0.414	0.722	0.33	0.406	0.265	0.244		
190.8	53	3.04	118	1.70	25.4	1.09	7.85	0.75	3.09	0.55	1.44	0.42	0.747	0.333	0.420	0.27	0.252		
194.4	54			1.74	26.3	1.11	8.13	0.76	3.20	0.56	1.49	0.43	0.773	0.34	0.433	0.275	0.260		
198.0	55			1.77	27.3	1.13	8.41	0.78	3.31	0.57	1.54	0.44	0.799	0.35	0.449	0.28	0.269		
201.6	56			1.80	28.3	1.15	8.70	0.79	3.42	0.58	1.59	0.45	0.826	0.352	0.463	0.285	0.277		
205.2	57			1.83	29.3	1.17	8.99	0.81	3.53	0.59	1.64	0.454	0.853	0.36	0.477	0.29	0.286		
208.8	58			1.86	30.4	1.19	9.29	0.82	3.64	0.60	1.70	0.46	0.876	0.365	0.494	0.295	0.295	0.20	0.122
212.4	59			1.90	31.4	1.21	9.58	0.83	3.77	0.61	1.75	0.47	0.905	0.37	0.509	0.30	0.304	0.21	0.127
216.0	60			1.93	32.5	1.23	9.91	0.85	3.88	0.62	1.81	0.46	0.932	0.38	0.524	0.306	0.315	0.212	0.130
219.6	61			1.96	33.6	1.25	10.2	0.86	4.00	0.63	1.86	0.48	0.960	0.383	0.539	0.31	0.324	0.216	0.134
223.2	62			1.99	34.7	1.27	10.6	0.88	4.12	0.64	1.91	0.485	0.989	0.39	0.557	0.316	0.333	0.22	0.137
226.8	63			2.03	35.8	1.29	10.9	0.89	4.25	0.65	1.97	0.49	1.02	0.40	0.572	0.32	0.343	0.223	0.142
230.4	64			2.06	37.0	1.31	11.3	0.91	4.37	0.67	2.03	0.50	1.05	0.402	0.588	0.326	0.352	0.226	0.145
234.0	65			2.09	38.1	1.33	11.7	0.92	4.50	0.68	2.09	0.51	1.08	0.41	0.606	0.33	0.362	0.23	0.150
237.6	66			2.12	39.3	1.36	12.0	0.93	4.64	0.69	2.15	0.52	1.11	0.415	0.622	0.336	0.372	0.233	0.153
241.2	67			2.15	40.5	1.38	12.4	0.95	4.76	0.70	2.20	0.525	1.14	0.42	0.639	0.34	0.382	0.237	0.158
244.8	68			2.19	41.7	1.40	12.7	0.96	4.90	0.71	2.27	0.53	1.17	0.43	0.658	0.346	0.392	0.24	0.161
248.4	69			2.22	43.0	1.42	13.1	0.98	5.03	0.72	2.33	0.54	1.20	0.434	0.674	0.35	0.402	0.244	0.166
252.0	70			2.25	44.2	1.44	13.5	0.99	5.17	0.73	2.39	0.55	1.23	0.44	0.691	0.356	0.412	0.248	0.171
255.6	71			2.28	45.5	1.46	13.9	1.00	5.30	0.74	2.46	0.56	1.27	0.45	0.708	0.36	0.425	0.25	0.175
259.2	72			2.31	46.8	1.48	14.3	1.02	5.45	0.75	2.52	0.565	1.30	0.453	0.729	0.367	0.435	0.255	0.180
262.8	73			2.35	48.1	1.50	14.7	1.03	5.59	0.76	2.59	0.57	1.33	0.46	0.746	0.37	0.446	0.26	0.183
266.4	74			2.38	49.4	1.52	15.1	1.05	5.74	0.77	2.65	0.58	1.37	0.465	0.764	0.377	0.457	0.262	0.189
270.0	75			2.41	50.8	1.54	15.5	1.06	5.88	0.78	2.71	0.59	1.40	0.47	0.785	0.38	0.468	0.265	0.192
273.6	76			2.44	52.1	1.56	15.9	1.07	6.02	0.79	2.78	0.605	1.43	0.48	0.803	0.387	0.479	0.27	0.198
277.2	77			2.48	53.5	1.58	16.3	1.09	6.17	0.80	2.85	0.61	1.46	0.484	0.821	0.39	0.490	0.272	0.201
280.8	78			2.51	54.9	1.60	16.7	1.10	6.32	0.81	2.92	0.62	1.50	0.49	0.840	0.397	0.501	0.276	0.207
284.4	79			2.54	56.3	1.62	17.2	1.12	6.48	0.82	2.99	0.63	1.54	0.50	0.858	0.40	0.513	0.28	0.211
288.0	80			2.57	57.8	1.64	17.6	1.13	6.63	0.83	3.06	0.64	1.58	0.503	0.880	0.407	0.524	0.283	0.216

续表

Q (m³/h)	(L/s)	200 v	200 1000i	250 v	250 1000i	300 v	300 1000i	350 v	350 1000i	400 v	400 1000i	450 v	450 1000i	500 v	500 1000i	600 v	600 1000i	700 v	700 1000i	800 v	800 1000i
291.6	81	2.60	59.2	1.66	18.1	1.15	6.79	0.84	3.13	0.645	1.61	0.51	0.899	0.41	0.536	0.286	0.220	0.21	0.104		
295.2	82	2.64	60.7	1.68	18.5	1.16	6.94	0.85	3.20	0.65	1.64	0.516	0.922	0.42	0.550	0.29	0.226	0.213	0.107		
298.8	83	2.67	62.2	1.70	19.0	1.17	7.10	0.86	3.28	0.66	1.68	0.52	0.941	0.423	0.562	0.293	0.230	0.216	0.110		
302.4	84	2.70	63.7	1.73	19.4	1.19	7.26	0.87	3.35	0.67	1.72	0.53	0.961	0.43	0.574	0.297	0.235	0.218	0.112		
306.0	85	2.73	65.2	1.75	19.9	1.20	7.41	0.88	3.42	0.68	1.76	0.534	0.981	0.433	0.586	0.30	0.241	0.22	0.114		
309.6	86	2.77	66.8	1.77	20.4	1.22	7.58	0.89	3.50	0.684	1.80	0.54	1.00	0.44	0.598	0.304	0.245	0.223	0.116		
313.2	87	2.80	68.3	1.79	20.8	1.23	7.76	0.90	3.57	0.69	1.83	0.55	1.02	0.443	0.610	0.308	0.251	0.226	0.119		
316.8	88	2.83	69.9	1.81	21.3	1.24	7.94	0.91	3.65	0.70	1.87	0.553	1.04	0.45	0.623	0.31	0.256	0.228	0.121		
320.4	89	2.86	71.5	1.83	21.8	1.26	8.12	0.93	3.73	0.71	1.91	0.56	1.07	0.453	0.635	0.315	0.261	0.23	0.123		
324.0	90	2.89	73.1	1.85	22.3	1.27	8.30	0.94	3.80	0.72	1.95	0.57	1.09	0.46	0.648	0.32	0.266	0.234	0.126		
327.6	91	2.93	74.8	1.87	22.8	1.29	8.49	0.95	3.88	0.724	1.98	0.572	1.11	0.463	0.661	0.322	0.272	0.236	0.128		
331.2	92	2.96	76.4	1.89	23.3	1.30	8.68	0.96	3.96	0.73	2.03	0.58	1.13	0.47	0.674	0.325	0.276	0.24	0.131		
334.8	93	2.99	78.1	1.91	23.8	1.32	8.87	0.97	4.05	0.74	2.07	0.585	1.16	0.474	0.690	0.33	0.282	0.242	0.134		
338.4	94	3.02	79.8	1.93	24.3	1.33	9.06	0.98	4.12	0.75	2.12	0.59	1.18	0.48	0.703	0.332	0.287	0.244	0.136		
342.0	95			1.95	24.8	1.34	9.25	0.99	4.20	0.76	2.16	0.60	1.20	0.484	0.716	0.336	0.291	0.247	0.139		
345.6	96			1.97	25.4	1.36	9.45	1.00	4.29	0.764	2.20	0.604	1.23	0.49	0.730	0.34	0.298	0.25	0.141		
349.2	97			1.99	25.9	1.37	9.65	1.01	4.37	0.77	2.24	0.61	1.25	0.494	0.743	0.343	0.304	0.252	0.144		
352.8	98			2.01	26.4	1.39	9.85	1.02	4.46	0.78	2.29	0.62	1.27	0.50	0.757	0.347	0.311	0.255	0.147		
356.4	99			2.03	27.0	1.40	10.0	1.03	4.54	0.79	2.33	0.622	1.29	0.504	0.771	0.35	0.315	0.257	0.149		
360.0	100			2.05	27.5	1.41	10.2	1.04	4.62	0.80	2.37	0.63	1.32	0.51	0.784	0.354	0.322	0.26	0.152	0.20	0.08
367.2	102			2.09	28.6	1.44	10.7	1.06	4.80	0.81	2.46	0.64	1.37	0.52	0.813	0.36	0.333	0.265	0.157	0.203	0.0827
374.4	104			2.14	29.8	1.47	11.1	1.08	4.98	0.83	2.55	0.65	1.42	0.53	0.844	0.37	0.345	0.27	0.163	0.207	0.0856
381.6	106			2.18	30.9	1.50	11.5	1.10	5.16	0.84	2.64	0.67	1.47	0.54	0.873	0.375	0.357	0.275	0.168	0.21	0.0885
388.8	108			2.22	32.1	1.53	12.0	1.12	5.34	0.86	2.73	0.68	1.52	0.55	0.903	0.38	0.369	0.28	0.175	0.215	0.0915
396.0	110			2.26	33.3	1.56	12.4	1.14	5.53	0.88	2.83	0.69	1.57	0.56	0.933	0.39	0.381	0.286	0.180	0.22	0.0945
403.2	112			2.30	34.5	1.58	12.9	1.16	5.72	0.89	2.92	0.70	1.62	0.57	0.963	0.40	0.394	0.29	0.186	0.223	0.0976
410.4	114			2.34	35.8	1.61	13.3	1.18	5.91	0.91	3.02	0.72	1.68	0.58	0.997	0.403	0.406	0.296	0.192	0.227	0.101
417.6	116			2.38	37.0	1.64	13.8	1.21	6.09	0.92	3.12	0.73	1.73	0.59	1.03	0.41	0.419	0.30	0.197	0.23	0.104
424.8	118			2.42	38.3	1.67	14.3	1.23	6.31	0.94	3.22	0.74	1.79	0.60	1.06	0.42	0.432	0.307	0.204	0.235	0.107
432.0	120			2.46	39.6	1.70	14.8	1.25	6.52	0.95	3.32	0.75	1.84	0.61	1.09	0.424	0.445	0.31	0.210	0.24	0.110
439.2	122			2.51	41.0	1.73	15.3	1.27	6.74	0.97	3.43	0.77	1.90	0.62	1.13	0.43	0.458	0.32	0.216	0.243	0.114
446.4	124			2.55	42.3	1.75	15.8	1.29	6.96	0.99	3.53	0.78	1.96	0.63	1.16	0.44	0.474	0.322	0.222	0.247	0.117
453.6	126			2.59	43.7	1.78	16.3	1.31	7.19	1.00	3.64	0.79	2.02	0.64	1.20	0.45	0.487	0.33	0.229	0.25	0.120
460.8	128			2.63	45.1	1.81	16.8	1.33	7.42	1.02	3.75	0.80	2.09	0.65	1.23	0.453	0.501	0.333	0.236	0.255	0.124
468.0	130			2.67	46.5	1.84	17.3	1.35	7.65	1.03	3.85	0.82	2.15	0.66	1.27	0.46	0.515	0.34	0.242	0.26	0.127
475.2	132			2.71	48.0	1.87	17.9	1.37	7.89	1.05	3.96	0.83	2.21	0.67	1.30	0.47	0.530	0.343	0.249	0.263	0.131
482.4	134			2.75	49.4	1.90	18.4	1.39	8.13	1.07	4.08	0.84	2.27	0.68	1.34	0.474	0.544	0.35	0.256	0.267	0.134
489.6	136			2.79	50.9	1.92	19.0	1.41	8.38	1.08	4.19	0.85	2.34	0.69	1.38	0.48	0.559	0.353	0.262	0.27	0.138
496.8	138			2.83	52.4	1.95	19.5	1.43	8.62	1.10	4.31	0.87	2.40	0.70	1.41	0.49	0.573	0.36	0.270	0.274	0.140
504.0	140			2.88	53.9	1.98	20.1	1.46	8.88	1.11	4.43	0.88	2.46	0.71	1.45	0.495	0.588	0.364	0.277	0.28	0.144

续表

Q (m³/h)	Q (L/s)	DN 300 v	DN 300 1000i	DN 350 v	DN 350 1000i	DN 400 v	DN 400 1000i	DN 450 v	DN 450 1000i	DN 500 v	DN 500 1000i	DN 600 v	DN 600 1000i	DN 700 v	DN 700 1000i	DN 800 v	DN 800 1000i	DN 900 v	DN 900 1000i	DN 1000 v	DN 1000 1000i
511.2	142	2.01	20.7	1.48	9.13	1.13	4.55	0.89	2.53	0.72	1.49	0.50	0.603	0.37	0.284	0.282	0.148	0.22	0.0837		
518.4	144	2.04	21.3	1.50	9.39	1.15	4.67	0.91	2.59	0.73	1.53	0.51	0.619	0.374	0.291	0.286	0.152	0.226	0.0857		
525.6	146	2.07	21.8	1.52	9.65	1.16	4.79	0.92	2.66	0.74	1.57	0.52	0.634	0.38	0.298	0.29	0.155	0.23	0.0877		
532.8	148	2.09	22.5	1.54	9.92	1.18	4.92	0.93	2.73	0.75	1.61	0.523	0.650	0.385	0.306	0.294	0.159	0.233	0.0905		
540.0	150	2.12	23.1	1.56	10.2	1.19	5.04	0.94	2.80	0.76	1.65	0.53	0.666	0.39	0.313	0.30	0.163	0.236	0.0925		
547.2	152	2.15	23.7	1.58	10.5	1.21	5.16	0.96	2.87	0.77	1.69	0.544	0.684	0.395	0.321	0.302	0.167	0.24	0.0946		
554.4	154	2.18	24.3	1.60	10.7	1.23	5.29	0.97	2.94	0.78	1.73	0.545	0.700	0.40	0.328	0.306	0.171	0.242	0.0967		
561.6	156	2.21	24.0	1.62	11.0	1.24	5.43	0.98	3.01	0.79	1.77	0.55	0.718	0.405	0.335	0.31	0.175	0.245	0.0989		
568.8	158	2.24	25.6	1.64	11.3	1.26	5.57	0.99	3.08	0.80	1.81	0.56	0.733	0.41	0.343	0.314	0.179	0.248	0.101		
576.0	160	2.26	26.2	1.66	11.6	1.28	5.71	1.01	3.14	0.81	1.85	0.57	0.750	0.416	0.352	0.32	0.183	0.25	0.103	0.20	0.0624
583.2	162	2.29	26.9	1.68	11.9	1.29	5.86	1.02	3.22	0.83	1.90	0.573	0.767	0.42	0.360	0.322	0.187	0.255	0.106	0.206	0.0635
590.4	164	2.32	27.6	1.70	12.2	1.31	6.00	1.03	3.29	0.84	1.94	0.58	0.784	0.426	0.367	0.326	0.191	0.258	0.108	0.209	0.0651
597.6	166	2.35	28.2	1.73	12.5	1.32	6.15	1.04	3.37	0.85	1.98	0.59	0.802	0.43	0.375	0.33	0.195	0.26	0.111	0.21	0.0662
604.8	168	2.38	28.9	1.75	12.8	1.34	6.30	1.06	3.44	0.86	2.03	0.594	0.819	0.436	0.383	0.334	0.200	0.264	0.113	0.214	0.0679
612.0	170	2.40	29.6	1.77	13.1	1.35	6.45	1.07	3.52	0.87	2.07	0.60	0.837	0.44	0.392	0.34	0.204	0.267	0.115	0.216	0.0690
619.2	172	2.43	30.3	1.79	13.4	1.37	6.50	1.08	3.59	0.88	2.12	0.61	0.855	0.447	0.400	0.342	0.208	0.27	0.117	0.219	0.0707
626.4	174	2.46	31.0	1.81	13.7	1.38	6.76	1.09	3.67	0.89	2.16	0.615	0.873	0.45	0.409	0.346	0.213	0.273	0.120	0.22	0.0719
633.6	176	2.49	31.8	1.83	14.0	1.40	6.91	1.11	3.75	0.90	2.21	0.62	0.891	0.457	0.417	0.35	0.217	0.277	0.123	0.224	0.0736
640.8	178	2.52	32.5	1.85	14.3	1.42	7.07	1.12	3.83	0.91	2.26	0.63	0.909	0.46	0.425	0.354	0.222	0.28	0.125	0.227	0.0753
648.0	180	2.55	33.2	1.87	14.7	1.43	7.23	1.13	3.91	0.92	2.31	0.64	0.931	0.47	0.435	0.36	0.226	0.283	0.128	0.23	0.0765
655.2	182	2.57	34.0	1.89	15.0	1.45	7.39	1.14	3.99	0.93	2.35	0.64	0.95	0.47	0.443	0.36	0.231	0.286	0.130	0.232	0.078
662.4	184	2.60	34.7	1.91	15.3	1.46	7.56	1.16	4.08	0.94	2.40	0.65	0.97	0.48	0.452	0.37	0.235	0.29	0.132	0.234	0.080
669.6	186	2.63	35.5	1.93	15.7	1.48	7.72	1.17	4.16	0.95	2.45	0.66	0.99	0.48	0.461	0.37	0.240	0.292	0.135	0.237	0.081
676.8	188	2.66	36.2	1.95	16.0	1.50	7.89	1.18	4.24	0.96	2.50	0.66	1.01	0.49	0.469	0.38	0.244	0.295	0.137	0.24	0.083
684.0	190	2.69	37.0	1.97	16.3	1.51	8.06	1.19	4.33	0.97	2.55	0.67	1.03	0.49	0.480	0.38	0.249	0.30	0.141	0.242	0.084
691.2	192	2.72	37.8	2.00	16.7	1.53	8.23	1.21	4.41	0.98	2.60	0.68	1.05	0.50	0.488	0.38	0.254	0.302	0.143	0.244	0.086
698.4	194	2.74	38.6	2.02	17.0	1.54	8.40	1.22	4.50	0.99	2.65	0.69	1.07	0.50	0.497	0.38	0.259	0.305	0.146	0.247	0.087
705.6	196	2.77	39.4	2.04	17.4	1.56	8.57	1.23	4.59	1.00	2.70	0.69	1.09	0.51	0.506	0.39	0.263	0.308	0.148	0.25	0.089
712.8	198	2.80	40.2	2.06	17.7	1.58	8.75	1.24	4.69	1.01	2.75	0.70	1.11	0.51	0.515	0.39	0.268	0.31	0.151	0.252	0.091
720.0	200	2.83	41.0	2.08	18.1	1.59	8.93	1.26	4.78	1.02	2.81	0.71	1.13	0.52	0.526	0.40	0.273	0.314	0.153	0.255	0.093
730.8	203	2.87	42.2	2.11	18.7	1.62	9.20	1.28	4.93	1.03	2.88	0.72	1.16	0.53	0.539	0.41	0.281	0.32	0.158	0.26	0.095
741.6	206	2.91	43.5	2.14	19.2	1.64	9.47	1.30	5.07	1.05	2.96	0.73	1.19	0.53	0.554	0.42	0.288	0.324	0.162	0.262	0.097
752.4	209	2.96	44.8	2.17	19.8	1.66	9.75	1.31	5.22	1.06	3.04	0.74	1.22	0.54	0.569	0.42	0.296	0.33	0.166	0.266	0.100
763.2	212	3.00	46.1	2.20	20.3	1.67	10.0	1.33	5.37	1.08	3.13	0.75	1.25	0.55	0.585	0.43	0.303	0.333	0.170	0.27	0.102
774.0	215			2.23	20.9	1.71	10.3	1.35	5.53	1.09	3.21	0.76	1.29	0.56	0.600	0.43	0.311	0.34	0.175	0.274	0.1005
784.8	218			2.27	21.5	1.73	10.6	1.37	5.68	1.11	3.29	0.77	1.32	0.57	0.614	0.44	0.319	0.343	0.180	0.278	0.108
795.6	221			2.30	22.1	1.76	10.9	1.39	5.84	1.13	3.37	0.78	1.36	0.57	0.630	0.45	0.327	0.35	0.183	0.28	0.110
806.4	224			2.33	22.7	1.78	11.2	1.41	6.00	1.14	3.47	0.79	1.39	0.58	0.646	0.45	0.335	0.352	0.188	0.285	0.113
817.2	227			2.36	23.3	1.81	11.5	1.43	6.16	1.16	3.55	0.80	1.42	0.59	0.662	0.46	0.343	0.357	0.193	0.29	0.115
828.0	230			2.39	24.0	1.83	11.8	1.45	6.32	1.17	3.64	0.81	1.46	0.60	0.679	0.46	0.352	0.36	0.197	0.293	0.118

续表

Q		350		400		450		500		600		700		800		900		1000	
(m³/h)	(L/s)	v	1000i	v	1000i	v	1000i	v	1000i	v	1000i	v	1000i	v	1000i	v	1000i	v	1000i
838.8	233	2.42	24.6	1.85	12.1	1.47	6.49	1.19	3.73	0.82	1.49	0.605	0.693	0.463	0.359	0.366	0.202	0.297	0.121
849.6	236	2.45	25.2	1.88	12.4	1.48	6.66	1.20	3.81	0.83	1.53	0.61	0.710	0.47	0.367	0.37	0.207	0.30	0.123
860.4	239	2.48	25.9	1.90	12.7	1.50	6.83	1.22	3.91	0.85	1.56	0.62	0.727	0.475	0.376	0.376	0.212	0.304	0.126
871.2	242	2.52	26.5	1.93	13.1	1.52	7.00	1.23	4.00	0.86	1.60	0.63	0.744	0.48	0.384	0.38	0.216	0.31	0.129
882.0	245	2.55	27.2	1.95	13.4	1.54	7.17	1.25	4.10	0.87	1.64	0.64	0.762	0.49	0.393	0.385	0.221	0.312	0.132
892.3	248	2.58	27.8	1.97	13.7	1.56	7.35	1.26	4.21	0.88	1.67	0.644	0.777	0.493	0.402	0.39	0.226	0.316	0.1335
903.6	251	2.61	28.5	2.00	14.1	1.58	7.53	1.28	4.31	0.89	1.72	0.65	0.795	0.50	0.411	0.394	0.230	0.32	0.138
914.4	254	2.64	29.2	2.02	14.4	1.60	7.71	1.29	4.41	0.90	1.75	0.66	0.813	0.505	0.420	0.40	0.235	0.323	0.141
925.2	257	2.67	29.9	2.05	14.7	1.62	7.89	1.31	4.52	0.91	1.79	0.67	0.831	0.51	0.429	0.404	0.241	0.327	0.144
936.0	260	2.70	30.6	2.07	15.1	1.63	8.08	1.32	4.62	0.92	1.83	0.68	0.849	0.52	0.438	0.41	0.246	0.33	0.147
946.8	263	2.73	31.3	2.09	15.4	1.65	8.27	1.34	4.73	0.93	1.87	0.683	0.865	0.523	0.447	0.413	0.250	0.335	0.150
957.6	266	2.76	32.0	2.12	15.8	1.67	8.46	1.35	4.84	0.94	1.91	0.69	0.884	0.53	0.456	0.42	0.256	0.34	0.153
968.4	269	2.80	32.8	2.14	16.1	1.69	8.65	1.37	4.95	0.95	1.95	0.70	0.903	0.535	0.466	0.423	0.262	0.342	0.156
979.2	272	2.83	33.5	2.16	16.5	1.71	8.84	1.39	5.06	0.96	1.99	0.71	0.922	0.54	0.475	0.43	0.267	0.346	0.159
990.0	275	2.86	34.2	2.19	16.9	1.73	9.04	1.40	5.17	0.97	2.03	0.715	0.942	0.55	0.485	0.432	0.272	0.35	0.162
1000.8	278	2.89	35.0	2.21	17.2	1.75	9.24	1.42	5.29	0.98	2.07	0.72	0.958	0.56	0.495	0.44	0.277	0.354	0.166
1011.6	281	2.92	35.8	2.24	17.6	1.77	9.44	1.43	5.40	0.99	2.11	0.73	0.978	0.565	0.505	0.442	0.283	0.36	0.169
1022.4	284	2.95	36.5	2.26	18.0	1.79	9.64	1.45	5.52	1.00	2.15	0.74	0.997	0.57	0.514	0.446	0.288	0.362	0.172
1033.2	287	2.98	37.3	2.28	18.4	1.80	9.85	1.46	5.63	1.02	2.20	0.75	1.02	0.58	0.524	0.45	0.294	0.365	0.175
1044.0	290	3.01	38.1	2.31	18.8	1.82	10.0	1.48	5.75	1.03	2.24	0.753	1.03	0.583	0.534	0.456	0.299	0.37	0.178
1054.8	293			2.33	19.2	1.84	10.3	1.49	5.87	1.04	2.28	0.76	1.05	0.59	0.545	0.46	0.305	0.373	0.182
1065.6	296			2.36	19.5	1.86	10.5	1.51	5.99	1.05	2.33	0.77	1.08	0.595	0.555	0.465	0.310	0.377	0.185
1076.4	299			2.38	19.9	1.88	10.7	1.52	6.11	1.06	2.37	0.78	1.10	0.60	0.565	0.47	0.316	0.38	0.189
1087.2	302			2.40	20.3	1.90	10.9	1.54	6.24	1.07	2.42	0.785	1.12	0.61	0.576	0.475	0.322	0.384	0.192
1098.0	305			2.43	20.8	1.92	11.1	1.55	6.36	1.08	2.46	0.79	1.14	0.613	0.586	0.48	0.327	0.39	0.195
1108.8	308			2.45	21.2	1.94	11.3	1.57	6.49	1.09	2.51	0.80	1.16	0.62	0.597	0.484	0.333	0.392	0.199
1119.6	311			2.47	21.6	1.96	11.6	1.58	6.61	1.10	2.55	0.81	1.18	0.625	0.608	0.49	0.340	0.396	0.203
1130.4	314			2.50	22.0	1.97	11.8	1.60	6.74	1.11	2.60	0.82	1.20	0.63	0.618	0.494	0.346	0.40	0.206
1141.2	317			2.52	22.4	1.99	12.0	1.61	6.87	1.12	2.64	0.824	1.22	0.64	0.629	0.50	0.351	0.404	0.210
1152.0	320			2.55	22.8	2.01	12.2	1.63	7.00	1.13	2.69	0.83	1.24	0.645	0.640	0.503	0.357	0.41	0.213
1166.4	324			2.58	23.4	2.04	12.5	1.65	7.18	1.15	2.76	0.84	1.27	0.65	0.655	0.51	0.365	0.412	0.217
1180.8	328			2.61	24.0	2.06	12.9	1.67	7.36	1.16	2.82	0.85	1.30	0.66	0.668	0.52	0.374	0.42	0.223
1195.2	332			2.64	24.6	2.09	13.2	1.69	7.54	1.17	2.88	0.86	1.33	0.67	0.683	0.522	0.382	0.423	0.228
1209.6	336			2.67	25.2	2.11	13.5	1.71	7.72	1.19	2.95	0.87	1.36	0.68	0.698	0.53	0.390	0.43	0.233
1224.0	340			2.71	25.8	2.14	13.8	1.73	7.91	1.20	3.01	0.88	1.39	0.684	0.714	0.534	0.398	0.433	0.238
1238.4	344			2.74	26.4	2.16	14.1	1.75	8.09	1.22	3.08	0.89	1.42	0.69	0.729	0.54	0.408	0.44	0.243
1252.8	348			2.77	27.0	2.18	14.5	1.77	8.28	1.23	3.15	0.90	1.45	0.70	0.745	0.553	0.416	0.443	0.248
1267.2	352			2.80	27.6	2.21	14.8	1.79	8.47	1.24	3.22	0.91	1.48	0.71	0.761	0.55	0.425	0.45	0.253
1281.6	356			2.83	28.3	2.24	15.1	1.81	8.67	1.26	3.30	0.93	1.51	0.71	0.777	0.56	0.434	0.453	0.258
1296.0	360			2.86	28.9	2.26	15.5	1.83	8.86	1.27	3.37	0.94	1.54	0.72	0.793	0.57	0.443	0.46	0.263

续表

Q (m³/h)	Q (L/s)	DN400 v	DN400 1000i	DN450 v	DN450 1000i	DN500 v	DN500 1000i	DN600 v	DN600 1000i	DN700 v	DN700 1000i	DN800 v	DN800 1000i	DN900 v	DN900 1000i	DN1000 v	DN1000 1000i
1310.4	364	2.90	29.6	2.29	15.8	1.85	9.06	1.29	3.45	0.95	1.58	0.724	0.809	0.572	0.451	0.463	0.268
1324.8	368	2.93	30.2	2.31	16.2	1.87	9.26	1.30	3.52	0.96	1.61	0.73	0.826	0.58	0.460	0.47	0.274
1339.2	372	2.96	30.9	2.34	16.5	1.89	9.46	1.32	3.60	0.97	1.64	0.74	0.843	0.585	0.470	0.474	0.280
1353.6	376	2.99	31.5	2.36	16.9	1.91	9.67	1.33	3.68	0.98	1.67	0.75	0.859	0.59	0.479	0.48	0.285
1368.0	380	3.02	32.2	2.39	17.3	1.94	9.88	1.34	3.76	0.99	1.71	0.76	0.876	0.60	0.488	0.484	0.291
1382.4	384			2.41	17.6	1.96	10.1	1.36	3.84	1.00	1.74	0.764	0.893	0.604	0.498	0.49	0.296
1396.8	388			2.44	18.0	1.98	10.3	1.37	3.92	1.01	1.77	0.77	0.911	0.61	0.508	0.494	0.302
1411.2	392			2.46	18.4	2.00	10.5	1.39	4.00	1.02	1.81	0.78	0.928	0.62	0.517	0.50	0.307
1425.6	396			2.49	18.7	2.02	10.7	1.40	4.08	1.03	1.84	0.79	0.946	0.622	0.526	0.504	0.313
1440.0	400			2.52	19.1	2.04	10.9	1.41	4.16	1.04	1.88	0.80	0.964	0.63	0.537	0.51	0.319
1458.0	405			2.55	19.6	2.06	11.2	1.43	4.27	1.05	1.92	0.81	0.986	0.64	0.549	0.52	0.326
1476.0	410			2.58	20.1	2.09	11.5	1.45	4.37	1.07	1.97	0.82	1.01	0.644	0.560	0.522	0.333
1494.0	415			2.61	20.6	2.11	11.8	1.47	4.48	1.08	2.01	0.83	1.03	0.65	0.573	0.53	0.340
1512.0	420			2.64	21.1	2.14	12.1	1.49	4.59	1.09	2.06	0.84	1.05	0.66	0.586	0.535	0.349
1530.0	425			2.67	21.6	2.16	12.3	1.50	4.70	1.10	2.10	0.85	1.08	0.67	0.599	0.54	0.356
1548.0	430			2.70	22.1	2.19	12.6	1.52	4.81	1.12	2.15	0.86	1.10	0.68	0.612	0.55	0.363
1566.0	435			2.74	22.6	2.22	12.9	1.54	4.92	1.13	2.20	0.87	1.12	0.684	0.626	0.554	0.371
1584.0	440			2.77	23.1	2.24	13.2	1.56	5.04	1.14	2.24	0.88	1.15	0.69	0.639	0.56	0.379
1602.0	445			2.80	23.7	2.27	13.5	1.57	5.15	1.16	2.29	0.89	1.17	0.70	0.651	0.57	0.387
1620.0	450			2.83	24.2	2.29	13.8	1.59	5.27	1.17	2.34	0.90	1.20	0.71	0.665	0.573	0.395
1638.0	455			2.86	24.7	2.32	14.2	1.61	5.39	1.18	2.39	0.91	1.22	0.715	0.679	0.58	0.402
1656.0	460			2.89	25.3	2.34	14.5	1.63	5.51	1.19	2.44	0.92	1.25	0.72	0.693	0.59	0.411
1674.0	465			2.92	25.8	2.37	14.8	1.64	5.63	1.21	2.49	0.93	1.27	0.73	0.707	0.592	0.419
1692.0	470			2.96	26.4	2.39	15.1	1.66	5.75	1.22	2.54	0.935	1.30	0.74	0.721	0.60	0.427
1710.0	475			2.99	27.0	2.42	15.4	1.68	5.85	1.23	2.59	0.94	1.32	0.75	0.736	0.605	0.436
1728.0	480			3.02	27.5	2.44	15.8	1.70	5.99	1.25	2.65	0.95	1.35	0.754	0.748	0.61	0.444
1746.0	485					2.47	16.1	1.72	6.12	1.26	2.70	0.96	1.38	0.76	0.763	0.62	0.452
1764.0	490					2.50	16.4	1.73	6.25	1.27	2.76	0.97	1.40	0.77	0.778	0.624	0.461
1782.0	495					2.52	16.8	1.75	6.38	1.29	2.82	0.98	1.43	0.78	0.793	0.63	0.469
1800.0	500					2.55	17.1	1.77	6.50	1.30	2.87	0.99	1.46	0.79	0.808	0.64	0.479
1836.0	510					2.60	17.8	1.80	6.77	1.33	2.99	1.01	1.51	0.80	0.838	0.65	0.496
1872.0	520					2.65	18.5	1.84	7.04	1.35	3.11	1.03	1.56	0.82	0.867	0.66	0.514
1908.0	530					2.70	19.2	1.87	7.31	1.38	3.23	1.05	1.62	0.83	0.899	0.67	0.532
1944.0	540					2.75	19.9	1.91	7.59	1.40	3.35	1.07	1.68	0.85	0.931	0.69	0.550
1980.0	550					2.80	20.7	1.95	7.87	1.43	3.48	1.09	1.74	0.86	0.962	0.70	0.569
2016.0	560					2.85	21.4	1.98	8.16	1.46	3.60	1.11	1.80	0.88	0.995	0.71	0.589
2052.0	570					2.90	22.2	2.02	8.45	1.48	3.73	1.13	1.86	0.90	1.03	0.73	0.609
2088.0	580					2.95	23.0	2.05	8.75	1.51	3.87	1.15	1.92	0.91	1.06	0.740	0.627
2124.0	590					3.00	23.8	2.09	9.06	1.53	4.00	1.17	1.98	0.93	1.10	0.75	0.648
2160.0	600							2.12	9.37	1.56	4.14	1.19	2.05	0.94	1.13	0.76	0.669

续表

Q (m³/h)	Q (L/s)	DN 600 v	DN 600 1000i	DN 700 v	DN 700 1000i	DN 800 v	DN 800 1000i	DN 900 v	DN 900 1000i	DN 1000 v	DN 1000 1000i
2196	610	2.16	9.68	1.59	4.28	1.21	2.11	0.96	1.17	0.78	0.690
2232	620	2.19	10.0	1.61	4.42	1.23	2.18	0.97	1.20	0.79	0.709
2268	630	2.23	10.3	1.64	4.56	1.25	2.25	0.99	1.24	0.80	0.731
2304	640	2.26	10.7	1.66	4.71	1.27	2.32	1.01	1.28	0.81	0.753
2340	650	2.30	11.0	1.69	4.86	1.29	2.39	1.02	1.31	0.83	0.775
2376	660	2.33	11.3	1.71	5.01	1.31	2.47	1.04	1.35	0.84	0.796
2412	670	2.37	11.7	1.74	5.16	1.33	2.54	1.05	1.39	0.85	0.819
2448	680	2.41	12.0	1.77	5.32	1.35	2.62	1.05	1.43	0.87	0.842
2484	690	2.44	12.4	1.79	5.47	1.37	2.70	1.08	1.47	0.88	0.864
2520	700	2.48	12.7	1.82	5.63	1.39	2.78	1.10	1.51	0.89	0.888
2556	710	2.51	13.1	1.84	5.79	1.41	2.86	1.12	1.55	0.90	0.912
2592	720	2.55	13.5	1.87	5.96	1.43	2.94	1.13	1.59	0.92	0.937
2628	730	2.58	13.9	1.90	6.13	1.45	3.02	1.15	1.63	0.93	0.959
2664	740	2.62	14.2	1.92	6.29	1.47	3.10	1.16	1.67	0.94	0.985
2700	750	2.65	14.6	1.95	6.47	1.49	3.19	1.18	1.72	0.95	1.01
2736	760	2.69	15.0	1.97	6.64	1.51	3.27	1.19	1.76	0.97	1.04
2772	770	2.72	15.4	2.00	6.82	1.53	3.36	1.21	1.80	0.98	1.06
2808	780	2.76	15.8	2.03	6.99	1.55	3.45	1.23	1.85	0.99	1.09
2844	790	2.79	16.2	2.05	7.17	1.57	3.53	1.24	1.89	1.01	1.11
2880	800	2.83	16.6	2.08	7.36	1.59	3.62	1.26	1.94	1.02	1.14
2916	810	2.86	17.1	2.10	7.54	1.61	3.72	1.27	1.99	1.03	1.16
2952	820	2.90	17.5	2.13	7.73	1.63	3.81	1.29	2.04	1.04	1.19
2988	830	2.94	17.9	2.16	7.92	1.65	3.90	1.30	2.09	1.06	1.22
3024	840	2.97	18.4	2.18	8.11	1.67	4.00	1.32	2.14	1.07	1.24
3060	850	3.01	18.8	2.21	8.31	1.69	4.09	1.34	2.19	1.08	1.27
3096	860			2.23	8.50	1.71	4.19	1.35	2.24	1.09	1.30
3132	870			2.26	8.70	1.73	4.29	1.37	2.30	1.11	1.33
3168	880			2.29	8.90	1.75	4.39	1.38	2.35	1.12	1.36
3204	890			2.31	9.11	1.77	4.49	1.40	2.40	1.13	1.39
3240	900			2.34	9.31	1.79	4.59	1.41	2.46	1.15	1.42
3276	910			2.36	9.52	1.81	4.69	1.43	2.51	1.16	1.45
3312	920			2.39	9.73	1.83	4.79	1.45	2.57	1.17	1.48
3348	930			2.42	9.94	1.85	4.90	1.46	2.62	1.18	1.51
3384	940			2.44	10.2	1.87	5.00	1.48	2.68	1.20	1.53
3420	950			2.47	10.4	1.89	5.11	1.19	2.74	1.21	1.57
3456	960			2.49	10.6	1.91	5.22	1.51	2.80	1.22	1.60
3492	970			2.52	10.8	1.93	5.33	1.52	2.85	1.24	1.63
3528	980			2.55	11.0	1.95	5.44	1.54	2.91	1.25	1.67
3564	990			2.57	11.3	1.97	5.55	1.56	2.97	1.26	1.70
3600	1000			2.60	11.5	1.99	5.66	1.57	3.03	1.27	1.74

五、钢筋混凝土圆管（不满流 $n=0.014$）计算图

钢筋混凝土圆管（不满流 $n=0.014$）计算图　　　　附录 7-1

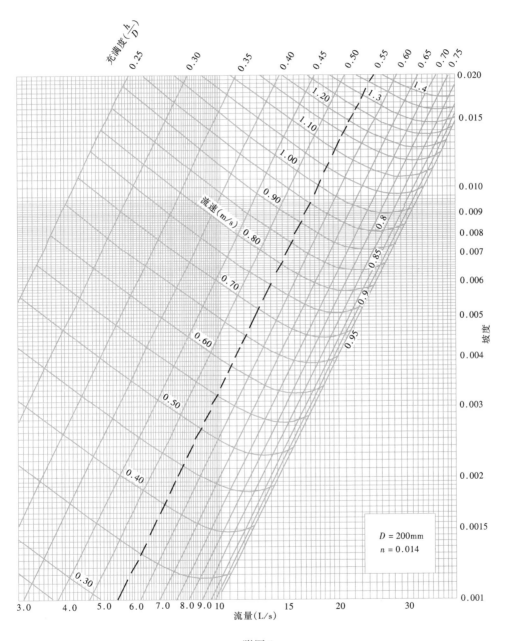

附图 1

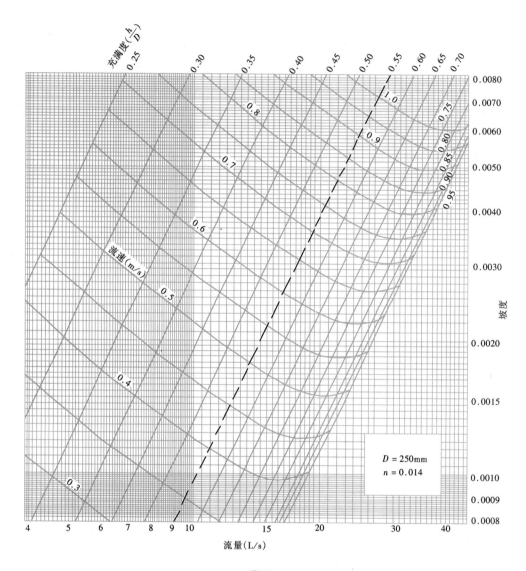

附图 2

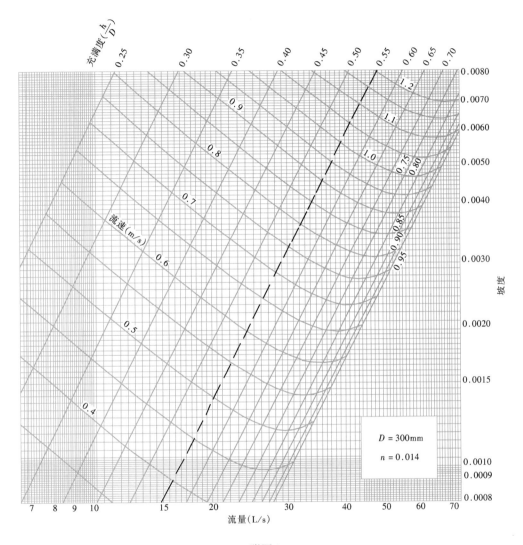

附图3

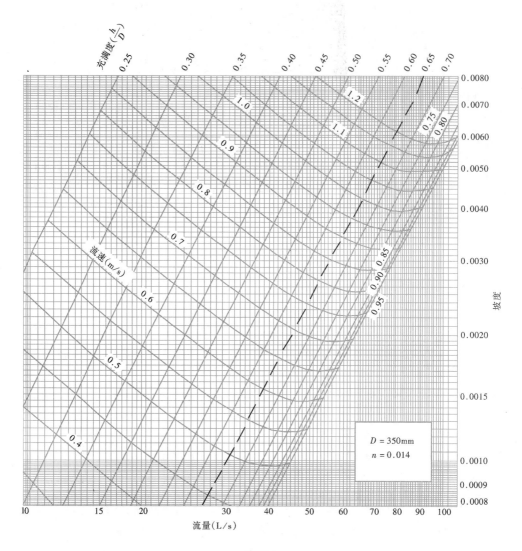

附图 4

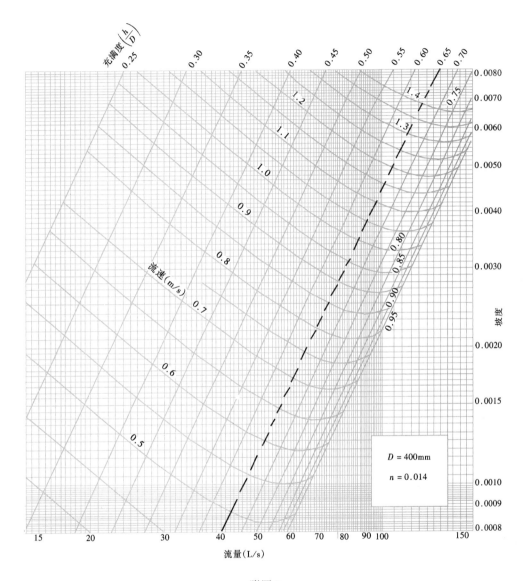

附图 5

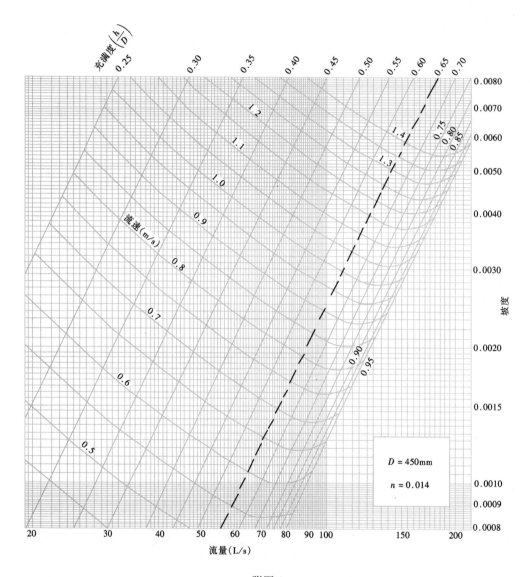

附图 6

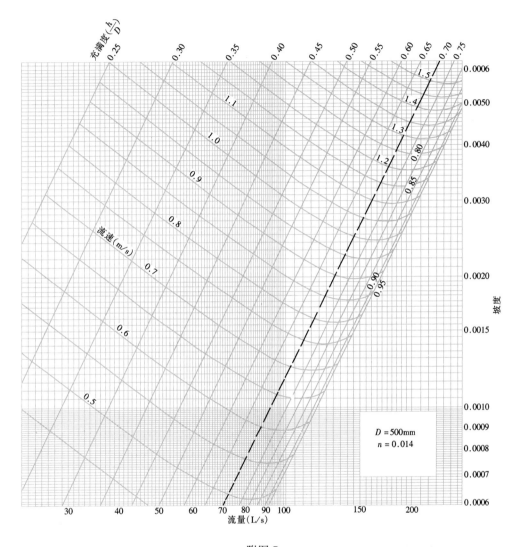

附图 7

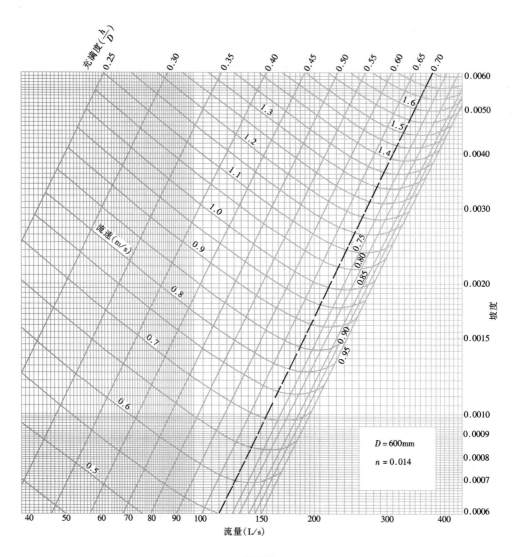

附图 8

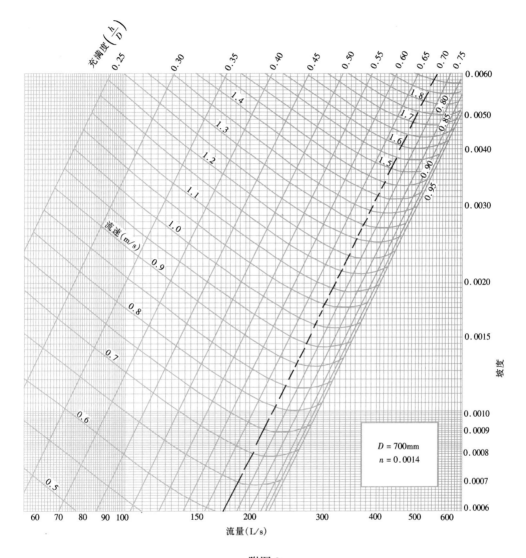

附图 9

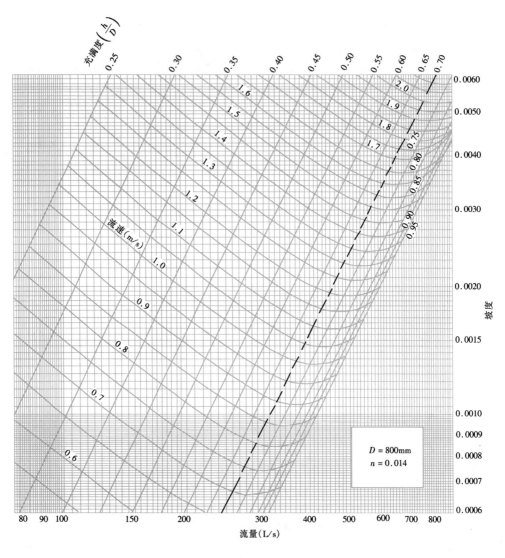

附图 10

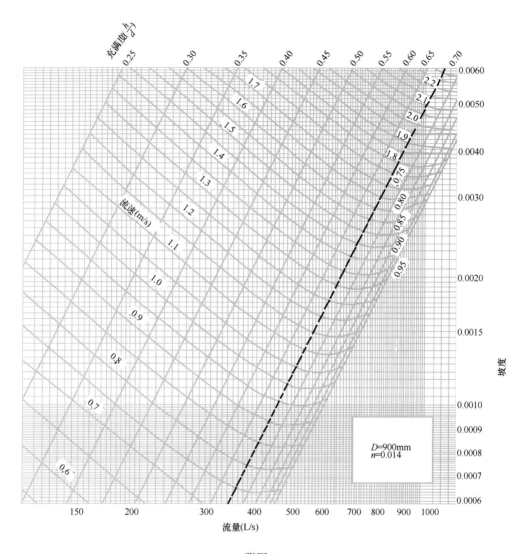

附图 11

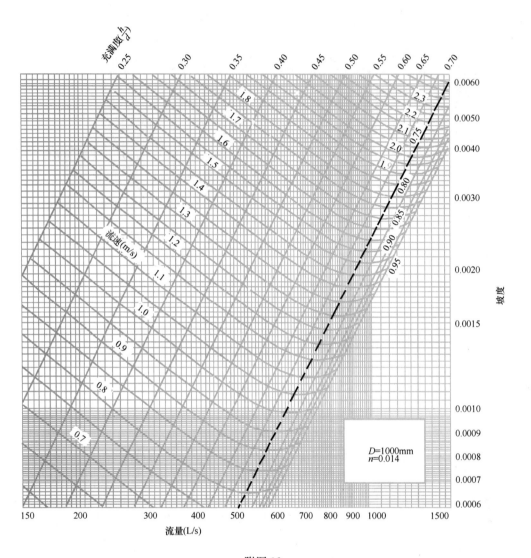

附图 12

六、我国若干城市暴雨强度公式

我国若干城市暴雨强度公式　　　　　　　　附表 8-1

省、自治区、直辖市	城市名称	暴雨强度公式	资料记录年数（a）
北　京		$q = \dfrac{2001(1 + 0.811\lg P)}{(t + 8)^{0.711}}$	40
上　海		$q = \dfrac{5544(P^{0.3} - 0.42)}{(t + 10 + 7\lg P)^{0.82 + 0.07\lg P}}$	41
天　津		$q = \dfrac{3833.34(1 + 0.85\lg P)}{(t + 17)^{0.85}}$	50
河　北	石家庄	$q = \dfrac{1689(1 + 0.898\lg P)}{(t + 7)^{0.729}}$	20
	保　定	$i = \dfrac{14.973 + 10.266\lg TE}{(t + 13.877)^{0.776}}$	23
山　西	太　原	$q = \dfrac{880(1 + 0.86\lg T)}{(t + 4.6)^{0.62}}$	25
	大　同	$q = \dfrac{1532.7(1 + 1.08\lg T)}{(t + 6.9)^{0.87}}$	25
	长　治	$q = \dfrac{3340(1 + 1.43\lg T)}{(t + 15.8)^{0.93}}$	27
内蒙古	包　头	$q = \dfrac{1663(1 + 0.985\lg P)}{(t + 5.40)^{0.85}}$	25
	海拉尔	$q = \dfrac{2630(1 + 1.05\lg P)}{(t + 10)^{0.99}}$	25
黑龙江	哈尔滨	$q = \dfrac{2889(1 + 0.9\lg P)}{(t + 10)^{0.88}}$	32
	齐齐哈尔	$q = \dfrac{1920(1 + 0.89\lg P)}{(t + 6.4)^{0.86}}$	33
	大　庆	$q = \dfrac{1820(1 + 0.91\lg P)}{(t + 8.3)^{0.77}}$	18
	黑　河	$q = \dfrac{1611.6(1 + 0.9\lg P)}{(t + 5.65)^{0.824}}$	22
吉　林	长　春	$q = \dfrac{1600(1 + 0.8\lg P)}{(t + 5)^{0.76}}$	25
	吉　林	$q = \dfrac{2166(1 + 0.680\lg P)}{(t + 7)^{0.831}}$	26
	海　龙	$i = \dfrac{16.4(1 + 0.899\lg P)}{(t + 10)^{0.867}}$	30

续表

省、自治区、直辖市	城市名称	暴雨强度公式	资料记录年数（a）
辽 宁	沈 阳	$q = \dfrac{1984(1+0.77\lg P)}{(t+9)^{0.77}}$	26
	丹 东	$q = \dfrac{1221(1+0.668\lg P)}{(t+7)^{0.605}}$	31
	大 连	$q = \dfrac{1900(1+0.66\lg P)}{(t+8)^{0.8}}$	10
	锦 州	$q = \dfrac{2322(1+0.875\lg P)}{(t+10)^{0.79}}$	28
山 东	潍 坊	$q = \dfrac{4091.17(1+0.824\lg P)}{(t+16.7)^{0.87}}$	20
	枣 庄	$i = \dfrac{65.512+52.455\lg TE}{(t+22.378)^{1.069}}$	15
江 苏	南 京	$q = \dfrac{2989.3(1+0.671\lg P)}{(t+13.3)^{0.8}}$	40
	徐 州	$q = \dfrac{1510.7(1+0.514\lg P)}{(t+9)^{0.64}}$	23
	扬 州	$q = \dfrac{8248.13(1+0.641\lg P)}{(t+40.3)^{0.95}}$	20
	南 通	$q = \dfrac{2007.34(1+0.752\lg P)}{(t+17.9)^{0.71}}$	31
安 徽	合 肥	$q = \dfrac{3600(1+0.76\lg P)}{(t+14)^{0.84}}$	25
	蚌 埠	$q = \dfrac{2550(1+0.77\lg P)}{(t+12)^{0.774}}$	24
	安 庆	$q = \dfrac{1986.8(1+0.777\lg P)}{(t+8.404)^{0.689}}$	25
	淮 南	$q = \dfrac{2034(1+0.71\lg P)}{(t+6.29)^{0.71}}$	26
浙 江	杭 州	$q = \dfrac{10174(1+0.844\lg P)}{(t+25)^{1.038}}$	24
	宁 波	$i = \dfrac{18.105+13.90\lg TE}{(t+13.265)^{0.778}}$	18
江 西	南 昌	$q = \dfrac{1386(1+0.69\lg P)}{(t+1.4)^{0.64}}$	7
	赣 州	$q = \dfrac{3173(1+0.56\lg P)}{(t+10)^{0.79}}$	8

省、自治区、直辖市	城市名称	暴雨强度公式	资料记录年数（a）
福　建	福　州	$i = \dfrac{6.162 + 3.881\lg TE}{(t+1.774)^{0.567}}$	24
	厦　门	$q = \dfrac{850(1+0.745\lg P)}{t^{0.514}}$	7
河　南	安　阳	$q = \dfrac{3680P^{0.4}}{(t+16.7)^{0.858}}$	25
	开　封	$q = \dfrac{5075(1+0.61\lg P)}{(t+19)^{0.92}}$	16
	新　乡	$q = \dfrac{1102(1+0.623\lg P)}{(t+3.20)^{0.60}}$	21
	南　阳	$i = \dfrac{3.591 + 3.970\lg TM}{(t+3.434)^{0.416}}$	28
湖　北	汉　口	$q = \dfrac{983(1+0.65\lg P)}{(t+4)^{0.56}}$	
	老河口	$q = \dfrac{6400(1+1.059\lg P)}{t+23.36}$	25
	黄　石	$q = \dfrac{2417(1+0.79\lg P)}{(t+7)^{0.7655}}$	28
	沙　市	$q = \dfrac{684.7(1+0.854\lg P)}{t^{0.526}}$	20
湖　南	长　沙	$q = \dfrac{3920(1+0.68\lg P)}{(t+17)^{0.86}}$	20
	常　德	$i = \dfrac{6.890 + 6.251\lg TE}{(t+4.367)^{0.602}}$	20
	益　阳	$q = \dfrac{914(1+0.882\lg P)}{t^{0.584}}$	11
广　东	广　州	$q = \dfrac{2424.17(1+0.533\lg T)}{(t+11.0)^{0.668}}$	31
	佛　山	$q = \dfrac{1930(1+0.58\lg P)}{(t+9)^{0.66}}$	16
海　南	海　口	$q = \dfrac{2338(1+0.4\lg P)}{(t+9)^{0.65}}$	20
广　西	南　宁	$q = \dfrac{10500(1+0.707\lg P)}{t+21.1P^{0.119}}$	21
	桂　林	$q = \dfrac{4230(1+0.402\lg P)}{(t+13.5)^{0.841}}$	19
	北　海	$q = \dfrac{1625(1+0.437\lg P)}{(t+4)^{0.57}}$	18
	梧　州	$q = \dfrac{2670(1+0.466\lg P)}{(t+7)^{0.72}}$	15

省、自治区、直辖市	城市名称	暴雨强度公式	资料记录年数（a）
陕　西	西　安	$q = \dfrac{1008.8(1+1.475\lg P)}{(t+14.72)^{0.704}}$	22
	延　安	$q = \dfrac{932(1+1.292\lg P)}{(t+8.22)^{0.7}}$	22
	宝　鸡	$q = \dfrac{1838.6(1+0.94\lg P)}{(t+12)^{0.932}}$	20
	汉　中	$q = \dfrac{434(1+1.04\lg P)}{(t+4)^{0.518}}$	19
宁　夏	银　川	$q = \dfrac{242(1+0.83\lg P)}{t^{0.477}}$	6
甘　肃	兰　州	$q = \dfrac{1140(1+0.96\lg P)}{(t+8)^{0.8}}$	27
	平　凉	$i = \dfrac{4.452+4.841\lg TE}{(t+2.570)^{0.668}}$	22
青　海	西　宁	$q = \dfrac{308(1+1.39\lg P)}{t^{0.58}}$	26
新　疆	乌鲁木齐	$q = \dfrac{195(1+0.82\lg P)}{(t+7.8)^{0.63}}$	17
四　川	重　庆	$q = \dfrac{2822(1+0.775\lg P)}{(t+12.8P^{0.076})^{0.77}}$	8
	成　都	$q = \dfrac{2806(1+0.803\lg P)}{(t+12.8P^{0.231})^{0.768}}$	17
	渡　口	$q = \dfrac{2495(1+0.49\lg P)}{(t+10)^{0.84}}$	14
	雅　安	$q = \dfrac{1272.8(1+0.63\lg P)}{(t+6.64)^{0.56}}$	30
贵　州	贵　阳	$i = \dfrac{6.853+4.195\lg TE}{(t+5.168)^{0.601}}$	13
	水　城	$i = \dfrac{42.25+62.60\lg P}{t+35}$	19
云　南	昆　明	$i = \dfrac{8.918+6.183\lg TE}{(t+10.247)^{0.649}}$	16
	下　关	$q = \dfrac{1534(1+1.035\lg P)}{(t+9.86)^{0.762}}$	18

注：1. 表中 P、T 代表设计降雨的重现期；TE 代表非年最大值法选样的重现期；TM 代表年最大值法选择的重现期。

　　2. i 的单位是"mm/min"，q 的单位是"L/（s·hm²）"。

　　3. 此附表摘自《给水排水设计手册》第5册表1-73。

七、钢筋混凝土圆管（满流 $n=0.013$）计算图

钢筋混凝土圆管（满流 $n=0.013$）计算图　　　　附图 8-1

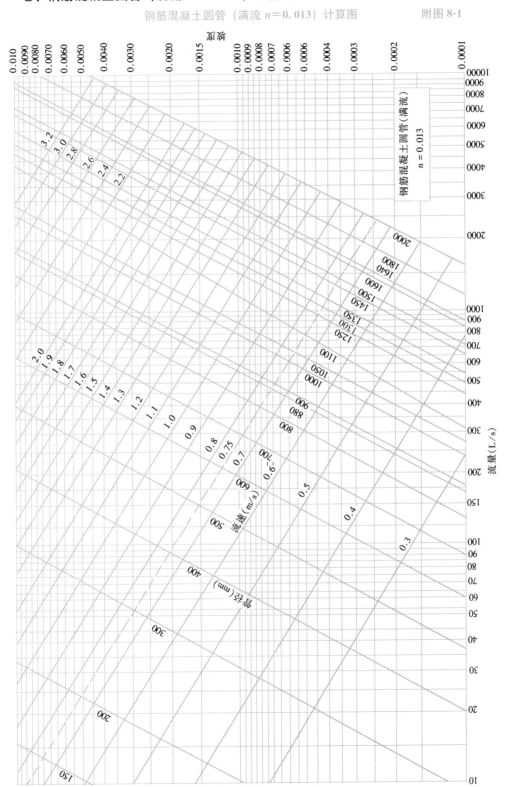

主 要 参 考 文 献

[1] 严煦世，范瑾初．给水工程［M］．第 4 版．北京：中国建筑工业出版社，2008.
[2] 孙慧修．排水工程（上册）［M］．第 4 版．北京：中国建筑工业出版社，2013.
[3] 严煦世，刘遂庆．给水排水管网系统［M］．北京：中国建筑工业出版社，2014.
[4] 高廷耀，顾国维．水污染控制工程（上册）［M］．北京：高等教育出版社，2007.
[5] 张光智．城市给水排水工程概论［M］．第 3 版．北京：科学出版社，2010.
[6] 周玉文，赵洪宾．排水管网理论与计算［M］．第 3 版．北京：中国建筑工业出版社，2000.
[7] 李杨，黄敬文．给水排水管道工程［M］．北京：中国水利水电出版社，2011.
[8] 于尔捷，张杰．给水排水工程快速设计手册 2［M］：排水工程．北京：中国建筑工业出版社，1999.
[9] 李田，胡汉宇．给水排水工程快速设计手册 5［M］：水利计算表．北京：中国建筑工业出版社，1999.
[10] 北京市政工程设计研究总院．给水排水设计手册，第 5 册：城市排水［M］．第 3 版．北京：中国建筑工业出版社，2017.
[11] 北京市政工程设计研究总院．给水排水设计手册，第 7 册：城市防洪［M］．第 2 版．北京：中国建筑工业出版社，2014.
[12] 中华人民共和国城乡建设部．GB 50013—2018 室外给水设计标准［S］．北京：中国计划出版社，2018.
[13] 上海市建设和交通委员会．GB 50014—2021 室外排水设计标准［S］．北京：中国计划出版社，2021.
[14] 中国中原国际工程公司．GB 50974—2014 消防给水及消火栓系统技术规范［S］．北京：中华人民共和国住房和城乡建设部和中华人民共和国国家质量监督检验检疫总局联合发布．2014.
[15] 严煦世，高乃云．给水工程（上）［M］．第 5 版．北京：中国建筑工业出版社，2020.
[16] 吴俊奇，曹秀芹，冯萃敏．给水排水工程［M］．第 3 版．北京：中国水利水电出版社，2015.